高等职业教育新形态教材

SULIAO
JIAGONG SHEBEI

塑料加工设备

U0222826

马立波　主编
周霆　主审

化学工业出版社
·北京·

内 容 简 介

本书以塑料成型加工流程为主线，主要介绍了原料的预处理设备、混炼设备、挤出成型机、注塑成型机、压延成型机、液压成型机等，重点介绍设备的工作原理、结构组成和主要参数，强调塑料加工设备的基础知识，简化理论公式推导，注重理论知识对生产实践的指导作用。

书中还对设备的安装、调试、操作、维护等实际生产知识进行了介绍，以培养学生的实践操作能力。书中引用的标准、专业术语和单位量纲尽量做到现行、统一和规范。为了便于学习，配有大量实物图和结构图，每章附思考题，帮助学生巩固学习效果。

本书可作为高等职业院校高分子材料智能制造技术专业的教材，也可作为参加《注塑模具模流分析及工艺调试》1+X 职业技能等级证书考试的参考教材，亦可供从事塑料加工、生产等工作的相关人员自学和参考。

图书在版编目（CIP）数据

塑料加工设备/马立波主编. —北京：化学工业出版社，2022.5（2024.9重印）

ISBN 978-7-122-40897-6

Ⅰ.①塑⋯ Ⅱ.①马⋯ Ⅲ.①塑料成型-成型加工-设备 Ⅳ.①TQ320.66

中国版本图书馆 CIP 数据核字（2022）第 036637 号

责任编辑：提 岩 于 卉　　　　　　　　文字编辑：林 丹　张瑞霞
责任校对：王 静　　　　　　　　　　　装帧设计：李子姮

出版发行：化学工业出版社（北京市东城区青年湖南街 13 号　邮政编码 100011）
印　　装：河北鑫兆源印刷有限公司
787mm×1092mm　1/16　印张 15½　字数 402 千字　2024 年 9 月北京第 1 版第 2 次印刷

购书咨询：010-64518888　　　　　　　售后服务：010-64518899
网　　址：http://www.cip.com.cn
凡购买本书，如有缺损质量问题，本社销售中心负责调换。

定　　价：46.00 元

前言

在高分子材料加工领域中，随着塑料材料应用的迅猛发展，塑料加工设备也相应地得以发展，而塑料加工设备的不断完善和发展又促进了塑料成型技术的进步。国内的塑料加工设备行业已经逐渐向个性化、智能化、标准化、微型化、专用化、系列化发展，在此基础上满足环保、高效、节能、节材的具体需要，满足不同的塑料加工企业、塑料原料加工企业的成本控制需要。目前，国内从事塑料成型的企业迫切需要大量的在生产第一线从事塑料成型设备的管理、安装与调试、操作与维护及主要零部件设计的高级技术人才。

《塑料加工设备》以塑料成型工艺过程为主线，介绍了原料预处理设备、混炼设备、挤出成型设备、注塑成型设备、塑料压延成型设备、液压成型设备等，重点阐述了挤出、注塑和压延三大主要成型设备的工作原理、结构性能、主要技术参数。

全书共分八章：第一章绪论，介绍塑料加工设备在塑料成型中的重要作用，塑料加工设备的发展概况与型号编制，学习目的、内容和书证融通要求；第二章原料预处理设备，介绍原料筛选设备以及预热干燥设备的结构原理与结构特点；第三章原料预混设备，介绍塑料混合机的结构组成、工作原理、主要技术参数，塑料混合设备的安装与调试、维护与保养；第四章单螺杆挤出机，介绍挤出理论及其对生产实践的指导作用，单螺杆挤塑机的结构组成、工作原理、主要技术参数，挤出辅机的组成与特点，挤出成型设备的控制、安装与调试、操作与维护；第五章双螺杆挤出机，介绍双螺杆挤出机的结构组成、工作原理，螺杆元件、螺杆组合设计及双螺杆挤出机的控制、调试、螺杆拆装、保养与维护；第六章注塑成型设备，介绍注塑机的结构组成、工作原理、主要技术参数，注塑机的安装与调试，操作与维护，电动、热固性、气辅等新型注塑机的结构原理与结构特点；第七章压延成型设备，介绍压延机的结构组成、工作原理、主要技术参数，压延辅机的组成与特点，压延成型设备的安装与调试、操作与维护；第八章塑料液压成型机，介绍液压机的基本结构和工作原理、分类及主要性能参数、操作与维护。

本书在编写过程中注重思政元素的有机融入，在介绍设备技术发展、课后阅读材料的选取等方面，重点介绍了我国塑料加工设备领域取得的成绩和存在的不足，让学生对我国塑料加工设备发展现状有基本的了解和客观的认识，激发学生的自信心和责任感，培养爱国情怀。

本书对接国家职业教育提出的"三教"（教师、教材、教法）改革任务，注重新技术、新工艺、新标准的引入，配套相关数字资源，培养学生的综合职业能力，以适应行业、企业的发展需求。知名企业技术人员参与了本书的编写过程，其中上海锦湖日丽塑料有限公司研发总监周霆、中国百兴集团（常州百佳年代薄膜科技股份有限公司）技术中心主任熊唯诚提供了许多宝贵的意见和建议，在此深表感谢。

本书对接《注塑模具模流分析及工艺调试》1+X 职业技能等级标准要求，在原料预处理设备、注塑成型设备等章节进行了有针对性的编排，使教学内容与考证内容、职业岗位要求相融合，实现书证融通，将专业课程学习与 X 证书要求有机结合。

本书由常州工程职业技术学院马立波担任主编，上海锦湖日丽塑料有限公司周霆担任主审。具体编写分工为：第一章～第三章由安徽职业技术学院谢金刚编写；第四章第一节～第五节、第七节和第五章由马立波编写；第四章第六节、第八章及阅读材料由常州工程职业技术学院李珊珊编写；第六章由绵阳职业技术学院杨娟编写；第七章由南京科技职业学院伍凯飞编写。数字资源由常州工程职业技术学院蒋晓威、马立波共同制作。编写过程中得到了化学工业出版社及有关高职院校多位同仁的大力支持，保证了编写工作的顺利完成，在此致以衷心的感谢！

　　由于编者水平所限，书中不妥之处在所难免，敬请广大读者批评指正。

编　者

2021 年 10 月

目录

第五章 双螺杆挤出机 89

第六章 注塑成型设备 1+X 书证融通 123

第七章　压延成型设备　182

第八章　塑料液压成型机　226

参考文献　239

二维码资源目录

第一章
绪论

📖 **学习目的与要求**

....

　　通过本章的学习，要求了解塑料加工设备在塑料成型中的重要作用；了解主要塑料加工设备的发展历史、发展现状和发展趋势；熟悉本课程的学习目的、内容及书证融通要求。

　　熟悉常见塑料加工设备的主要结构和性能参数；掌握塑料加工设备的型号编制方法，能根据设备型号了解设备的名称、型号规格和技术参数等内容。

　　通过了解塑料加工设备在我国的发展历史和发展趋势，激发学生对技术创新的好奇心与求知欲，培养勇于创新、实事求是的科学态度和科学精神。

....

第一节　塑料加工设备的发展概况

一、塑料加工设备的作用

　　塑料是一种重要的高分子材料，在国民经济发展和人们的生活中占有重要地位，已经成为应用最广且不可替代的材料。塑料工业是一个综合性很强的工业体系，它包括树脂合成、助剂开发、塑料成型加工、塑料机械与模具、废旧塑料回收再生等环节，塑料成型加工是塑料工业的核心。塑料成型是指将各种形态（粉料、粒料、溶液和分散体）的塑料原料制成所需形状的制品或坯件的过程，完成这一过程所需的设备称为塑料加工设备。塑料加工设备是塑料制品成型的重要基础之一，塑料加工设备的设计和制造水平标志着塑料工业的整体技术水平，它对提高产品质量和生产效率，降低生产成本和能源消耗，改善劳动条件、降低劳动强度、保证安全生产，开发新工艺、新产品等具有十分重要的作用。

　　从塑料原料到塑料制品经历了复杂的工艺过程，并且由于塑料材料分子量及结构差异性较大，导致塑料制品最终的性能强烈依赖于原材料采用的成型工艺和经历的加工过程，因而塑料加工设备与普通的机械设备相比具有多样性、特殊性和复杂性的特点。塑料加工设备的结构、性能与塑料成型技术有着密切的关系，塑料加工技术的进步更多地体现在加工设备的创新上，随着塑料材料应用的迅猛发展，塑料成型设备也相应地得以发展，而塑料成型设备的进一步完善和发展，又促进了塑料成型技术的提高。

　　随着世界塑料工业的发展，塑料加工设备的制造已成为现代工业中的一个重要行业，虽然发展的历史较短，但前景十分广阔，已成为机械工业的重要组成部分，具有十分重要的作用。由于电子、冶金、机械、液压、仪表和自动控制等工业技术的进步，塑料加工设备制造也进入了迅猛发展阶段。特别是互联网和智能制造等先进技术的应用，必将带动塑料加工设备工业进入一个划时代的新里程。

二、塑料加工设备的产生

塑料加工设备与世界上的其他人工产物一样，是在生产实践中产生和发展起来的。归纳起来，目前广泛应用的塑料加工设备的产生主要经历了如下三个阶段。

1. 借用时期

在三大支柱材料中，高分子材料的发展历史相对较短，因此塑料材料成型中的很多方法是从金属材料和无机非金属材料的成型方法借用而来的，例如，金属的压制成型、浇铸成型分别用于塑料的压制成型、浇注成型等，玻璃的吹制工艺用于塑料的中空吹塑成型，陶瓷的注浆成型被用于塑料的注射成型。这一时期生产的塑料制品大多数形状简单、种类单一，因此限制了塑料制品的应用范围。

2. 转化时期

人类使用天然橡胶已有几个世纪，橡胶的捏炼、压制、硫化和挤出等早已发展成为成熟的成型工艺。塑料和橡胶都是重要的高分子材料，两者有许多相同的特性，因而近代发展起来的塑料加工成型实际上采用了某些与橡胶成型相似的方法。比如：由炼胶机转化成塑料的炼塑机；由压制成型和硫化橡胶转化为压制成型塑料制品等；由挤出炼胶和挤出橡胶制品转化成挤出造粒和挤出成型各种塑料产品等。这一时期所生产塑料制品的种类、数量都有所提高，但形状仍比较简单，不能完全满足工业发展和人民生活需求。

3. 发展时期

尽管塑料的成型方法与金属、无机非金属、橡胶等材料有一定的相似之处，但塑料也有自身的特性。同金属材料相比，塑料受热更易熔融并具有比金属更好的可塑性；与陶瓷、玻璃等无机非金属材料相比，塑料的熔体强度更高，加工后的产品韧性更好；与橡胶相比，塑料的熔融温度更高，熔融后的流动性更好。因此，塑料本身的这些特点就使其在借用和转化的基础上，还需要针对塑料本身的特性不断改进、完善并加以发展创新，最后形成塑料成型特有的多种成型方法和相应的加工设备。目前，借助先进的塑料成型设备已经可以生产各种形状复杂、高精度、高性能的产品，塑料制品的应用范围不断扩大，并在某些领域逐步替代了传统的金属、无机非金属、橡胶等材料。

三、典型塑料加工设备的发展历史

塑料成型加工一般包括原料的配制和准备、成型及制品后加工等工序，在塑料成型加工过程中，成型是一切塑料制品生产的必经步骤；后加工过程通常是根据制品要求取舍的，并不是每种塑料制品都需完整地经过后加工过程。相对于塑料的成型过程来说，后加工过程常居于次要地位。成型的方法很多，分类也不一致，通常根据成型方法的不同可分为挤塑、注塑、压延、吹塑以及模压等，塑料的加工主要以挤塑、注塑和压延三大成型技术为主。因此，挤塑加工设备、注塑加工设备和压延加工设备被称为三大成型设备。

1. 挤塑加工设备

挤出成型是应用最广的一种塑料成型加工方法，其加工过程是首先将塑料加热，使之呈黏流状态，在加压情况下，使之通过具有一定形状的口模而成为截面与口模形状相仿的连续体，然后通过冷却，使具有一定几何形状和尺寸的塑料由黏流态变为高弹态，最后冷却定型为玻璃态，得到所需的制品。

世界上第一台柱塞式挤出机由英国的 H. Bewley 和 R. Brooman 于 1845 年研制成功，而第一台单螺杆挤出机是由美国的 W.Kiel 和 J.Prior 于 1876 年研制成功。早在 19 世纪中期就开始用挤出法成型结构材料，然而，早年所用的挤塑机全都是柱塞式的，用人力、机械或液压操作，一个主要的不足是成型不连续，生产效率低，而且劳动条件差。经过不断改进，19 世纪 70 年代末发明了用于挤出橡胶的单螺杆挤胶机，随后单螺杆挤胶机被应用于塑料制品成型，并在此基础上逐步发展成为单螺杆挤塑机和双螺杆挤塑机这一塑料成型特有的挤塑成型设备。

挤塑机的现代化和大量生产只是近几十年的事。目前，除某些在工艺过程中要求压力极高的材料，或不宜用螺杆挤出的材料（如聚四氟乙烯塑料等）仍用柱塞式挤塑机外，大量使用的是螺杆式挤塑机，并且各国都已形成系列化。

当今世界上单螺杆挤塑机的螺杆直径最小为 6mm，最大为 750mm，长径比最大可达 60。螺杆转速与挤塑机产量都有很大的提高，如 ϕ30mm 的单螺杆挤塑机，其螺杆的最高转速可达 3000r/min，产量高达 300kg/h。

此外，各种新型挤塑机如排气式、串联磨盘式、行星式、熔体齿轮泵式等单螺杆挤塑机，以及紧凑型、超转矩型、多工艺混炼型、微型、高效双锥型等双螺杆挤塑机也同样得到了发展。

2. 注塑加工设备

塑料的注射成型是通过注塑机来实现的，其过程是将粒状或粉状的原料加入注塑机机筒，经高温熔化后，在高压作用下从喷嘴处射入密闭的模具内，然后在压力作用下经过冷却固化后得到成型的制品。注射成型具有一次成型外形复杂、尺寸精确或带有金属嵌件的塑料制品的能力，在多种塑料装备中，注塑机处于重要的主导地位。注塑机在我国塑料成型设备产值中的占比约达 40%，在美国、日本、德国、意大利、加拿大等国家，其产量占塑料成型设备总量的 60%～85%。

塑料注射成型技术在 19 世纪中后期出现，它是根据金属压铸原理创造出来的，但具有较高机械化水平的第一台柱塞式注塑机是到 20 世纪 30 年代才出现。在 1932 年，德国布劳恩厂生产出全自动柱塞式注塑机；1948 年，螺杆开始应用于注塑机的塑化装置；1959 年，第一台螺杆式注塑机问世，推动了注塑成型的广泛应用，不仅热塑性塑料，热固性塑料也可用注塑法进行成型。

从注塑机问世起，合模力为 1000～5000kN、理论注塑容积为 50～2000cm^3 的中小型注塑机占绝大多数。20 世纪 70 年代后期，工程塑料在汽车、船舶、宇航、机械以及大型家用电器领域获得广泛应用，大型注塑机开始快速发展。合模力为 10000kN 以上的大型注塑机投入市场。当今世界上最大的注塑机，其合模力达到 120000kN，理论注塑容积达到 96000cm^3。

注塑机的合模速度已从过去的 20～30m/min 提高到 40～50m/min，最高的可达 70m/min。注塑速度从过去的 100mm/s 提高到现在的 250mm/s，有的达到 450mm/s。日本制钢所研制的电动式注塑机的注塑速度可达到 900mm/s，注塑时间为 0.02s。此外，日本 SN120P 注塑机的注塑压力已达到 460MPa，用它生产的制品收缩率几乎为零，制品精度可保证在 0.02～0.03mm，壁厚可保证在 0.1～0.2mm。

注塑机的控制技术历经继电器控制、接触器控制、可编程序控制器控制到专用计算机控制的发展过程。自 20 世纪 60 年代末，美国费洛斯公司首先应用计算机控制技术，经过几十年的高速发展，已经不是简单的动作控制，而是包括熔体温度、注塑压力、注塑速度、保压时间、冷却过程及液压回路的各种参数的综合控制。过去大多数采用开环控制，目前正在向闭环控制方向发展。德国克劳斯马菲公司 PM 控制系统，就是通过合模力、型腔压力和充模过程的控制，使制品质量的误差精确到 0.15%。

节能方面，从过去的流量比例和压力比例控制发展到变量控制或定量控制，采用变频调速控制与伺服控制技术的注塑机，能耗仅为传统注塑机的30%。注塑机的高效率主要体现在大大缩短了制品的成型周期，普遍比过去提高24%以上。高效注塑机的开模与预塑一般都是同步完成，开模中同时完成抽芯和顶出。目前最快的注塑机，成型周期不大于1s。

激烈的市场竞争促进了注塑机的技术进步，不仅在精度、节能、速度、效率、自动化程度、占地面积、噪声等方面做了全面改进，而且还开发了适合不同工艺要求的各种注塑机，如气辅、水辅、精密、微型、注-吹、注拉-吹等，极大地提高了市场的适应性。在小型注塑机领域，电动注塑机充分发挥了它的优势，所占比例正在逐步上升。

3. 压延加工设备

压延成型是生产高分子材料薄膜和片材的主要方法。它是将接近黏流温度的物料通过一系列相向旋转着的平行辊筒的间隙，使其受到挤压和延展作用，成为具有一定厚度和宽度的薄片状制品的成型过程。压延成型主要用于加工各种薄膜、板材、片材、人造革、墙纸、地板及复合材料等。塑料压延制品的产量在塑料制品的总产量中约占20%，广泛用于农业、工业包装、室内装饰及日用品等各个领域。

随着压延制品加工工艺的发展、品种的增加及制品质量要求的提高，塑料压延机生产线的研制进入了一个高速发展的时期。同时，由于在环保、节能、安全等方面的要求不断提高，塑料压延机在品种、提高质量、节能降耗以及自动控制等方面又取得了很大进步，不断向着大型化、高精度、高效率及高度自动化的方向发展。

塑料压延机是在橡胶压延机的基础上发展而来的，橡胶压延机大约也是在19世纪中期出现，直到20世纪70年代，宽幅、高精度、高生产率和高自动化的Z型和S型以及异径、多辊筒的塑料压延机的出现，才标志着塑料压延成型技术已经达到了现代化的水平。

近年来，塑料压延成型设备的发展具有如下特点。

（1）大型化　由于制品的幅宽要求越来越宽，所以塑料压延机的规格也不断地增大，目前辊面宽度达4000～5000mm的大型塑料压延机已得到较普遍的使用。另外，为了获取宽幅制品，还采用了拉伸拉幅工艺与装备，可生产幅宽5000mm以上的薄膜。

（2）高速化　压延工艺的最大优势在于精密、连续、高效。这一工艺的工作线速度一般为100m/min左右，新型机台可达200～250m/min，甚至已经超过了300m/min。一台普通的塑料四轮压延机的年加工能力可达5000～10000t。

（3）精密化　压延制品的质量精度要求越来越高，从而要求压延装备更加精密，压延制品的最小厚度不大于0.05mm，其厚度精度可达±0.0025mm。通过采用拉回机构、反弯曲装置和轴交叉机构，与传统的中高度辊筒配合等方法，确保了在线速度调整及高速运行中获得高精度的制品，使制品的厚度精度得到极大的改善，可以最大限度地节约原材料，降低废品率和生产成本，并减轻劳动强度和提高生产效率。

（4）高度自动化　塑料压延生产线除了在线监测和对压延机与制品厚度有关的系统进行自动闭环反馈控制外，还配有电、液、气组合的高自动化控制系统。塑料压延生产线的传动采用了微张力的速度联动控制系统和全数字式调速系统，速度稳定精度可达0.01%。塑料压延机的传动主电机仍然以直流电动机为多，采用全数字式调速系统。辅机组的传动电机，大部分已采用交流变频电机。目前采用半导体集成电路的高精度变流技术的调速系统已经成熟。生产线普遍配有人机界面操作系统。

（5）结构多样化　由于塑料压延成型工艺及制品质量的要求，各种专用的或新型的塑料压延机应运而生，如多辊压延机、异径辊压延机以及行星辊压延机等。压延辅机则为了达到不同制品的成型工艺要求和适应高速化要求也派生了诸多的结构形式，如为了适应不同精度和厚度的制品要求，配备了大、小直径的冷却辊装置；为了适应大卷径制品的高速卷取，采用了摩擦卷取加辅助中心卷取等结构，而切割装置无论是飞刀还是冲剪结构都有电动、气动和电热等形式。

由于塑料压延成型工艺的发展、品种的扩展及制品质量要求的提高，塑料压延机的研制进入了一个高速发展的时期。同时，由于环保、节能和安全等方面的要求不断提高，塑料压延机在提高制品质量、节能降耗以及自动控制等方面不断向着大型化、高精度、高效率及高度自动化的方向发展。

塑料加工设备的发展水平作为衡量一个国家工业发展水平的重要标志之一，总的发展趋势是朝着组合结构、专用化、系列化、标准化、复合化、微型化、大型化、个性化、网络化、智能化等方向发展。近年来，随着塑料新型制造技术如增材制造、精确成型加工，反应性加工等方法不断出现，同时伴随着 5G 网络的普及，传统的制造方式也在发生转变，塑料成型技术和塑料加工设备的配合更为密切。在具体实践中，通过不断地对塑料加工设备进行改进、创新，塑料制品也必将应用于更加广阔的领域，塑料工业将为社会经济持续性发展奠定基础。

四、我国塑料加工设备的发展现状

目前，塑料已经和钢铁、木材、水泥一起构成现代社会的四大基础材料，是农业、工业、能源、交通运输、信息产业乃至宇宙空间和海洋开发等国民经济各领域不可缺少的重要材料之一，塑料加工设备已成为中国机械工业的重要组成部分，是国家鼓励发展的重点行业，行业地位和作用也日益显现。

我国塑料加工设备的发展始于 20 世纪 50 年代，经过半个多世纪的迅速发展，如今已形成年产达 20 万台（套）较有规模的、门类较为齐全并具有一定国际竞争力的机械制造业门类，在机械制造业的 194 个行业中增长速度名列前茅。据统计，2020 年 1~12 月，我国塑料机械行业规模以上企业 488 家，较上年增加了 32 家，全年实现营业收入 810.56 亿元，较 2019 年增长了约 25%；利润总额 85.72 亿元，同比增长近 49%；营收利润率 10.58%，比上年提高了 1.73 个百分点，优于同期全国机械工业的平均水平。

我国塑料加工设备主要有注塑机、挤出机及其辅机、压延机和吹塑机等，共占塑料机械工业总产值、总产量的 85% 以上，其中注塑机在这三大品种中又占最大份额，占比约 40%。在中国环渤海、长三角和珠三角三大区域，已形成了 10 多个以专业生产注塑机、挤出生产线、中空成型机及配附件等为特色的产业集群。其中，在长三角区域，形成了一批以专业制造注塑机为主的产业集群。例如，以生产注塑机闻名的宁波市，被授予"中国塑机之都"称号；注塑机产量最大的宁波北仑产业集群，入选中国社会科学院发布的"中国百佳产业集群"名单。在珠三角区域的广州、顺德、深圳等地，形成了多个制造注塑机产品的生产基地。在东北辽宁省形成以挤出机（吹膜、管材异型材等）为主的产业集群。当前，这些产业集群正在由"低、小、散"向"园区化""集群化"转变，逐步具备特色发展、协同配套、生产规模大、科技含量高、竞争能力强的新优势。

1. 注塑加工设备

注塑机（图 1-1）是我国塑料机械行业产量最大、产值最高、出口最多的第一大类产品。目前，中国已能生产出合模力为 66000kN、理论注塑容积达 64000cm^3 的大型注塑机；中小型注塑机的合模速度已经达到 40~50m/min 水平，较高的可达 70m/min，大型注塑机的合模速度处在 30~35m/min 水平；注塑速度一般都超过 130mm/s，用蓄能器加速可达 500mm/s；注塑压力从过去的 120~150MPa 提高到目前的 180~250MPa。注塑机的结构形式有立式和卧式两种。

普通卧式注塑机仍是注塑机发展的主导方向，其基本结构几乎没有大的变化，除了继续提高其控制及自动化水平、降低能耗外，生产厂家根据市场的变化正在向组合系列化方向发展，如同一型号的注塑机配置大、中、小三种注塑装置，组合成标准型和组合型，增加了灵活性，扩大了使用范围，提高了经济效益。近年来，世界上工业发达国家的注塑机生产厂家都在不断提高普通注塑机的功能、质量、辅助设备的配套能力，以及自动化水平。同时大力开发、发展大型注塑机、专用注塑机、反应注塑机和精密注塑机，以满足生产塑料合金、磁性塑料、带嵌件和数码光盘制品的需求。中国的注塑机也紧跟世界技术发展的步伐，开发生产了各种高性能、多功能注塑机，特别是最近电动式注塑机也已经在市场亮相。

图1-1 注塑机

注塑行业产业链广泛，模具厂商、塑料厂商、机械厂商分别为注塑企业提供注塑所需的模具、原料和设备，注塑企业通过注塑将价值链继续传递，最终应用于汽车、家电、3C、包装等下游行业。注塑机是目前中国塑料机械中发展速度最快、水平与工业发达国家差距较小的塑料加工设备品种之一。但这主要指普通型注塑机，在特大型、特殊、专用、精密注塑机等品种方面，有的在我国尚属空白，这是与工业发达国家的主要差距。

2. 挤出加工设备

挤出机（图 1-2）也是塑料加工设备的主要品种之一，占塑料机械总产值的 31%，用挤出机加工的塑料制品占其总量的 1/3 左右，为塑料加工设备的第二大类产品。其生产厂家多集中在塑料加工业发达地区，如江苏、浙江、山东、广东、辽宁等沿海地区，应用于机械、轻工、化工、石化、建材、军工等行业。全国生产挤出机的厂家超过 100 家，挤出机的品种占塑料加

图1-2 挤出机

工设备品种的 30%，这个比例还有逐年上升的趋势。中国已能生产螺杆直径为 12～300mm 多种规格的单螺杆挤塑机，长径比大多在 25～30 之间。一些新型的混炼元件如分离型、屏障型、分流型、变流道型等得到了较为广泛的应用。螺杆转速有了进一步提高，如直径为 150～300mm 的大型挤塑机，加工聚烯烃类物料时螺杆转速可达 50～75r/min，加工热稳定性较差的物料（如 PVC 等）时螺杆转速可达 5～42r/min；直径为 30mm 以下的小型挤塑机，加工聚烯烃类物料时螺杆转速可达 160～200r/min，加工热稳定性较差的物料（如 PVC 等）时螺杆转速可达 18～120r/min。

单螺杆挤出机无论作为塑化造粒设备还是成型加工设备都占有重要地位，由于单螺杆挤出机与其他挤出机相比具有结构简单、坚固耐用、维修方便、价格低廉、操作容易等特点，近年来取得了很大的发展。单螺杆挤出机发展的主要标志在于其关键零件——螺杆的发展。人们对螺杆进行了大量的理论和实际研究，至今已有近百种螺杆，常见的有分离型、剪切型、屏障型、分流型与波状型等。

在单螺杆挤出机得到快速发展的同时，双螺杆挤出机也在发展，双螺杆挤出机喂料特性好，适用于粉料加工，且比单螺杆挤出机有更好的混炼、排气、反应和自洁功能，特别是加工热稳定性差的塑料和共混料时更显示出其优越性。近些年来国产双螺杆挤出机已经有很大的发展，各种形式的双螺杆挤出机已系列化和商品化，生产的厂商也较多，目前已能生产出异向旋转锥形双螺杆挤出机和中、小型异向旋转平行双螺杆挤出机。在双螺杆挤出机的基础上，为了更容易加工热稳定性差的共混料，有的厂家又开发出多螺杆挤出机如行星挤出机等。中国双螺杆挤出机产品系列不全，规格较少，尤其在控制水平、效率、精度、可靠性和成套性等方面与发达国家相比差距较大，因而在国际竞争中处于劣势，很多塑料制品企业仍采用进口的双螺杆挤出机。

3. 塑料压延加工设备

20 世纪 60 年代前，国内压延机仍多以小型压延机和自制压延机为主，辊筒是中空形式，轴承多是铜瓦，辊间是齿轮传动，排列形式以直立排列为主。20 世纪 60 年代后，压延机（图 1-3）的发展进入快速发展时期，滚动轴承、多孔辊筒、轴交叉和反弯曲装置的使用使压延机向高速化、精密化发展。到了 20 世纪 70 年代初，由于世界经济的停滞不前，压延机在技术创新上没有太大进展，直到 1974 年，由于开发了异径压延机、多辊筒压延、多角度排列，定量存料等问题的研究再一次开展起来。随后，由于大棚膜、灯箱广告膜、充气玩具膜、防渗土工膜、粮食熏蒸膜、包装膜、盐膜、贴膜等各种精度要求较高的大型软膜类产品的广泛使用，刺激了压延机进一步向大型化、高精密化、高效化方向发展，配合双向拉伸设备，

图 1-3 压延机

已能生产出宽度 4.5m，厚薄精度控制在 ±0.01mm 的双向拉伸膜，单机年产量可达到 7000t 以上。

目前，中国已能生产出辊筒规格为 ϕ850mm×240mm 的大型精密四辊塑料压延机，采用拉伸拉幅工艺与装备，可生产出幅宽达 4500mm 的薄膜。压延制品的精度也进一步提高，可生产出最小厚度为 0.05mm，厚度精度达 ±0.0075mm 的压延制品。自动化控制水平大大提高，速度稳定精度可控制在 0.01%。此外，五辊、六辊等多辊压延机以及异径辊压延机也都纷纷投入市场，中国的塑料压延机正朝着国际先进水平迈进。

中国塑料加工设备虽然发展很快、类型也较多，基本上能满足国内塑料制品加工的需要，

个别产品也进入世界前列，但与世界工业发达国家（如德国、日本、意大利）相比，还有一定差距，主要表现在品种少、能耗高、控制水平低、性能不稳定等方面。因此，中国塑料加工设备总的发展趋势是要朝着组合结构、专用化、系列化、标准化、复合化、微型化、大型化、个性化、智能化方向发展，同时要满足节能、节材、高效的要求，以适应塑料制品成型企业节约成本的需要。

总之，随着中国塑料工业的发展，塑料材料的广泛应用不断地推动中国塑料加工设备的发展，更新的、更高品级的塑料材料的开发，给中国塑料加工设备的发展注入了活力。

4. 塑料加工设备行业发展趋势

经过多年的深化发展，国内塑料加工设备行业的科技水平、国际化程度、市场化程度，以及生产制造能力不断加强，目前处于世界平均水平之上。塑料加工设备行业的抗风险能力和国际竞争力在不断加强，发展速度在加快。随着世界经济格局的变化，塑料加工设备行业的发展迎来新的高潮。国家目前已经出台了相关的产业振兴规划，政策的出台可以进一步刺激消费，拉动内需，汽车、轻工、电子信息等不同行业对塑料制品的应用和消费数量非常高，相关加工设备的需求量同时也高，对于行业的发展具有重要的推动作用。

2020年我国的塑料制品总产量已经达到7500万吨以上，塑料行业的良好发展前景，预示着我国的塑料加工设备产业前景可观，尤其是部分价格适中、性能好、技术含量高的设备具有优势，例如大功率单螺杆挤出机，节能、环保、精密的大型专用注塑机，生产耐热材料、高阻渗性的多层共挤吹塑机和生产工业制件的吹塑机等等。随着国际市场的技术改革和进步，中国塑料加工设备产业的发展应该准确把握市场的经济特点和发展规律，研究高科技的设备和设施，满足市场的实际需求。如今低附加值的通用性产品结构性过剩，层次较低的产品陷入了恶性竞争，这对整个行业的发展产生了限制。塑料加工设备生产企业应该持续更新观念，转变经济增长方式，不断进行技术改革和创新。

中国的塑料加工设备制造行业的产值仍然在增长，2020年，在疫情冲击下行业实现逆势增长，截至2020年上半年，我国塑料加工设备行业实现主营业务收入为337.38亿元，同比增长6.46%；利润总额37.55亿元，同比增长32.73%。塑料加工设备行业的发展同时带动了轻纺、农业、建材、电子、汽车、石化、国防、航天等工业配套产品的经济产值的提高，塑料机械设备本身的节能标准、节能方法、节能产品生产技术的提升都具有非常现实的意义，国内的塑料加工设备产业发展空间仍旧很大。

国内的塑料加工设备行业已经逐渐向个性化、智能化、标准化、微型化、专用化、系列化发展，在此基础上满足环保、高效、节能、节材的具体需要，满足不同的塑料加工企业、塑料原料加工企业的成本控制需要。塑料加工设备的应用需要向使用者提供具体的工艺配方、制品、售后服务、设备应用等多元化的服务，对相关领域技术的革新进行借鉴，融合各种最新科技进行研发创新，比如将汽车行业、电子行业、通信产业等的最新科技成果应用到该领域中，同时注意材料科学的进步，应该不断追求塑料加工设备的节能、高效、高速。在条件允许的情况下使用各种方式，包括合作、合资、引进先进工艺设备等，提高设备的技术含量，以此推动行业整体进步，提升市场的竞争力。我国的宏观调控工作和相应规定细则的出台，对塑料加工设备行业的发展具有重大的影响。行业内部应该重视专业化人才的培养，提升对科研工作的重视程度。结合我国的实际国情将塑料加工设备行业发展推向高端化，追求更高的经济效益。将行业发展和我国的可持续发展战略关联到一起，提升产业覆盖面和产量，更好地为社会进步服务。

经过几十年的发展，我国塑料机械行业已经形成门类齐全、基础牢固、具有一定技术水平的产业体系，未来随着节能环保和绿色低碳经济的不断推进，我国人均塑料消费量将会得到更快的增长，我国塑料机械行业的发展前景广阔。

第二节　塑料加工设备的型号编制

如前所述，塑料加工设备有很多是从橡胶成型设备转化而来的。因此，塑料加工设备的型号与橡胶成型设备的型号有许多相似之处，不同的是塑料加工设备发展到今天，其品种、型号和规格都远比橡胶成型设备多得多。

各国均按照自己国家行业管理的规定制定了统一的橡胶塑料机械型号编制方法。GB/T 12783《橡胶塑料机械产品型号编制方法》就是中国所制定的橡胶塑料机械产品型号编制方法。如果熟悉了塑料机械产品型号编制方法，就能从一个简单的设备产品型号中了解到该设备的名称、型号规格和技术参数等内容，进而知道设备的尺寸、质量、动力和生产能力等数据，做到从型号了解设备全貌，这在实际工作中是十分有用的。

根据 GB/T 12783—2000，塑料机械产品的型号编制有如下规定。

① 产品型号的编制应以简明、不重复为基本原则。

② 产品型号采用大写印刷体汉语拼音字母、国际通用符号和阿拉伯数字表示。

③ 汉语拼音字母的选用按产品分类中有代表的汉字，取其拼音的第一个字母；如有重复，取拼音的第二个字母；再有重复，可选用其他字母。

④ 产品型号由产品代号、规格参数（代号）、设计代号三部分组成。

⑤ 产品型号的格式如下。

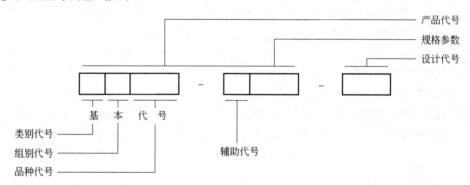

⑥ 产品代号由基本代号和辅助代号组成，均用汉语拼音字母表示。基本代号与辅助代号之间用短横线"-"隔开。

⑦ 基本代号由类别代号、组别代号和品种代号三个小节顺序组成。

a. 类别代号用"S"表示。

b. 组别代号见表 1-1。

表 1-1　塑料机械组别代号的表示（GB/T 12783—2000）

组别	代号	组别	代号	组别	代号
捏合机	N（捏）	压力成型机	L（力）	扩管机	U（扩）
混合机	H（混）	泡沫塑料成型机	P（泡）	印刷机械	S（刷）
密闭式炼塑机	M（密）	人造革机械	R（人）	焊接机	A（焊）
开放式炼塑机	K（开）	滚塑成型机	G（滚）	异型材拼装机	X（型）
压延成型机械	YK（压）	编织机	B（编）	切粒机	Q（切）
挤出成型机械	J（挤）	热成型机	E（热）	回收机械	W（回）
塑料注射成型机械	Z（注）	干式复合机械	F（复）	其他机械	T（他）
吹塑中空成型机械	C（吹）	制袋机械	D（袋）		

c. 品种代号由三个以下的字母组成，按 GB/T 12783—2000（表 2）的规定表示。基本品种不标注品种代号。

⑧ 辅助代号用于表示辅机（代号为 F）、机组（代号为 Z）、附机（代号为 U）。主机不标注辅助代号。

⑨ 规格参数的表示方法和计量单位按 GB/T 12783—2000（表 2）的规定。

⑩ 设计代号在必要时使用，可以用于表示制造单位的代号或产品设计的顺序代号，也可以是两者的组合代号。使用设计代号时，在规格参数与设计代号之间加短横线 "-" 隔开。当设计代号仅以一个字母表示时，允许在规格参数与设计代号之间不加短横线。设计代号在使用时，一般不使用 I 和 O，以免与数字混淆。

第三节　学习目的、内容和书证融通要求

一、学习目的

塑料加工设备是高分子材料智能制造技术等专业学生的必修专业课程和主干课程，学生需要在掌握机械制图、机械基础、机电控制基础等基础课和高分子物理、高分子化学等专业基础课的相关理论知识和实践技能基础上进行学习。塑料加工设备虽然已经基本定型，但是要思考如何利用这些设备组织生产和管理，最大限度发挥设备的能力，提高生产效率，降低成本等问题。设备的类型和性能往往影响成型加工工艺过程，要考虑设备与工艺的相互依赖和制约作用，根据塑料加工设备现状确定正确的工艺条件，达到优质、高产、低成本的经济指标。

通过塑料加工设备课程的学习和实践，可对塑料加工设备的基本理论、基本结构和基本性能有一个系统的了解，掌握塑料加工主要设备的有关知识，配合其他专业课程的学习，学会综合分析问题的方法，从而在生产实践中，根据塑料成型工艺的要求，进行设备的管理、安装与调试、维护与保养。

二、主要内容

本书以塑料成型工艺过程为主线，介绍了原料预处理设备、混炼设备、挤塑成型设备、注塑成型设备、塑料压延成型设备、塑料液压成型设备等，重点阐述了挤塑、注塑和压延三大主要成型设备的工作原理、结构性能、主要技术参数。在加强塑料成型设备基础知识学习的同时，尽量拓宽知识面，简化理论公式的推导过程，注重培养学生如何利用理论推导出的结论来指导生产实践，培养学生分析问题、解决问题的能力。另外，在内容上，加强了设备的安装与调试、维护与保养等实际生产知识，以达到培养学生实践操作能力的目的。在内容安排上，尽量做到少而精，力求系统性、逻辑性和实用性。在文字上，尽量做到通俗易懂。全书中引用的标准、专业术语和单位量纲尽量做到现行、统一和规范。为了便于读者自学，还配有许多实物图片、数字资源，并且在每章后配有思考题。

三、书证融通要求

《国家职业教育改革实施方案》（以下简称《职教 20 条》）经中央全面深化改革委员会第五次全体会议审议通过，于 2019 年 1 月 24 日由国务院正式发布，这是党中央国务院对职业教育改革发展的决策部署，是进一步办好新时代职业教育的行动指南。《职教 20 条》提出"从 2019

年开始，在职业院校、应用型本科高校启动'学历证书+若干职业技能等级证书'制度试点（1+X证书制度试点）工作"。1+X证书制度是《职教20条》的一项重要创新，党中央国务院高度重视1+X证书制度的试点工作。学历证书和职业技能等级证书互通衔接既有利于缓解当前就业压力，也是解决高技能人才短缺的战略之举。鼓励学生在获得学历证书的同时，取得多种职业技能等级证书，拓展就业创业本领。基于"产教融合、书证融通"的人才培养模式，是将社会急需产业和技术人才紧缺领域中的职业技能等级标准贯穿于人才培养方案中去，真正实现专业人才培养目标与职业岗位要求相统一，使教学内容与职业考证内容、职业岗位要求相融合，真正实现学生毕业学历证书+若干职业技能等级证书，从而构建充分就业和优质就业目标的一种赋能应用型人才培养模式。

2021年3月，《注塑模具模流分析及工艺调试》职业技能等级标准发布。该证书共分初级、中级、高级三个等级，适用于中等职业院校、高等职业院校、应用型本科院校。中级主要面向注塑模具设计及制造类企业、塑料材料成型类企业、注塑设备制造类企业等，从事两板模和三板模模具设计、模流分析等工作，技能要求是能对两板模和三板模的结构及注塑工艺进行分析；能够利用CAE分析软件进行浇口位置分析、充填分析、流动分析、冷却分析等；能够根据简单试模产品缺陷进行综合分析；能够根据试模结果提出改善方案；能进行成型工艺参数的设置调试；能够通过试模和修模进行合格产品的生产。考证过程注重对参考人员的职业素养、基础知识、专业知识等理论方面的考核，同时对参考人员的实操技能如文明生产、模具拆装、设备操作、参数设置、产品质量控制、模流分析等方面进行考核。

在学习过程中，要充分运用已经学习过的基础知识，理论联系实际，灵活运用，将专业理论知识、加工工艺和加工设备紧密结合。通过学习，要求掌握主要加工设备的工作原理、结构性能，基本具备常用设备的操作、调试、维护与保养实践技能，充分理解这些因素之间的相互关系和影响，并初步具备对主要塑料加工设备常见问题的分析和处理能力。

此外，部分章节如原料的预处理设备、注塑成型设备等内容与《注塑模具模流分析及工艺调试》证书等级标准及考核内容结合紧密，学习时要融会贯通，形成有机整体，为后期的考证打好基础，实现书证融通、课证融通的教与学的共同目标。

📚 阅读材料

中国塑料机械行业现状分析与发展趋势

塑料机械工业是为塑料原材料工业、塑料制品加工工业提供重要技术装备的机械制造工业，是塑料加工工业中所用的各类机械和装置的总称。塑料机械是生产塑料制品的机械设备，包括注塑机、塑料挤出机等，我国市场需求量大。中国产业调研网发布的2017~2022年中国塑料机械行业现状分析与发展趋势研究报告认为，我国塑料机械行业经过多年的发展，初步形成了相对集中的生产集群，主要分布在环渤海、长三角和珠三角三大区域。中国塑料机械发展始于20世纪50年代末期，随着中国石油化学工业的发展，中国塑料机械工业逐步形成了一个独立的工业部门，并初具规模。进入21世纪以来，我国塑料机械工业得到了持续快速的发展，是全国增长最快的产业之一，主要经济指标位居全国机械工业的前列。中国塑料机械产业"十三五"发展规划把精密铸造装备、节能塑料成型加工装备等六大领域列为发展重点。

2015年，我国塑料机械行业掌握了一批拥有自主知识产权的核心技术，提升了一批具有特色和知名品牌的产业集群，培育了一批具有行业带动力和国际竞争力的大企业，实现了塑料机械行业由大变强的转变。2016年初，中国塑料机械工业协会在"十三五"期间塑料机械行业发展重点中提出，行业经济运行年均增长10%以上，2020年工业总产值和销售额达到880亿元以上、塑机出口 170 亿元以上、贸易顺差 10 亿元以上等目标。

2016～2022 年中国塑料机械行业现状研究分析及市场前景预测报告表示，具有一定规模、实力的企业约 400 家。中国塑料机械工业经过"十三五"实现了跨越式的发展，产业规模扩大，连续八年主要经济指标逐年递增，其发展速度与主要经济指标在机械工业所辖的 194 个行业中名列前茅。

据报道，塑料加工工业良好的发展前景仍将是中国塑料机械制造工业高速发展的原动力，预计未来中国对塑料机械需求量的年均增长率为 6% 左右，也就是说，中国塑料机械行业的发展潜力很大，后劲很足，尤其是一些科技含量高、性能好、价格相对适中的机型，如特大型、精密、专用注塑机，低温、大功率型单螺杆挤出机，用于生产高阻渗性和耐热性包装材料等的多层共挤吹塑机，生产工业制件（汽车配件等）吹塑机械等，都有很好的发展前景。

随着我国经济飞速发展，国内市场已经发生了巨大的变化。跟着这股经济潮流，塑料机械行业在经历了二十多年的发展后，取得了优异的经济效益，在全球市场的格局中逐渐占有了一席之地。

资料来源： 佚名. 中国塑料机械行业现状分析与发展趋势 [J]. 现代制造，2017（10）: 54.

♔ 思考题

1. 塑料成型设备在塑料成型中为何具有重要的作用？
2. 塑料成型设备的产生经历了哪几个时期？三大成型设备的发展历史与其发展方向如何？
3. 我国塑料设备的发展现状如何？
4. 塑料加工设备的发展趋势是什么？
5. 塑料加工设备的型号是如何编制的？
6. 学习本课程的目的是什么？
7. 学习本课程有哪些要求？

第二章
原料预处理设备

📖 学习目的与要求

结合《注塑模具模流分析及工艺调试》职业技能等级证书中关于待加工原料的干燥及预处理等方面的要求，熟悉常见塑料预处理设备如筛选设备、预热干燥设备的结构特点及适用范围，能够根据需要进行合理选型，并掌握设备的基本操作方法和注意事项。

通过本章的学习，要求了解塑料预处理设备的作用和种类；熟悉常见筛选设备的结构特点、工作原理及适用范围；熟悉预热干燥的目的、设备种类、结构特点和适用范围。

通过本章知识内容的学习，培养学生独立思考、主动学习的意识和能力，通过设备操作规范演示和实操练习，提高学习者的思想政治素质、心理素质，培养学生良好的职业习惯、职业道德。

塑料成型加工时所用的物料大多是粉料或粒料，由于树脂装运或其他原因，原料中可能会混入机械杂质、受潮等。原料质量的好坏直接影响塑料制品的质量和生产效率，如原料中杂质含量大，不仅会影响制品的外观质量，还会严重影响制品的力学性能和电学性能，使用时容易从杂质处产生开裂等；吸湿性强的塑料含湿量过大，不仅会给材料的成型加工带来困难，还会使制品易产生气泡、水纹等，影响制品的使用性能和外观质量，聚酯类的材料还可能发生高温水解反应，导致无法加工成型。为了生产安全，提高产品质量，塑料原料在成型加工之前，通常需要根据物料品种、用途对其进行预处理，然后再根据需要进行混炼塑化和成型。

所谓预处理主要是指对塑料原料的筛析过滤、预热干燥等处理过程。预处理设备是指用于对塑料原料进行预处理的装置与设备，主要包括筛选过滤设备、预热干燥设备等。

微课扫一扫

原料预处理设备

第一节　筛选设备

一、筛选的目的

筛选是将物料按照颗粒直径大小进行分级，从而实现颗粒均匀一致。在塑料制品成型过程中，筛选的主要目的是除去物料中混入的金属等杂质，除去粒径较大的物料，保证物料的细度和均匀度，以确保塑料成型加工设备的安全，提高物料的成型加工性能及产品质量。

筛选主要用于树脂或填料、热稳定剂等添加剂的颗粒筛分，实现粒度均匀和除去混入物料中的杂质，达到工艺对原料细度的要求。共混改性塑料中往往要加入碳酸钙、滑石粉等无机填料，这些物料在加工过程中不能熔融，不同粒径的增强效果可能存在显著差异，此种情况下，筛选就显得尤其重要。

细度是指物料颗粒直径（mm）的大小，通常用筛网的目数（网孔数/英寸）来表征；物料的均匀度是指颗粒间直径大小的差数，即表征粒径的分布情况。

根据物料的品种及用途不同，粉状物料的细度一般控制在 60～100 目。

二、常用筛选设备

根据筛选方式的不同，常用的筛选设备主要有圆筒筛、振动筛和平动筛。

1. 圆筒筛

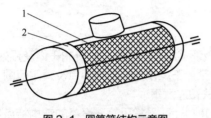

图 2-1　圆筒筛结构示意图

1—筛网；2—筛骨架

圆筒筛的结构组成如图 2-1 所示，它主要由筛网和骨架组成。筛网通常为铜丝网、合金丝网或其他金属丝网等。工作时将需筛析的物料放置于回转的筛网上，通过驱动装置带动圆筒形筛网转动而实现物料的筛选。这种筛体的结构简单且为敞开式，有利于筛网的维修或更换，但筛选时易产生粉尘飞扬，卫生性差。筛网的有效使用面积只占筛网总面积的 1/6～1/8，筛选效率较低。

圆筒筛主要适用于筛选密度较大的粉状填料，如碳酸钙、滑石粉、陶土等。

2. 振动筛

振动筛是一种通过平放或略倾斜的筛体振动实现筛分的设备。振动筛工作时利用偏心轮（或凸轮）装置或利用电磁振荡原理，使筛体工作时沿单一方向发生往复变速运动而产生振动，颗粒大小不同的物料进入筛面后，受振动力和重力的作用而运动，小于筛孔的物料转移到下层或运输机上，大于筛孔的物料和杂质颗粒则顺筛面移动到筛体的尽头落下，从而实现粗、细粒分离，完成筛分过程。根据筛体振动方式的不同，可将其分为机械式振动筛和电磁式振动筛两种。

（1）机械式振动筛　如图 2-2 所示，由筛体、弹簧杆、连接杆、偏心轮（或凸轮）等组成。它是利用偏心轮（或凸轮）装置，使筛体工作时沿单一方向发生往复变速运动而产生振动，从而达到筛选的目的。

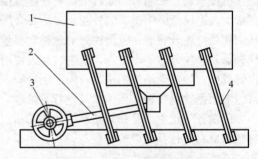

图 2-2　机械式振动筛结构示意图

1—筛体；2—连接杆；3—偏心轮；4—弹簧杆

（2）电磁式振动筛　如图 2-3、图 2-4 所示，由筛体、电磁铁线圈、电磁铁、弹簧板与机座等组成。电磁铁线圈与电磁铁等组成电磁激振系统。它是利用电磁振荡原理，工作时因电磁铁的快速吸合与断开使筛体沿单一方向发生往复变速运动而产生振动，从而达到筛选的目的。

振动筛的特点是：①筛选效率高。整个筛网都能得到利用，并且筛孔不易堵塞。②省电。电磁振动筛的磁铁只在吸合时消耗电能，而断开时不消耗电能。③筛体结构简单且为敞开式，有利于筛网的维修或更换。④筛体为敞开式，故筛选时易产生粉尘飞扬，卫生性差。⑤往复变速运动产生的振动使运动部件撞击而产生较大的噪声。

振动筛通常适合筛选粒状树脂和密度较大的填料。若将筛体制成密闭式也能用于粉状物料的筛选，但往往会增大噪声，且不利于筛网的维修或更换。

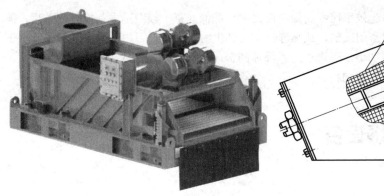

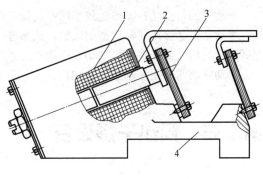

图 2-3　电磁式振动筛

图 2-4　电磁式振动筛结构示意图

1—电磁铁线圈；2—电磁铁；3—弹簧板；4—机座

3. 平动筛

平动筛工作时也利用偏心轮装置，但与振动筛不同的是筛体发生平面圆周变速运动。

平动筛的结构如图 2-5、图 2-6 所示，平动筛主要由筛体、偏心轮、偏心轴等组成。可分为单筛体和双筛体两种类型。双筛体式平动筛有两个筛体，其四角用钢丝绳悬吊在上面的支撑部件上，而中间的偏心轴仅用作传动，为了平动筛的运动平稳，偏心轮在设计时需要考虑其质量平衡，通常采用平衡块（铅块）来实现。偏心轴转动时，筛体依靠平衡块的平衡做平面圆周变速运动而达到筛选的目的。

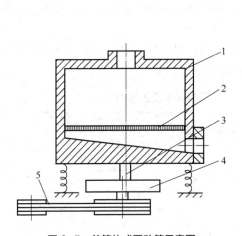

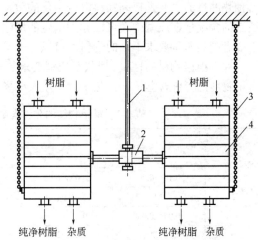

图 2-5　单筛体式平动筛示意图

1—筛体；2—筛网；3—偏心轴；

4—偏心轮；5—传动装置

图 2-6　双筛体式平动筛示意图

1—偏心轴；2—偏心轮；3—钢丝绳；4—筛体

为了有利于物料的筛选，偏心距的大小与偏心轮的转速要适中，其关系见表 2-1。

表 2-1　偏心距与偏心轮转速的关系

转速 $n/$（r/min）	185	200	210	275	300
偏心距/mm	50	45	40	35	30

筛选 PVC 树脂时，通常偏心距选择 35mm 或 30mm。

平动筛的特点是：①筛选效率比圆筒筛高而比振动筛低。整个筛网基本都能得到利用，但筛孔易堵塞。②筛体通常为密闭式的，故筛选时不易产生粉尘飞扬，卫生性好。③筛体发生平面圆周变速运动而产生的振动小，噪声小。④筛体的密闭使筛网的维修或更换不方便。

平动筛通常适用于筛选粉状物料。

第二节　预热干燥设备

一、预热干燥的目的

塑料原料在运输、储存过程中有可能吸收水分，水分含量过大会对材料的加工过程和制品性能产生较大影响。例如，称量和配料不准确、混合过程中物料难以分散均匀、成型过程中水分挥发导致产生气泡、分层、水纹、闷光等制品缺陷。必要的预热或干燥，对物料的成型加工十分重要。

对物料干燥的目的主要是降低水分和挥发分的含量。对于易吸湿的物料（如尼龙、聚丙烯腈等）和高温易水解的物料（如聚碳酸酯、聚对苯二甲酸乙二醇酯等），在成型前必须进行预热干燥，以防止物料因含湿量过大而在高温成型时挥发成气体，导致制品起泡和翘曲变形等，或促使物料高温水解而引起黏度下降，致使成型困难且制品的机械强度和外观质量下降。对物料预热的目的主要是提高物料混合塑化的效率，缩短成型周期，改善制品质量。需要说明的是，适当的含湿量在成型中还可以起到一定的增塑作用，有利于提高物料的流动性，对于部分不吸水或者制品质量要求不高的物料，可以不干燥。

通常根据物料的性质、现状及成型要求等确定某一具体组分是否需要干燥、干燥程度如何。常用物料的允许含湿量、预热干燥温度及干燥时间见表2-2。

表 2-2　常用物料的允许含湿量、预热干燥温度及干燥时间

物料	允许含湿量/%		预热干燥温度/℃	预热干燥时间/h
	挤塑	注塑		
ABS	0.10～0.20	0.03～0.05	77～88	>2
CA	0.1	0.04	77～88	>2
PA	0.04～0.08	0.02～0.06	71	>2
PC	0.02	0.02	121	>3
LDPE	0.05～0.10	0.03～0.05	71～79	>1
HDPE	0.05～0.10	0.03～0.05	71～104	>1
PP	0.05	0.03～0.10	71～93	>1
PS	0.10	0.04	71～82	>2
PVC	0.08	0.08	60～88	>1

二、预热干燥设备

预热与干燥都是通过加热升温的方法达到目的，在塑料加工过程中预热和干燥基本上是同时进行的。对物料进行预热干燥的形式较多，常用的有热风预热干燥、真空预热干燥、辐射预热干燥等。

1. 热风预热干燥

热风预热干燥主要采用烘箱预热干燥和料斗式预热干燥两种形式，这类干燥设备通过空气对流而达到干燥效果。热空气是常用于加热的干燥介质，将热量带入干燥器并传给物料，使物料中的水分汽化，形成的湿气同时被空气带走，干燥温度易于控制，物料不易过热变质，但热能利用损耗较大，物料在干燥过程中，水分从内部向外表扩散，物料表面温度高于中心温度。热风干燥热损耗较大，干燥不均匀。

（1）热风预热干燥箱　热风预热干燥箱是一种应用较广的预热干燥设备，图 2-7 所示为热风预热干燥箱实物图。这种干燥设备在箱体内设有电加热器，强制空气循环装置使加热的空气在箱内形成热风循环，将物料加热到规定的温度。由于物料的导热性差，致使内外层温差较大，所以预热时需将物料平铺在盛料盘内，料层厚度一般为 12～18mm。烘箱的温度可在 40～230℃范围内任意调节。对于热塑性物料，烘箱温度一般控制在 95～110℃，时间为 1～3h；对于热固性物料，温度在 50～120℃或更高，具体视物料而定。

这种干燥设备简单，多用于小批量物料的预热干燥。

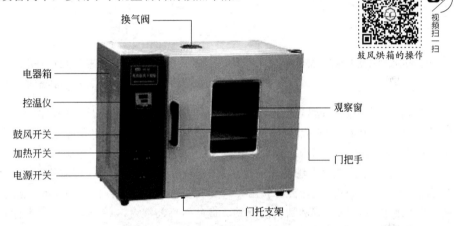

图2-7　热风预热干燥箱

（2）料斗式预热干燥装置　图 2-8 所示的料斗式预热干燥装置是热风预热干燥的另一种形式，主要用于挤塑成型或注塑成型直接加料的过程中。图 2-9 所示为料斗式预热干燥机的结构，它由鼓风机、温控箱、电热器、物料分散器、料斗等组成。

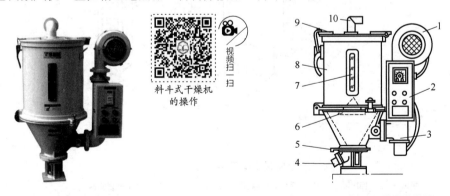

图 2-8　料斗式预热干燥装置

图 2-9　料斗式预热干燥装置的结构

1—鼓风机；2—温控箱；3—电热器；4—排料口；5—开合门；

6—物料分散器；7—视窗；8—料斗；9—料斗盖；10—排气口

料斗式塑料干燥机的内部结构及工作原理如图 2-10、图 2-11 所示。空气由风机送至电热箱，通过高温电热管加热，在电子温度调节器自动控制下，被加热成合适温度的均匀热风吹入料斗内。在物料颗粒由上而下缓慢下降过程中，由于热风温度超出物料温度几十摄氏度，靠温度差的作用进行热交换，热风通过物料颗粒间隙穿过物料层从排气管排出，不断带走湿气，使物料连续不断地得到加热干燥并以预热状态进入挤塑机或注塑机的机筒内。

图 2-10　料斗式干燥机内部结构

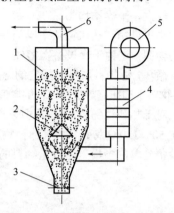

图 2-11　料斗式干燥机的工作原理

1—料斗；2—物料分散器；3—开合门；4—电热器；5—风机；6—排气管

（3）沸腾床预热干燥装置　沸腾床干燥，又称流化床干燥，是一种典型的流态化操作过程，属流态化技术范畴。流态化技术是指利用流动流体的作用，促使大量固体颗粒悬浮于流体介质中，从而使得固体颗粒呈现出类似于流体的某些表观特性的过程操作。

图 2-12 所示为典型的沸腾床干燥装置的操作流程。操作时，粒状湿物料由一侧加料器加入，与通过气体布风板的热气流充分接触，只要气流速率保持在颗粒的临界流化速率与带出速率之间，颗粒便能在床内形成沸腾状的翻动，彼此碰撞与混合，并与热气流间进行充分的热传递，从而达到干燥物料的目的。干燥后的物料由另一侧出料管卸出，气流则由顶部经旋风分离器和袋滤器回收细粉后排出。

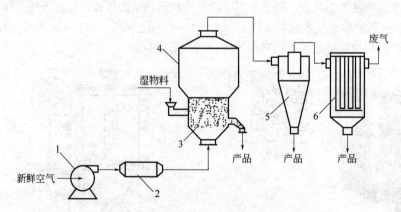

图 2-12　沸腾床干燥装置操作流程

1—鼓风机；2—加热器；3—布风板；4—沸腾床干燥器；5—旋风分离器；6—袋滤器

在沸腾床预热干燥过程中，由于待干燥物料被悬浮于气流之中，故物料与气流间可保持充分的接触，两者的相际接触面积较大，因此干燥的热容系数较高。又由于物料在流化过程中呈沸腾状翻滚，物料自身的运动十分剧烈，传热的气膜阻力也较小，故流化干燥的热效率也较高。

与其他类型的干燥装置相比，沸腾床干燥器的密封性能通常也十分优异，其传动机械一般并不与物料直接接触，故杂质不易掺入和污染被处理的物料，这一特性对于纯度要求较高的塑料生产尤为实用。此外，沸腾床干燥还普遍具有操作温度低、设备结构简单、维护及检修方便等诸多优点，但传统的沸腾床干燥技术也存有一些自身的不足之处，主要表现为物料在床内的停留时间分布不均，易引起物料的短路与返混，难以获取湿含量相对均一的干品，且一般亦不适于高含水量或易结块及高黏度物料的处理。

该干燥方法在塑料加工企业虽有应用，但应用较少，对热敏性 PVC 粉体物料的干燥具有较好的适应性。

2. 真空预热干燥

真空干燥是指在较低气压环境下，对物料进行干燥脱水的方法。对于吸水性强的塑料，由于水分渗入塑料颗粒内部，传统的热风干燥机无法使其完全干燥，真空预热干燥条件下，水的沸点随压力降低而下降，因而更有利于附着在物料表面的水分挥发而达到干燥目的。常用的真空预热干燥设备有真空耙式预热干燥机和真空料斗等形式，图 2-13 所示为真空耙式预热干燥机。

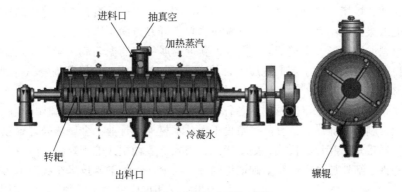

图 2-13　真空耙式预热干燥机

真空预热干燥的原理是：真空泵将料斗中的空气抽出，料斗内形成负压，从而使料斗中的物料表面水分挥发达到干燥的目的。真空干燥的特点是可以在更低的温度下进行干燥，并减少干燥环境中的含氧量，可避免物料干燥时的高温氧化现象，干燥时间短，效率高，适用于在加热时易氧化变色的物料，如尼龙等。

3. 辐射预热干燥

辐射预热干燥是通过将热能传递给辐射器，辐射器产生的辐射能又被物料吸收而转化为热能，从而达到预热干燥的效果。辐射传热不需要中间介质，在真空中可以传播，在空气中传播时，由于空气的主要成分是氧气和氮气，它们对红外辐射不敏感，很少吸收，因此消耗在介质中的能量较少，可以节省能耗。辐射以光速直线传输，传送速度极快，被加热物的加热速度在很大程度上取决于它的吸收，吸收辐射能越多，物料升温就越快。研究表明，远红外辐射热能的能力远远超过近红外，远红外辐射预热干燥是在近红外辐射干燥的基础上发展起来的，目前应用最为广泛。

（1）远红外线预热干燥装置的原理及应用　红外线是介于可见光和微波之间，波长在 0.75～1000μm 范围内的一种电磁波。工业上，把 0.75～1.5μm 波长的红外线称为近红外线，把 1.5～5.6μm 波长的红外线称为中红外线，5.6～1000μm 波长的红外线称为远红外线。

红外线辐射到物质表面时，一部分被物质表面反射，其余部分进入物质，而进入物质的红外线中，有一部分透过物质，余下的部分被物质吸收，转变为热能，使物质的温度升高。物质吸收、透过和反射红外线的程度，与物质的种类、性质、表面状况以及红外线的波长等多种因素有关。通常根据吸收红外线的能力将物质划分为以下三类。

① 不吸收红外线的物质。如双原子分子：H_2、N_2、O_2 等。

② 吸收红外线的物质。如多原子分子：HCl、CO_2、H_2O 等。

③ 有效吸收远红外线的物质。如 H_2O、有机物质、高分子物质。

远红外线干燥是利用远红外辐射元件发出的远红外线被物料吸收直接转变成热能而达到预热干燥目的的一种方法。其干燥原理是：当物质吸收远红外线时，几乎不发生化学变化，只加剧粒子的振动、升温而汽化。尤其是当分子、原子遇到辐射频率与其固有频率相一致的辐射时，会产生激烈的分子共振，从而使物料升温、干燥得以实现。水分子（H_2O）以及高分子物质都能有效地吸收红外线，特别是高分子有机物质，在远红外区有很宽的吸收带，它们具有强烈的吸收远红外线能力和产生激烈的共振现象的性质。物料对红外辐射的微观吸收机理是多种多样的，除了共振吸收外，还有等离子振荡、局部态和非局部态跃迁等非共振吸收。

首次在工业中大量采用红外辐射加热干燥技术的是美国福特汽车公司。该公司在 1938 年用红外辐射加热烘烤汽车外壳的油漆取得成功，此后红外加热干燥技术获得了迅速发展。日本 1945 年开始从美国引入红外加热技术，20 世纪 50 年代开始在全国推广应用，并且应用范围也从工业品的加热、烘烤发展到食品、纺织、印染、塑料、电子及畜舍取暖等广阔的领域，收到了巨大的节能效果。近年来，日本在红外辐射材料的开发方面又取得了大幅进展，已成功研制出常温辐射材料并取得商业上的成功。国际上新近发展起来的振动流化配合红外辐射干燥技术在干燥大颗粒物料方面也有了新的进展。目前，红外加热技术在世界范围内已得到广泛应用，对红外辐射材料的开发和红外辐射应用领域的研究正进一步向纵深发展。

远红外线预热干燥技术已广泛用于各行各业：涂料固化；化学纤维定型；染料、印染固化；橡塑加工行业；制革工业烘干；食品、粮食干燥；木材加工行业；金属热处理等领域。我国已陆续研制出传送带式、叶片翻板式、振动床式、塔式等多种型式的干燥机，但由于缺乏对物料的红外吸收特性、红外加热机理等基础理论的深入研究，红外干燥技术在我国干燥领域中的进

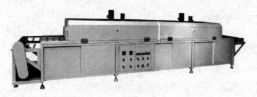

图 2-14　远红外线预热干燥装置

一步发展和推广受到了限制，经济实用、商品化的红外干燥设备始终未形成规模，尚达不到大规模应用的要求。在塑料加工行业，目前仍然以传统热风式预热干燥设备为主，因其能耗高、效率低等不足，已经越来越难以满足现代工业发展的要求。

（2）远红外预热干燥装置的构成　图 2-14、图 2-15 所示为远红外线预热干燥装置实物图及示意图。远红外线预热干燥装置主要由远红外线辐射元件、传送装置和附件（保温层、反射罩等）组成。远红外线预热干燥设备的作用原理是：首先由加热器对基体进行加热，然后由基体将热能传递给辐射远红外线的涂层，再由涂层将热能转变成辐射能，使之辐射出远红外线。由于预

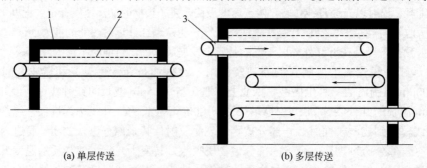

(a) 单层传送　　　　　　　　　　(b) 多层传送

图 2-15　远红外线预热干燥装置示意图

1—保温层；2—远红外线辐射元件；3—传送带

热干燥的物料有对远红外线吸收率高的特点，能吸收来自远红外线预热干燥装置产生的特定波长的远红外线，使其分子产生激烈的共振，从而使物料内部迅速地升高温度，达到预热干燥的目的。

① 远红外线辐射元件。如图 2-16～图 2-18 所示，远红外线辐射元件的形式很多，但一般说来由以下三大部分构成。

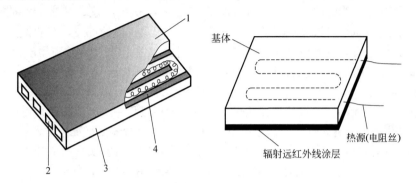

图 2-16　远红外线辐射元件示意图

1—辐射远红外线涂层；2—电阻丝孔；3—基体；4—电阻丝

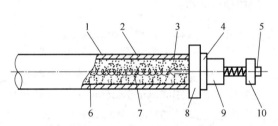

图 2-17　管式远红外线辐射元件的结构

1—辐射远红外线涂层；2—金属管基体；3—电极；4—垫圈；

5—接头螺栓；6—氧化镁粉；7—电阻丝；8—绝缘瓷圈；

9—并紧螺母；10—接线螺母

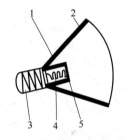

图 2-18　灯式远红外线辐射元件的结构

1—金属罩；2—反光层；3—螺口；

4—电阻丝；5—辐射远红外线涂层

a. 基体。基体的材料可以是金属或陶瓷，也可以用辐射远红外线的材料制作，如石英材料等。

b. 辐射远红外线的涂层。可用于涂层的有 Fe_2O_3、MnO_2、SiO_2 等氧化物；SiC、TiC、CrC 等碳化物；BN 等氮化物；TiB_2 等硼化物。

c. 热源。热源可以是电加热、煤气加热或蒸汽加热。

② 传送装置。传送装置的作用是实现连续预热干燥。传送装置按实际需要可做成单层或多层，调节传送带的速度，可以控制物料的预热干燥时间。对于预热干燥时间长的物料应采用多层传送，节约占地面积。

③ 附件。附件主要有保温材料、反射罩等，其作用是防止热量对外扩散，提高预热干燥效果。

装置的保温工作不容忽视，应尽可能选择保温性能好的材料，如石棉粉、玻璃棉等，保温层厚度通常为 50～300mm。为了提高辐射加热的效果和节约能源，装置的内壁最好采用抛光铝板或镀铬板作为反射板或涂刷一层有机硅铝粉漆。

（3）远红外线预热干燥的特点 与传导及对流加热干燥相比，远红外线加热干燥技术有以下优点。

① 质量好、效率高。由于远红外线具有一定的穿透能力，可以使物料在一定深度的内部和外表面同时加热，从而避免了由于热膨胀不同而产生形变和质变，提高了预热干燥的质量。此外，远红外线预热干燥的方式无需中间媒介，其传播速度等于光速，具有热惯性小、升温快的特点，因而缩短了干燥时间，其干燥时间为热风干燥的1/10，生产效率一般可提高20%～30%。

② 节约能源。远红外线具有光的一切性质，包括聚集反射的性质。在装置内设置反射罩或反射板，可以把向周围散射或透过物质的远红外线聚集起来，反射到物质上，提高辐射加热的效果，并节约能源，改善环境。在实际使用中，与热风预热干燥相比，其电力消耗可减少1/3～1/2。

③ 安全可靠，无污染。远红外预热干燥设备在使用过程中不直接接触物料，对物料不产生污染；不产生有毒、有害气体，保证环境干净无污染；符合安全标准；对人体伤害较小。

④ 设备结构简单，易于推广。远红外线预热干燥稳定、容易实现智能控制、自动化。相较于现有的热风烘干机，远红外辐射装置结构简单，且使用寿命长，外形尺寸小，安装简便、维护费用低、成本低、易于推广，可在医药、食品、轻工、化工、环境保护等领域应用。

📖 阅读材料

杀菌又节能 新款干燥机技能大提升

干燥技术不只是烘干塑料，它们还能对塑料颗粒进行灭菌处理，提升加工性能。

1. 杀菌消毒干燥处理

对于食品和药品制造商而言，对生产区域进行消毒是一种常见的做法。在生产食品与药品包装时，在无菌、低微粒量塑料生产方面有更高的要求。Blue Air Systems 公司为该领域

开发了一种新产品：经过验证的 DMS（dry mould system）除湿机无菌、无病毒款式 DMSterile（图 2-19）。DMSterile 在模具除湿过程中直接生成无菌、无病毒气氛。最终产品（例如药品容器，PET 瓶坯或密封盖）在生产过程中在分隔区域内仅与无菌空气接触。

有水分和热量存在时会滋生大量微生物，而生产车间经常存在水分与热量。此外，空调系统、通风系统，甚至生产机器的应用程序时间过长或维护不当，也容易滋生细菌和病毒。

Blue Air Systems 公司表示，使用 DMSterile 进行无菌生产可确保塑料产品在最佳环境中生产，可避免进行昂贵的后期维护。使用 Blue Air 系统进行无菌除湿可以在生产过程中提供无微生物的高质量无菌空气。结合现有除湿技术，DMSterile 可以

图 2-19 DMSterile 除湿机

提高最终产品的质量。

采用 DMS 除湿技术，由于其已知的节能效果，生产过程中能源需求最多可降低 80%，同时还提高了质量水平和产量。

2. 适用于所有塑料材料的干燥处理

威猛公司（WITTMAN）CARD 系列干燥机新型号适用于所有干燥应用场合——从仅 0.16kg/h 的物料处理量到超过 1000kg/h 的处理量。可毫无限制地用于所有塑料材料，包括工程塑料。从 ABS 和 PA 到 PET：CARD 干燥机使用过程中无需水冷却器。

CARD 即 compressed air resin dryer，中文为压缩空气粒料干燥机。用户工厂供应的压缩空气以加压状态提供，通常经过冷却和（或）干燥。压缩空气减压时，其通常会达到足够低的露点。视压缩空气的质量，露点通常处于-16℃至-25℃之间，对于干燥塑料而言已足够了。CARD干燥机（图2-20）利用了这一原理。按照待加工粒料的类型，减压空气通过加热组件加热，然后供应给粒料。这样，塑料粒料被加热，水分会吸收到表面上，之后由干燥空气吸收。

容器容积高达70L（相当于约20kg/h的材料处理量）的干燥机规格非常适合在加工机器上使用，尤其对于低处理量具有优势，无需进一步的物料输送。干燥后的材料可以直接进行加工，到达机器进料口的较少量材料无需在中间进行任何进一步的处理，不会冷却。

最小的干燥机型号 CARD G 和 CARD G/FIT 的容器容量分别为1L、3L和6L，并且各自的控制系统不同。CARD G/FIT 配备有新型 FIT 控制系统，该系统可以通过触摸屏进行操作，并提供一些附加功能以提高其能源效率。此外，集成的物料装载机可以通过 FIT 控制系统方便地操作。

图 2-20　CARD 干燥机

其他型号规格的名称为 CARD E 和 CARD S，其容器容积在 10～160L 之间，并且控制系统也彼此不同。CARD S 配备有 FIT 控制系统，并且整个 CARD S 系列还配备有控温、数字空气量调节器。名称带 L 或 XL 的干燥机最大容器容量为 3500L。从 CARD M 型号，包括 CARD L/XL 设备在内，所有 CARD 干燥机都配备有第二条干燥回路。干燥容器下部的主回路采用压缩空气干燥机的原理。

3. 紧凑可携式多料斗系统

Conair 新型 Multi-Hopper Cart（MHC）提供了功能全面的解决方案，可集中灵活、高效干燥。MHC 最多配有四个可靠的 Conair CH 系列密相流料斗，这些料斗安装在轻巧但耐用的脚轮式手推车上。即使安装了最大的料斗，推车的深度也只有35in（1in=0.0254m），可节省宝贵的空间，并且易于通过狭窄的过道和门。此外，该干燥机可以脱机干燥物料，然后将材料送到需要的地方，或将其远程放置，立即将物料供应给多台机器。

该系统有两种基本配置。最简单的配置是料斗只有一个隔热整体焊接歧管系统，用于向中央干燥机供应和返回干燥空气，对于较小的应用场合，中央干燥机还可以加热物料。

对于较大处理量的应用场合，或需要更高温度的应用场合，利用配有 DC-C Premium 控制组件的 Conair D 系列 Carousel Plus 干燥机，可以为手推车连接电源，并将单个加热器添加到每个料斗中。这样可实现许多便利的功能，包括在每个料斗中在不同温度下干燥，防止过度干燥的温度重置，以及露点监控和露点控制。

其还可以集成到 Conair 公司 SmartServices 中央监控平台中，提供实时警报显示，关键性能指针（KPI）仪表板带有设定值和实际温度实时读数的机器视图，以及状态指示灯。该系统还可以实时显示关键测量值的趋势。

👥 思考题

1. 塑料原料筛选的目的是什么？
2. 常用的筛选设备有哪几种？各有何特点？

3．电磁式振动筛的工作原理是什么？有何特点？

4．预热干燥的目的是什么，是否所有的物料都必须干燥？

5．预热干燥常用的方法有哪几种？

6．沸腾床干燥有何特点？真空干燥有何特点？举例说明如何应用。

7．红外线大致可分为哪几类？不同物质对红外线的吸收是否相同？

8．简述远红外线预热干燥装置的原理。

9．远红外线预热干燥装置是如何构成的？

第三章
原料预混设备

学习目的与要求

了解塑料混合的目的和分类，常见混合设备的作用和种类；熟悉普通混合机、高速混合机、开炼机、密炼机的结构组成、工作原理等内容；掌握常见塑料混炼设备的型号编制方法。

掌握常见塑料混合设备如普通混合机、高速混合机、开炼机、密炼机等设备的工作特点和操作注意事项，能根据需要合理选用混合设备，依据相关规程进行设备的操作与维护；能够根据设备的型号了解设备的关键参数，进行设备的选型。

通过本章知识内容的学习，培养学生的自主能力，学习知识的能力，团队合作以及表达能力，使学生认真学习，遵守安全文明规程，操作规范正确，故障处理应急合理，培养学生的安全生产观念，树立爱岗敬业、劳动光荣、一丝不苟的职业精神。

第一节　概述

塑料工业生产所用的物料通常都不是单一的合成树脂，而是由树脂和各种添加剂组成。把各个组分的树脂与其他添加剂混合在一起，成为均匀体系（如粉料、粒料等）的操作过程称为物料的配制，简称配料。把配制好的物料放入设备中混合，则该设备称为塑料混合设备，混合设备是塑料成型过程中不可缺少的重要设备。

混合的主要目的是使各组分分散均匀，促进组分间的相互渗透、吸收，同时还能使物料初步塑化，以改善物料的成型加工性能。混合物的混合质量、经济指标（产量及能耗等）及其他各项指标在很大程度上都取决于所采用的混合设备的性能。由于物料的种类和性能各不相同，所要求的混合质量指标也存在差异，因此需要不同的混合设备才能满足加工需求。不同的混合设备在结构、原理以及操作上往往存在很大差异，只有正确了解各种不同混合设备的性能、结构特征及其适用范围，才能根据混合要求、混合物的组成特点、生产规模及过程等来合理选择满足特定混合质量要求的混合设备。

混合设备的种类很多，根据其混合过程特征，可将其分为分布式与分散式两类；根据操作方式，一般可将其分为间歇式和连续式两大类；而根据混合强度的大小，又可分为低强度、中强度和高强度的混合设备。

分布式混合设备，主要是指混合时能使混合物中的组分扩散并产生位置交换，从而使各组分在混合物中的浓度能趋于均匀，但混合物的组分粒度一般不发生变化。分布式混合设备主要是通过对物料的搅动、翻转、推拉等作用使物料中的各组分发生位置交换，一般用于干混合的中、低强度混合器，如转鼓式混合机、叶片式混合机等。分散混合设备是指能使混合物中的各组分不仅存在空间位置交换，还伴随着粒度减小至某一极限值，因而可以增加粒子分布均匀性和相界面，具有更好的混合效果。分散混合设备主要是通过向物料施加剪切力、挤压力而达到分散的目的，如开炼机、密炼机等。通常，物料混合过程同时有分散与分布的要求，只是要求的侧重点不同而已，分散混合与分布混合一般是同时进行和同时完成的。

动画扫一扫

普通混合机

第二节　普通混合机

普通混合机的混合是在常温下和较为缓和的剪切力作用下进行的一种分布式混合过程，普通混合机主要用于简单组分塑料的混色、新旧料的共混等。常用普通混合机主要有转鼓式混合机、叶片式混合机和螺带式混合机。

一、转鼓式混合机

图 3-1 所示为各种形式的转鼓式混合机，转鼓式混合机的混合室两端与驱动轴相连接，当驱动轴转动时，混合室内的物料在垂直平面内回转运动，通过循环往复使物料在竖直方向反复重叠、交换，从而达到均匀混合的目的。

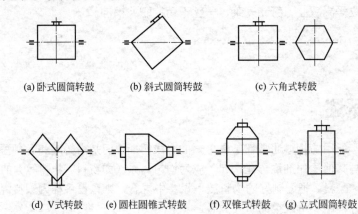

(a) 卧式圆筒转鼓　　(b) 斜式圆筒转鼓　　(c) 六角式转鼓

(d) V式转鼓　　(e) 圆柱圆锥式转鼓　　(f) 双锥式转鼓　　(g) 立式圆筒转鼓

图 3-1　转鼓式混合机的形式

为了强化混合作用，提高混合效果，混合室的内壁上一般加设曲线形挡板，以使混合室转动时引导物料自混合室的一端走向另一端，使物料同时在垂直方向和水平方向运动，增加物料相互接触的机会，如图 3-2 所示。转鼓式混合机的混合室一般用不锈钢板制成，要求不高的场合也可用普通钢板制成。

图 3-2　转鼓式混合机

转鼓式混合机的混合效果除与混合室结构及安装形式有关外，还与转速和填充率有关。混合室的回转速度不能接近或高于临界速度，一般不超过 30r/min。对于小型混合机，速度可取较高的值。填充率也是影响混合质量与产量的重要因素。填充率太低时，将明显影响产量。但填充率太高时，物料流动分布空间受到限制，料流交换与对流的区域减小，不利于混合。一般转鼓式混合机的填充率较小，对于粉状物料，其填充率为 0.3～0.4；对于粒状物料，填充率为 0.7～0.85。

二、叶片式混合机

图 3-3 所示为立式叶片混合机。叶片式混合机也属于常见混合设备，与转鼓式混合机的不同之处在于混合时混合室固定不动，而在混合室底部装有特殊扭角叶片，如图 3-4 所示。混合时，扭角叶片在传动装置的带动下旋转，使物料在混合室内形成不规则流动而大大提高混合效果。这种形式的混合机密封性好，混合均匀，由于混合室不动且重心低，因此运转平稳、噪声低，其最高转速可达 85r/min。

图 3-3　叶片式混合机

图 3-4　扭角叶片

三、螺带式混合机

转子呈螺带状的混合机称为螺带式混合机。根据螺带的个数或转向可将螺带混合机分为单螺带混合机和多螺带混合机；根据螺带的安装位置又可分为卧式螺带混合机、立式螺带混合机和斜放式螺带混合机。图 3-5 所示为卧式螺带式混合机。它由螺带、混合室、驱动装置和机架组成。混合室是个两端封闭的半圆筒，上部有可以开启或关闭的加料口，下部有卸料口。混合室可设计为夹套式，用于通介质加热或冷却物料。有些混合室还装有抽真空装置。混合室底部的排料口在工作时是关闭的。当排料时，将排料口打开，转动着的螺带将物料渐渐推出。

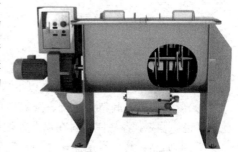

图 3-5　卧式螺带式混合机

螺带式混合机结构简单，操作维修方便，耗能较低，因而应用广泛。但这类混合设备的混合强度一般较小，因而混合时间较长。此外，当两种密度相差较大的物料相混时，密度大的物料容易沉于底部，因此在使用螺带混合机进行混合作业时，应当注意物料的密度相差不能过大。一般适用于粒状或粉状物料与添加剂的混合、固态粉料与少量液态添加剂的混合，如塑料的着色、PVC 粉料的干混、PVC 的配料、共混物及填充混合物的初混等。

第三节 高速混合机

高速混合机是塑料成型加工中应用极为广泛的混合设备,可用于混色、配料、制备母粒和共混材料的预混合等,它兼具分布混合和分散混合两种作用。

一、高速混合机的结构组成

普通高速混合机主要由混合锅、回转盖、折流板、搅拌桨叶、排料装置、驱动电机、机座等部分组成,如图3-6所示。

1. 混合锅

混合锅是塑料混合机的主要部件,是物料受到强烈搅拌的场所,结构如图3-7所示。它是用专用钢板焊接而成的桶状容器,内壁具有很高的耐磨性和光洁度,表面粗糙度 $Ra \leqslant 1.25\mu m$,以避免物料的黏附。混合锅由内壁层、加热或冷却的夹套层、绝热及外套层等三层构成。内壁及夹套均用钢板焊接,形成加热夹套层,用于通入加热或冷却介质以保证物料在锅内混合所需的温度。夹套外部包覆着玻璃丝保温绝热层,与管板制成的最外层组成隔热层,防止热量散失。混合锅上部与回转盖连接,下部设有排料口,为了排除混合室内的水分与挥发物,有的还装有抽真空装置。

图3-6 高速混合机

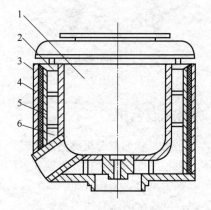

图3-7 混合锅的结构

1—混合室;2—混合锅内壁;3—外层;4—保温绝热层;

5—夹套层壁;6—加热套层

混合锅的加热方式目前主要有以下三种:

① 蒸汽加热。其特点是升、降温速度快,易进行温度控制,但当蒸汽压力不稳定时,锅壁温度也不稳定,容易使物料在锅壁处结焦,对混合质量有一定影响。此外还需增设锅炉设备。

② 电加热。其特点是操作方便,卫生性好,无需增添其他设备,但升、降温速度慢,热容量较大,温度控制较困难,使锅壁温度不够均匀,物料易产生局部结焦。

③ 油加热。其特点是锅壁温度均匀,物料不易产生局部结焦,但升、降温速度慢,热容量大,温度控制较困难,并且易造成油污染。

2. 回转盖

混合锅上部装有回转盖,其作用是安装折流板,封闭锅体,以防止杂质的混入、粉状物料的飞扬和避免有害气体逸出等。为便于投料，回转盖上设有 2～4 个主、辅投料口，在多组分物料混合时，各种物料可分别同时从几个投料口加入而不需要打开回转盖。

3. 折流板

折流板的主要作用是使做圆周运动的物料受到阻挡，产生旋涡状流态化运动，促进物料混合。折流板上端悬挂在回转盖上，下端伸入混合锅内靠近锅壁处。根据物料投入量的多少，它可上下移动，其安置高度位于物料高度的 2/3 处。折流板一般是用钢板做成，且表面光滑，断面呈流线型，内部为空腔结构，空腔内装有热电偶，以控制料温。

4. 搅拌装置

它是混合机的重要工作部件，其作用是在电动机的驱动作用下高速转动，对物料进行搅拌、剪切，使物料分散均匀，主要由搅拌桨和主轴传动部分组成。

（1）搅拌桨　搅拌桨的结构形式很多，其形式如图 3-8 所示。为了达到理想的搅拌混合效果，对于不同特性的物料，应选择不同结构形式的搅拌桨；搅拌桨的安装层数也有所不同，可以根据物料对搅拌的不同要求进行组合，减少搅拌死角。搅拌桨在混合锅内有两种安装方式：高位式和普通式。高位式结构及工作原理如图 3-9（a）所示，即搅拌桨装在混合锅的中部，传动轴相应长些；普通式结构及工作原理如图 3-9（b）所示，即搅拌桨装在混合锅底部，传动轴为短轴。显然，高位式混合效率高，物料装填量较多。三层搅拌桨结构形式比较适合用于 PVC 树脂与各种助剂的混合。

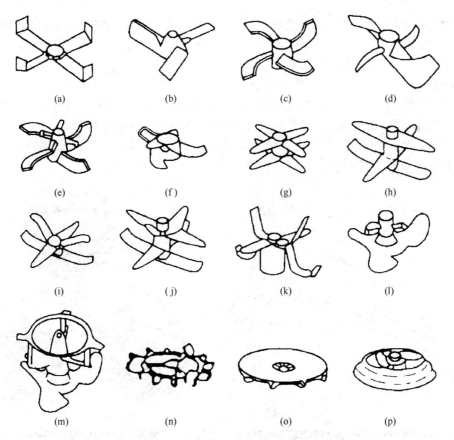

图 3-8　高速混合机搅拌桨的结构形式

（2）主传动轴部分　其结构如图 3-10 所示。直立安装的驱动电动机经三角皮带带动主轴转动，在主轴上部及下部轴颈装有向心轴承，在下部轴颈还装有推力轴承。为了防止物料落入轴承座内部影响正常运转，在闭式结构的轴承座上、下轴承盖部分均装有 PTFE 密封件及径向迷宫式密封盖。

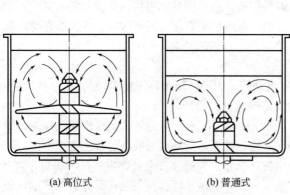

(a) 高位式　　　　　　(b) 普通式

图 3-9　高速混合机搅拌桨在混合室内的安装形式

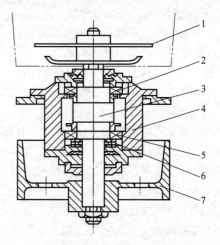

图 3-10　高速混合机主传动轴部分的结构

1—搅拌桨；2，5—向心轴承；3—主轴；

4—轴承座；6—推力轴承；7—三角皮带轮

主轴上端伸入混合锅内，搅拌桨装在主轴伸入端端部。为减少混合机的振动，三角皮带轮及搅拌桨等的加工应对称均匀，防止偏心。否则，由于离心力的作用，会使混合机振动加剧，主轴负载增大而导致其强度破坏。

5. 排料装置

在混合锅底部前侧配有排料装置，如图 3-11、图 3-12 所示。排料阀门与汽缸内的活塞通过活塞杆相连，当压缩空气驱动活塞在缸内移动时，便带动排料阀门将排料口开启或关闭。排料阀门外缘一般都装有橡胶密封圈，排料阀门关闭时，阀门与混合锅组合，形成密而不漏的锅体。当物料混合完毕，经驱动排料阀门与混合锅体脱开而实现排料。

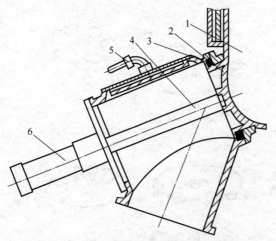

图 3-11　高速混合机排料装置结构示意图

1—混合锅；2—排料阀门；3—密封圈；4—活塞杆；

5—软管接嘴；6—汽缸

手动出料(常规)

气动出料

机动出料

图 3-12　高速混合机排料装置形式

安装在排料口盖板上的弯头式软管接嘴通有压缩空气，可在排料后通入压缩空气，用以清除附着在排料阀门上的混合物料。

6. 机座

它是安装驱动电动机、混合锅等部件的总支撑体，自身与地基相连接。一般采用具有良好缓冲吸振作用的优质铸铁制成，机座两侧面设有百叶窗孔，供更换三角皮带时使用。

二、高速混合机的工作原理

高速混合机的工作原理如图 3-13 所示。混合工作主要由搅拌桨完成，混合时驱动电动机通过皮带带动搅拌桨主轴高速旋转，物料从混合锅上部的投料口投入。混合机工作时，高速旋转的叶轮借助表面与物料的摩擦力和侧面对物料的推力使物料沿叶轮切向运动。同时，由于离心力的作用，物料被抛向混合室内壁，并且沿壁面上升，当升到一定高度后，由于重力作用，又落回到叶轮中心，接着又被抛起。这种上升运动与切向运动的结合，使物料实际上处于连续的螺旋状上、下运动状态。由于叶轮转速很高，物料运动速度也很快，快速运动着的粒子间相互碰撞、摩擦，使得团块破碎，物料温度相应升高，同时迅速进行着交叉混合，这些作用促进了组分的均匀分布和对液态添加剂的吸收。混合室内的折流板进一步搅拌料流，使物料形成无规运动，并在折流板附近形成很强的涡旋。对于高位安装的叶轮，物料在

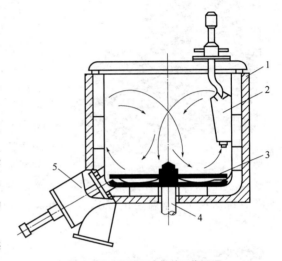

图 3-13　高速混合机的工作原理
1—混合锅；2—折流板；3—搅拌桨；4—传动轴；5—排料装置

叶轮上、下都形成了连续交叉流动，因而混合更快。在此过程中，物料之间以及物料与搅拌桨、锅壁、折流板间较强的剪切摩擦产生的热和来自外部加热夹套的热使物料的温度迅速升高，因此，除具有均匀混合的效果外，对物料还具有一定的预塑化作用，有利于后续加工。

高速混合机的混合质量与许多因素有关，主要有搅拌桨的形状、搅拌桨的转速、物料的温度、物料在混合室内的充满程度、混合时间、助剂的加入次数及加入方式等。

搅拌桨形状的设计对混合质量起着关键作用。对搅拌桨形状的要求是既达到使物料混合良好而又要避免使物料因产生过高的摩擦热而被烧焦。转动着的叶片在其推动物料的侧面上对物料有强烈的冲击和推挤作用，该侧面的物料如不能迅速滑到叶轮上表面并被抛起，就有可能产生过热或黏附在叶片上和混合室壁上，最终被烧焦。所以，搅拌桨的断面形状应是流线型，以使物料能在叶片的推进方向上迅速移动而不至受到过强的冲击和摩擦。除了考虑搅拌桨的形状外，还应考虑其边缘的线速度，因为叶片速度决定着传递给物料的能量，对物料的运动和温升有重要影响。一般设计时，外缘线速度为 20m/s、50m/s。

物料温度是影响最终混合质量的重要因素。一般认为，对于 PVC 的初混，当物料温度在 70~80℃时，对液态添加剂的吸收较为有利。实际生产中，在较高的搅拌桨转速下，当混合锅内的摩擦生热可以达到较好的混合效果时，混合过程中是无需外加热的。

物料的填充率也是影响混合质量的一个因素，填充率小时，物料流动空间大，有利于混合，但由于填充量小而影响产量；填充率大时，又影响混合效果，所以选择适当的填充率是必要的。

一般普通式填充率为 0.5~0.7，高位式填充率可达 0.9。

高速混合机是一种高强度、高效率的混合设备，混合时间短，一般是几分钟到 20min，很适合中、小批量的混合。

三、冷混合机

冷混合机是与热混合机配套使用的混合设备，如图 3-14 所示。高速混合机的搅拌桨高速运动时会产生大量的摩擦热，导致物料的温度通常较高，为了加快降温速度，常采用热-冷混合机联用的方法，即将高速混合机中的物料排入冷混合机中，一边混合，一边冷却，当温度降到可存储温度之下时，再将其排出。

冷混合机的形式分为立式和卧式两种，如图 3-15 和图 3-16 所示。其结构与热混合机基本相同。工作时，混合锅内加入由热混合机混合好的热混物料，混合锅夹套通水冷却，由于在较短的时间里均匀冷却，可以防止物料的结团或焦烧、降解，同时排除热混物料中的残余气体，并使混合物料的组分进一步地均匀化。冷混合机一般采用水冷方式，冷却物料的温度在 40~

图 3-14　冷热混合机组合

60℃，冷却水控制水温为 0~20℃，搅拌桨工作转速一般为 200r/min 左右。

图 3-15　立式冷混合机

图 3-16　卧式冷混合机

四、基本参数与型号表示

1. 基本参数

塑料混合机的基本参数是表征其性能的指标。表 3-1~表 3-3 分别为热混合机、立式冷混合机与卧式冷混合机的基本参数。

表 3-1　热混合机的基本参数（JB/T 7669—2004）

总容积/L（±4%）	一次投料量/kg	产量/（kg/h）	搅拌桨转速/（r/min）	混合时间/（min/批）	电动机功率/kW	加热方式			摩擦生热
						电加热功率/kW	油加热功率/kW	加热蒸汽压力/MPa	
3	≤1.2	≥8.5	≤3000	≤8	≤1.1	≤0.75	≤3	0.3~0.4	摩擦生热

总容积/L（±4%）	一次投料量/kg	产量/（kg/h）	搅拌桨转速/（r/min）	混合时间/（min/批）	电动机功率/kW	加热方式			
						电加热功率/kW	油加热功率/kW	加热蒸汽压力/MPa	摩擦生热
5	≤2	≥12	≤3000	≤8	≤2.2	≤0.75	≤3	0.3～0.4	摩擦生热
10	≤3	≥18			≤3	≤1.5			
50	≤15	≥90	≤750/1500		≤7/11	≤3		0.3～0.4	—
			≤850/1700			—	—	—	摩擦生热
100	≤30	≥180	≤1000		≤15	≤6	≤6	0.3～0.4	—
			≤650/1300		≤14/22				
			≤750/1500			—	—	—	摩擦生热
200	≤65	≥325	≤500	≤10	≤22	≤9		0.3～0.4	—
			≤475/950		≤30/42				
			≤650/1300			—	—	—	摩擦生热
300	≤100	≥500	≤500		≤37	≤12	≤18	0.3～0.4	—
			≤475/950		≤40/55				
			≤550/1100		≤47/67	—	—	—	摩擦生热
500	≤160	≥800	≤500		≤55	≤16		0.3～0.4	—
			≤350/700		≤47/67				
			≤400/800		≤83/110	—	—	—	摩擦生热
800	≤260	≥1040	≤450	≤12	≤110	≤22	≤36	0.3～0.4	—
			≤350/700		≤110/160	—		—	摩擦生热
1000	≤325	≥1300	≤400		≤132	≤28		0.3～0.4	—
			≤300/600		≤132/164	—		—	摩擦生热

注：产量以混合硬质聚氯乙烯（UPVC）原料为准。

表3-2　立式冷混合机的基本参数（JB/T 7669—2004）

总容积/L（±4%）	一次投料量/kg	产量/（kg/h）	搅拌桨转速/（r/min）	排料温度/℃	混合时间/（min/批）	电动机功率/kW
10	≤2	≥12	≤300			≤0.75
20	≤3	≥18			≤8	≤1.1
100	≤15	≥90	≤200			≤5.5
200	≤30	≥180				≤7.5
（350）	≤60	≥325				
400			≤130	≤60		≤11
500	≤100	≥500			≤10	
800						≤18.5
1000	≤160	≥800				
1200			≤90			≤22
1600	≤260	≥1040			≤12	
2000						≤30
2500	≤325	≥1300				

注：1. 产量以混合硬质聚氯乙烯（UPVC）原料为准。

2. 括号内规格尽量不采用。

表 3-3 卧式冷混合机的基本参数（JB/T 7669—2004）

总容积/L （±4%）	一次投料量 /kg	产量 /（kg/h）	搅拌桨转速 /（r/min）	排料温度 /℃	混合时间 /（min/批）	电动机功率/kW
1000	≤160	≥800	≤110	≤60	≤8	≤11
1500	≤360	≥1040				≤15
2000	≤325	≥1300	≤85		≤10	≤22
4000	≤600	≥2400	≤60			≤37

注：产量以混合硬质聚氯乙烯（UPVC）原料为准。

2. 型号表示

根据 GB/T 12783—2000 规定，塑料混合机的型号表示方法为：

$$\text{SH} \boxed{\text{品种代号}} - \boxed{\text{规格参数}}$$

表 3-4 为塑料混合机的品种代号和规格参数的表示。

表 3-4 塑料混合机的品种代号和规格参数的表示（GB/T 12783—2000）

品种名称	代号	规格参数	备 注
热混合机	R（热）	总容积（L）×搅拌桨转速（r/min）	双速混合机的转速以"低速×高速"表示。无级调速混合机以"低速～高速"表示
冷混合机	L（冷）		

例如，混合室容积为 100L，搅拌桨转速为 650r/min 的塑料热混合机，其型号表示为：SHR-100×650。

五、高速混合机的安装调试、操作、维护与保养

1. 安装调试

① 在安装或使用高速混合机前，应仔细阅读使用说明书。

② 混合机应安装于牢固的地坪上，以混合锅投料口为基准，用水平仪校平后，将机座与地坪上的地脚螺栓紧固。

③ 安装时下桨叶与混合室内壁不允许刮碰，排料阀门启闭应灵活可靠。

④ 基本安装完毕，点动电动机，检查搅拌桨旋向是否正确。整机运转应平稳，无异常声响，各紧固部位应无松动。

⑤ 待一切正常后进行空运转试验，混合机的空运转时间不得少于 2h，其手动工作制和自动工作制应分别进行试验，并按 JB/T 7669—2004 规定进行检验。

⑥ 空运转试验合格后，应进行不少于 2h 的负荷试验，并按 JB/T 7669—2004 规定进行检验。

⑦ 负荷试验时的投料量由工作容量的 40%起，逐渐增加至工作容量。

⑧ 整机负荷运转时，主轴轴承最高温度不得超过 80℃，温升不得超过 40℃，噪声不应超过 85dB（A）。

⑨ 整机负荷运转时，加热、冷却测温装置应灵敏可靠，测温装置显示温度值与物料温度实测值误差不大于±3℃。

⑩ 下桨叶与混合室底平面的间隙见表 3-5、表 3-6。

表 3-5　热混合机下桨叶与混合室底平面的间隙（JB/T 7669—2004）

总容积/L	3	5	10	50	100	200	300	500	800	1000
间隙/mm	0.3~1			0.3~1.5			0.5~3		1.0~3.5	

表 3-6　立式冷混合机下桨叶与混合室底平面的间隙（JB/T 7669—2004）

总容积/L	10	20	100	200	（350）	400	500	800	1000	1200	1600	2000	2500
间隙/mm	0.5~2.0		1.0~4.0		2.0~6.0		3.0~7.0				4.0~8.0		

⑪ 主轴与搅拌桨配合的外径径向圆跳动公差见表 3-7、表 3-8。

表 3-7　热混合机主轴与搅拌桨配合的外径径向圆跳动公差（JB/T 7669—2004）

总容积/L	3	5	10	50	100	200	300	500	800	1000
径向圆跳动公差/mm	≤0.03					≤0.04				

表 3-8　立式冷混合机主轴与搅拌桨配合的外径径向圆跳动公差（JB/T 7669—2004）

总容积/L	10	20	100	200	400	500	800	1000	1200	1600	2000	2500
径向圆跳动公差/mm	≤0.04				≤0.06			≤0.08				

2．安全操作

（1）开机前的检查

① 开机前需认真检查各润滑部位的润滑状况，及时对各润滑点补充润滑油。

高速混合机的操作

② 检查混合锅内是否有异物，搅拌桨叶是否被异物卡住。如需更换产品的品种或颜色时，必须将混合锅及排料装置内的物料清洗干净。

③ 检查三角皮带的松紧程度及磨损情况，应使其处于最佳工作状态。

④ 检查排料阀门的开启与关闭动作是否灵活，密封是否严密。

⑤ 检查各开关、按钮是否灵敏，采用蒸汽和油加热的应检查是否有泄漏。

⑥ 仔细阅读配方、配料工艺单，检查所需物料是否符合工艺要求。

（2）开、停机注意事项

① 检查设备一切正常后，方可开机。开机时首先调整折流板至合适的高度，然后打开加热装置，使混合锅升温至所需的工艺温度。

② 投料时严格按工艺要求的投料顺序及配比分别加入混合锅中，投料时应避免物料集中在混合锅的同一侧，以免搅拌桨叶受力不平衡。物料尽量在较短的时间内加入混合锅内，锁紧回转锅盖及各加料口。

③ 启动搅拌桨叶时应先低速启动，无异常声响后，再缓慢升至所需的转速。

④ 在物料混合过程中要严格控制物料的温度，以免物料出现过热的现象。

⑤ 在高速混合机工作过程中严禁打开回转锅盖，以免物料飞扬。如出现异常声响应及时停机检查。

⑥ 物料混合好后，打开气动排料阀门排出物料，停机时应使用压缩空气对混合锅内壁、排料阀门进行清扫，再关闭各开关及阀门。

3．维护与保养

① 混合机初次运转 10h 后，应全面检查，必要时各连接部位螺栓需拧紧一次。

② 定期检查三角皮带的松紧程度及磨损情况，调整调距螺栓，使电动机始终工作于最佳状态。

③ 定期对各润滑点注入润滑油。

④ 应保持混合机清洁，特别是混合锅内壁、排料阀门等更应要求清洁，一般清扫时可使用压缩空气清扫，停机时可使用干净抹布擦净。

⑤ 混合机长期停放不用时，对混合锅、排料阀门等工作表面均应涂抹防锈油脂，严防潮湿和腐蚀性物质侵蚀。

⑥ 混合机需要经常检查，定期检修，易损零件严重损坏时，必须及时修理更换，如主轴、密封圈、搅拌桨、排料阀门等。

⑦ 电气设备应定期检查，各元器件应清洁、防潮、防尘、防止过热等，各种计量仪表应定期校核。

⑧ 驱动电动机启动过载导致的停机不可超过两次，否则应停机检查，启动时间不可调得过短。

⑨ 当更换树脂或着色剂时，必须将混合锅及排料装置内的物料清扫干净。

第四节　开炼机和密炼机

一、开炼机

开炼机是开放式炼塑机的简称，又称辊压机，如图 3-17 所示，它是塑料制品加工过程中最基本的一种设备，经开炼机混合、塑炼的物料具有较好的分散度和可塑性，可用于造粒或直接供给压延机制得压延产品。开炼机的发展已有一百多年的历史，它最早应用于橡胶工业中，由于结构简单，加工适用性强，所以在塑料加工中也有较多使用。

1. 开炼机的结构

开炼机的基本结构如图 3-18 所示，它主要由机座、机架、前后辊筒、调距装置、传动装置、加热装置和紧急停车装置等部件组成。

图 3-17　开炼机

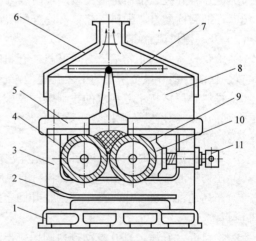

图 3-18　开炼机的基本结构

1—机座；2—接料盘；3—机架；4—后辊筒；5—横梁；6—排风罩；7—紧急停车装置；8—挡料板；9—前辊筒；10—轴承；11—调距装置

前、后两个辊筒于水平方向平行放置，通过轴承安装于两侧机架上。两辊筒由传动系统传递动力，使其相对旋转，对投入辊隙的物料实现辊压、混炼。横梁由螺栓与机架固定，组成一个力的封闭系统，承受工作时的全部载荷，两侧的机架下部用螺栓与机座固定，组成一个机器整体。机架上安装有调距装置，以调节两个辊筒之间的距离，两辊筒间安装有挡料板以防止物料进入辊筒轴承内。为满足混炼时的辊筒温度要求，辊筒内腔设有加热装置，可通过加热载体使辊筒塑炼时能保持一定的温度，在机台上还装有紧急停车装置，当机器出现紧急事故时可拉动安全杆，可在非常情况发生时迅速停机，保障设备和操作人员安全。

开炼机是开放式的塑炼体系，故机器上通常设置排风罩，用以抽出废气和热气，以改善工作环境，减少有害气体对操作人员健康的影响。

2. 开炼机各部件的作用

视频扫一扫

塑料开炼机的操作

（1）辊筒　辊筒是开炼机的主要部件，其外表面直接与物料接触，并对物料进行剪切、挤压，为了控制温度在合适的工艺范围内，辊筒内部还需要通入加热或冷却介质，辊筒的结构通常为中空式或钻孔式，因此辊筒必须有足够的机械强度和刚度，导热性能要好。此外，辊筒还要有优良的耐磨耐蚀性，结构简单，制造容易。

（2）辊筒轴承　开炼机辊筒轴承的工作负载大，滑动速度低，工作温度高，因此轴承材料需要耐磨损、承载能力大、使用寿命长。辊筒轴承常用的有滑动轴承和滚动轴承两种，滑动轴承结构简单，成本低，故应用广泛。滚动轴承使用寿命长，装拆简便，易维护且润滑油耗量小，目前已在大型开炼机上广泛使用。

（3）调距装置　根据被加工物料及工艺的不同要求，需要对开炼机的辊距进行调整，可通过开炼机辊距调节装置实现。调距装置的结构形式分为手动、电动和液压调距三种类型，目前以前两种形式为主，可满足辊距在 0.1～0.15mm 范围内进行调节。

（4）安全与制动装置　开炼机是开放式炼塑设备，坚硬的金属或其他物体很容易掉入辊隙，在使用过程中操作不当也可能引发严重的安全事故，所以开炼机必须装设安全装置和制动装置。

开炼机的安全装置一般同调距装置相连接，如安全片，过载时安全片因受力过大而被剪断，从而使辊距快速增大，横压力急剧下降，避免人身安全事故及机械事故。

制动装置一般安装在电动机和减速机的联轴器上，而操纵装置则安装在机器操作位置的附近，一般要求制动后辊筒回转距离不允许超过 1/4 圈。

（5）辊温调节装置　根据工艺要求，开炼机辊筒表面应保持一定的温度，故在辊筒内设有加热冷却装置，用通入蒸汽或冷却水来调节辊温。因加工塑料时要求辊温较高，一般用蒸汽加热，但也有用电加热。

二、密炼机

塑料的混炼和塑化，最早都采用开炼机，开炼机是开放性操作设备，使用时粉尘飞扬严重，塑炼时间长，生产效率低，随着生产的发展，这些缺陷越来越明显。密炼机是在开炼机的基础上发展起来的一种高强度间歇式混炼设备。它是一种有一对特定形状并相对回转的转子，在可调压力和温度的密闭状态下间歇性地对聚合物进行塑炼和混炼的机械。密炼机密封性好，自动化程度高，可以显著降低操作工人的劳动强度，改善劳动条件，缩短生产周期，提高生产效率，因此在塑料加工中得到了越来越广泛的应用，主要用于塑料和橡胶的塑炼与混炼，塑料、沥青、油毡料、搪瓷料和合成树脂的混炼。

现代密炼机正不断地趋向完善，机械化、自动化、高性能化水平也逐渐提高，但就基本构造而言，主要还是由密炼室和转子、加料和压料装置、卸料装置、传动装置、机座等主要部分和加热冷却、气压传动、液压传动、润滑和电气控制等附属系统构成。密炼机的外观和基本结构如图 3-19、图 3-20 所示。

图 3-19　密炼机

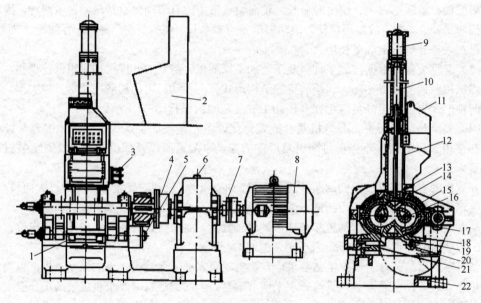

图 3-20　密炼机基本结构

1—卸料装置；2—控制柜；3—加料门摆动油缸；4—万向联轴器；5—摆动油缸；6—减速机；7—弹性联轴器；8—电动机；

9—氮气缸；10—油缸；11—顶门；12—加料门；13—上顶栓；14—上机体；15—上密炼室；16—转子；17—下密炼室；

18—下机体；19—下顶栓；20—旋转轴；21—卸料门锁紧装置；22—机座

1. 密炼室与转子

密炼室壁是由钢板焊接而成的夹套结构，在密炼室空间内，完成物料混炼过程，夹套内可通入加热循环介质，目的是使密炼室快速均匀升温来强化塑料混炼。

密炼室内有一对转子，如图 3-21 所示。转子是混炼室内塑炼物料的运动部件，通常两转子的转速不等，转向相反。转子固连在转轴上，转子内多为空腔结构，可通加热介质。

密炼室转子轴端设有密封装置，以防止转动时溢料。常用的有填料式或机械迷宫式密封装置等。

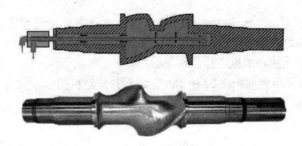

图 3-21　密炼机转子

2. 加料和压料装置

加料和压料装置安装在密炼机上方，加料装置主要由斗形加料斗和翻板门组成，翻板门的开关由气筒推动。压料装置主要由活塞缸、活塞、活塞杆及上顶栓组成。上顶栓与活塞杆相连，由活塞带动能上下往复运动，可将物料压入密炼室，在混炼时对物料施加压力，强化塑炼效果。

3. 卸料装置

卸料装置主要由下顶栓与锁紧机构组成。下顶栓固定在旋转轴上与气缸缸体相连，由气缸驱动，使缸体底座上的导轨往复滑动而实现卸料门的启闭，锁紧装置实现卸料门锁紧或松开。下顶栓内部还可通入加热介质，在下顶栓上装有热电偶，用于测量物料在混炼过程中的温度。在有的密炼机中，不是以气控系统，而是用液压系统驱动卸料门的关和开、锁紧机构的松和紧的。

4. 传动装置

传动装置主要由电机、弹性联轴器、减速齿轮机构、万向联轴器、速比齿轮等组成。电动机通过弹性联轴器带动减速机、万向联轴器等使密炼室中的两转子相向转动。

5. 机座

机座主要用于安装密炼室及转子、加料和压料装置、卸料装置和传动装置等部件。

6. 附属系统

① 液压传动系统主要由电动机、叶片泵、油箱、阀板、冷却器及管道等组成，是加料压料机构和卸料机构的动力供给部分。

② 气控系统主要由空气压缩机、气阀、管道等组成，主要完成加料和压料机构、卸料和锁紧机构的动力与控制。

③ 加热和冷却系统主要由管道、阀门组成。在加工塑料时，可通入蒸汽加热密炼机的上下顶栓、密炼室和转子，提高混炼和塑化效率。

④ 电气控制系统是全机的操作中心，主要由电控柜、操作台和各种电气仪表等组成。

⑤ 润滑系统主要由油泵、分油器和管道等组成，主要作用是完成对传动系统齿轮和轴承、转子轴承及导轨等各运动部件的润滑。

三、连续密炼机

近年来，密炼机向着高压、高速、大容量和自动化发展，混炼效果也在不断提高，但由于密炼机的生产过程是间歇式的，加料和卸料过程中不能进行混炼，因而无法实现连续生产。连续混炼设备由于是连续操作，因而可以提高生产能力，易于实现生产自动化和自动控制，减少能量消耗，混炼质量稳定，可降低操作人员的劳动强度，尤其是在配备相应的装置后，可将其与成型设备直接连接，形成从"生料到最终制品"的混合-成型连续生产线。20 世纪 60 年代起，先后出现了各种类型的连续式密炼机，并已形成系列，是国内外塑料机械行业发展较快的机种之一。

连续密炼机形式很多，主要有 FCM 型、DSM 型和 CIM 型。FCM 型连续密炼机是美国 Farrel 公司于 1962 年在密炼机的基础上研制成的，而 DSM 型和 CIM 型连续密炼机分别出自德国和日本。下面对 FCM 型连续密炼机进行简单介绍。

FCM 型连续密炼机结构如图 3-22 所示，它与喂料挤塑机组合，代替密炼机和开炼机为压延机供料，显著地节省了厂房面积和劳动力，且供料均匀。

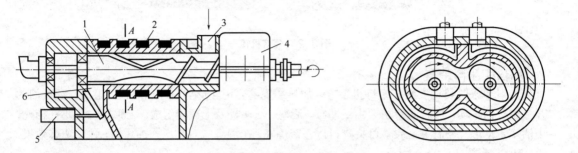

图 3-22 FCM 型连续密炼机的结构

1—转子；2—机筒；3—加料口；4—减速机；5—调节开度液压缸；6—卸料口

FCM 型连续密炼机的工作过程如图 3-23 所示，连续密炼机的混炼室内有两个平行相切的转子，向内做相向旋转。转子工作部分由加料段、混炼段和出料段组成。物料自加料口进入加料段，由加料段输送到混炼段，经混炼段混炼后由出料段排出卸料口。

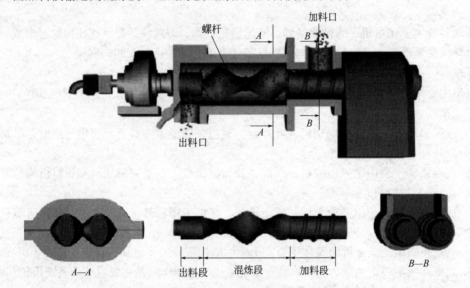

图 3-23 FCM 型连续密炼机的工作过程

通过调节加料速度、转子转速、排料口开度的大小和机筒温度，可控制物料在混炼段内的停留时间与塑化程度。因此，连续密炼机具有较大的灵活性，可根据物料性质选择最适宜的混炼工艺条件，获得最好的塑化质量和相应的产量。

这种混炼挤出机的特点是温度容易控制，清洗方便，转子的表面有轻度的磨损后也不会影响其混合质量。连续密炼机的主要缺陷是不像双螺杆混炼挤塑机具有自洁性，所以当更换物料时，需要将机筒移出，以便清理机筒和转子。

FCM 型连续密炼机的主要规格及参数见表 3-9。FCM 前的数字表示转子外径的尺寸（in，1in =2.54cm）。

表 3-9　FCM 型连续式密炼机的规格及主要参数

规格与性能	型 号					
	2FCM	4FCM	6FCM	9FCM	12FCM	15FCM
最大驱动功率/kW	25	75	300	750	1500	2600
转子直径/ mm	50.8	101.8	152.4	228.6	304.8	381
转子最高转速/（r/min）	1100	500	350	300	250	200
外形尺寸（长×宽×高）/（mm×mm×mm）	2134×1372×1676	2921×1372×1676	5969×1448×1727	8230×2134×2134	10820×3277×2743	13106×2743×2972
质量（不包括电动机）/kg	2360	2270	3590	8500	24050	38625

📚 阅读材料

我国连续密炼机发展情况

我国对橡塑机械的研究时间相对较短，自 20 世纪 60 年代开始研发以来，取得的成果还是比较显著的，尤其是在改革开放以后，无论是在应用上还是在产量上，我国一直处于世界前列。在我国有许多大型的橡塑机械厂，而且其在国内外都有很好的形象，比如大连及益阳的橡塑机厂所产密炼机在国内外都有很好的声誉。

当然，我国开始研究双转子连续密炼机的时间较短，与国外那些大型的公司相比有着很大的差距。国内应用的连续密炼机大多是德国 W.P 公司及美国的 Farrer 公司等生产的双转子连续密炼机，且国内对这些设备的国产化也是刚起步不久，与该设备相关的理论与技术都需要国内科学家继续深入研究。

目前，我国能够制造的连续密炼设备较少，具有代表性的设备如下：

（1）东莞旭丰生产的连续式密炼机　该设备对挤出功能进行优化设计，可更方便配合单螺杆挤出机、双螺杆挤出机；还可通过调节出料阀门控制物料的流量。连续式密炼机最明显的特征就是连续喂料，其生产率等于喂料速率，且喂料恒定。通过提高转子转速可得到更大的剪切力，或者稍微关闭卸料口，可提高排胶温度。另外，密炼机在常温压力操作下，形成独立的密炼环境，完全不受成型要求的影响，设备如图 3-24 所示：

图 3-24　东莞旭丰生产的连续式密炼机

（2）南京永腾化工装备有限公司研发的 YTCM 系列双转子连续密炼挤出造粒机　该设备拥有多重转子密炼段螺棱的结构，具有极强的分布混合和分散混合能力，可以满足不同混合工艺的密炼需求。料筒内壁采用 W6Cr5Mo4V2 镶套；转子采用合金钢进行制造，并且在转子表面还有一层耐磨性良好的硬质合金，提高了转子的寿命，确保本设备可长时间工作。具有高产量、高分散、低能耗的特点，设备如图 3-25 所示。

图 3-25　YTCM 系列双转子连续密炼挤出造粒机

资料来源：齐从锋. 连续密炼机密炼机理的研究及其性能的仿真分析[D]. 哈尔滨：哈尔滨理工大学，2019.

思考题

1．混合搅拌设备主要有哪些类型？
2．高速混合机主要用于哪种工艺用途？
3．简述高速混合机的结构组成、工作原理及其主要零部件的作用。
4．高速混合机的混合锅有哪几种加热方式？各有什么特点？
5．折流板有什么作用？其安装位置有什么要求？
6．开炼机由哪些主要零部件组成？
7．密炼机在结构上与开炼机相比主要有哪些不同？

第四章
单螺杆挤出机

📖 **学习目的与要求**

通过本章的学习，掌握单螺杆挤出机的分类、单螺杆挤出机的组成及作用、单螺杆挤出机参数表示方法；了解挤出理论，掌握挤压系统的构成及作用，了解典型挤出制品辅机。

能合理选择螺杆参数、能运用挤出理论指导挤出生产、能选择合理的螺杆形状、能操作单螺杆挤出机、能操作挤出成型辅机。

养成吃苦耐劳爱岗敬业的品质、热爱劳动积极动手的习惯、团队协作协同攻坚克难的意志。

第一节　概述

挤出成型设备概述

一、挤出成型简介

挤出成型又称挤出模塑成型，是指把粉状或粒状物料由料斗加入挤出机的机筒内，物料在螺杆或柱塞的挤压、推动作用下，通过机筒内壁和螺杆表面的摩擦作用向前输送和压实，通过机筒外部的加热装置和摩擦预热，在高温、高压条件下熔融塑化。然后，连续转动的螺杆再把熔融物料推入机头模具，从机头模具挤出的熔融物料经冷却定型成为所需要的塑料制品。可将挤出过程分为两个阶段：第一个阶是使固态塑料塑化，即使其变成黏流态并在加压的情况下使其通过特殊形状的口模而成为截面与口模形状相同的连续体；第二个阶段是采用适当的冷却方法使挤出的连续体失去塑性而变成固态，即所需制品。通常挤出成型的生产工艺过程为：塑料原料熔融塑化→挤出成型→冷却定型→冷却→牵引→切割→检验→包装→入库。

用于挤出成型加工的主要原料有聚氯乙烯、聚乙烯、聚丙烯等绝大多数热塑性塑料，酚醛树脂、环氧树脂等热固性塑料。挤出虽然也用于热固性塑料的成型，但仅限于少数的几种。挤出过程中，根据对塑料加压方式的不同，可以将挤出工艺分为连续和间歇两种方式。前一种所用设备为螺杆式挤出机，后一种所用设备为柱塞式挤出机。柱塞式挤出机的主要部件是料筒和柱塞。操作时，料筒中已经塑化好的物料在柱塞的压力下挤出口模外，柱塞退回以便下一次操作。此方法的最大优点是能给予塑料较大的压力，而缺点是不连续性，而且物料需要预先塑化好，因此使用较少，只有在挤出聚四氟乙烯塑料和硬聚氯乙烯大型管材方面使用。本章主要介绍的为连续挤出成型。

与其他成型方法相比，挤出成型具有如下许多突出的优点。

（1）连续化生产　挤出成型可以根据需要生产任意长的管材、板材、棒材、异型材、薄膜、电缆及单丝等，而且产品质量均匀、稳定、密实。

（2）生产效率高　挤出机的单机产量较高，如一台直径 65mm 的挤出机组，生产聚氯乙烯薄膜，年产量可达 450t 以上。特别是近几年对螺杆结构的改进，使生产效率进一步提高。

（3）可一机多用　根据产品的不同要求，改变产品的断面形状。一台挤出机，只要根据物料性能特点、制品尺寸要求更换螺杆、机头、口模，就能加工多种多样的塑料制品。如上面提到的管材、棒材、片材、板材、薄膜、电缆、单丝、中空制品以及异型材等。挤出机还能够进行混炼、塑化、造粒。挤出机与压延机配合，可以喂料生产压延薄膜，与液压机配合可生产模压制品。

（4）设备简单，投资少，操作容易　与注射成型、压延成型相比，挤出设备比较简单，造价低、制造较容易，挤出成型生产线设备费用较低，安装调试较方便。设备占地面积较小，对厂房及配套设备要求也相对简单，投产快。生产操作较简单，工艺控制容易，易于实现自动化生产。

综上所述，挤出成型是塑料制品重要的成型方法之一，伴随着塑料工业的迅速发展，还将具有更广泛的应用前景。

二、典型挤出制品

挤出成型可以加工绝大部分热塑性塑料和热固性塑料以及弹性体。挤出制品主要有薄膜、管材、板材、片材、异型材、棒材。在电子、电信工业上，利用塑料的电绝缘性能好的优点，大量采用塑料作绝缘材料，如电线、电缆的绝缘层、防护层，各种电器的绝缘件、绝缘板等。

建筑工业越来越多地选用塑料板材、型材制造门窗、地板、壁板、层顶板、上下水管、隔声隔热材料、家具等。

在医疗卫生业方面，塑料薄膜用于制造输血袋，塑料管材可以制造输血管、输液管、氧气管、食道、尿道及手术器具等。当然，在日常生活中使用的塑料制品更是琳琅满目，比比皆是，如人造革、塑料容器、装饰用品、塑料鞋等。

三、挤出机的分类

1. 按螺杆及用途分

按螺杆数目分为无螺杆式挤出机（柱塞式）、单螺杆挤出机、双螺杆挤出机、多螺杆挤出机；按螺杆直径的大小分为超小型、小型、中型、大型和超大型挤出机；按螺杆的转速分为普通、高速和超高速挤出机；按挤出机的用途分为成型、混炼、造粒、复合机头、喂料、超高分子量聚合物挤出机等。

2. 按挤出机装配结构分

可分为整体式挤出机和分开式挤出机。整体式挤出机的螺杆用键直接与减速箱输出轴连接，分开式可采用标准减速机，可大大缩短挤出机的设计与制作周期，而且容易拆装，便于维修。

3. 按螺杆空间摆放方式分

可分为卧式挤出机和立式挤出机，卧式挤出机（图 4-1）的螺杆在空间呈水平放置，机器的中心高可根据操作方便而定，而且能方便地配置各种辅机以完成各种制品的生产，操作与维修比较方便，因此生产中用得最广。但其缺点是占地面积较大。立式挤出机的螺杆在空间呈垂直放置，挤出机的螺杆不易弯曲，头部磨损少，但厂房高度增加，装拆和维修比较麻烦，目前采用的以卧式螺杆挤出机为主。

图4-1 卧式挤出机

4. 按可否排气分

按挤出机可否排气分为排气式挤出机和非排气式挤出机。

（1）非排气式挤出机 其特点是结构简单、易于其加工制造、操作维修方便。

（2）排气式挤出机 与非排气式挤出机相比，它更适用于粉状物料和易吸湿性物料的加工，这是由于其更有利于排除物料中的挥发性气体，从而保证制品的质量。

四、挤出机的组成及作用

挤出成型设备通常由主机、辅机、控制系统三大部分组成，也可以按照制品的种类称为吹膜机组、硬管机组、挤板机组等。图4-2所示为普通挤出机的结构。

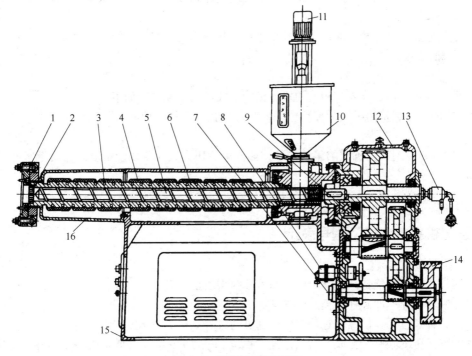

图4-2 普通挤出机的结构

1—机头连接法兰；2—分流板；3—冷却水管；4—加热器；5—螺杆；6—机筒；7—齿轮泵；8—测速发电机；9—推力轴承；
10—料斗；11—强制加料器电动机；12—齿轮减速箱；13—旋转接头；14—V形皮带轮；15—机座；16—机罩

1. 主机部分

（1）动力系统 主要由电动机、齿轮减速箱和轴承等组成，其作用是驱动螺杆，并使螺杆在给定的工艺条件（如温度、压力和转速等）下获得必需的转矩和转速并能均匀地旋转，完成稳定的挤出过程。

（2）挤压系统 主要由机筒、螺杆、分流板、过滤网等组成，其作用是将原料在温度和压力的作用下塑化成均匀的熔体，然后在螺杆的作用下连续稳定地挤入机头。

（3）加热冷却系统 主要由加热装置和冷却装置组成，其作用是对挤出机的相关部件进行加热或冷却，保证成型过程在工艺要求的温度范围内完成。

（4）加料系统　主要由料斗和自动上料装置等组成，其作用是向挤压系统稳定且连续不断地提供所需的物料。

2. 辅机部分

（1）机头　也称挤出成型模具，它是制品成型的主要部件，其作用是塑料熔体通过它获得初始的几何截面形状和尺寸。

（2）定型装置　使从机头挤出来的初始形状稳定下来，并对其进行精整，从而得到较为精确的截面形状、尺寸和光亮表面的制品。

（3）冷却装置　其作用是将定型装置出来的制品充分冷却，使制品获得最终的几何形状和尺寸。

（4）牵引装置　其作用是均匀地牵引制品，保证挤出过程稳定地进行。通过对牵引速度的控制，在一定程度上可以调节制品的截面尺寸和挤出机的产量。

（5）卷曲装置　卷曲装置是将软制品（薄膜、软管、丝、带等）按要求卷绕成卷。

（6）切割装置　切割装置用来将连续挤出的制品切成一定的长度或宽度，便于后期包装、称重、运输和使用。

（7）其他装置　一些产品在生产时需要对某些指标实时监控，如产品的宽度、厚度，需加装专门的测量装置。

3. 控制系统

主要由各种电器、仪表和相关的执行机构组成，其主要作用如下。

① 检测、控制挤出机组的拖动电动机、各种执行机构，使其按照工艺要求的转速和功率协调运行。

② 检测、控制挤出机组的工艺参数，如温度、压力、流量以及影响制品质量、产量的其他参数。

③ 使挤出机组具有较高的产量，并能安全运行及自动控制。

五、挤出机基本参数及型号表示

1. 挤出机的基本参数

普通挤出机的性能特征通常用以下基本参数来表示。

（1）螺杆直径　即螺杆外径，用 D 表示，单位 mm。

（2）螺杆长径比　指螺杆有效工作长度 L 与螺杆直径 D 之比，用 L/D 表示。

（3）螺杆转速范围　用 $n_{min} \sim n_{max}$ 表示，单位 r/min。n_{min} 表示最低转速，n_{max} 表示最高转速。

（4）电动机功率　用 P 表示，单位 kW。

（5）机筒加热功率　用 E 表示，单位 kW。

（6）机筒加热段数　指对机筒加热的温控段数，用 B 表示。

（7）挤出机产量　用 Q 表示，单位 kg/h。

（8）挤出机中心高度　即螺杆轴线距地面的高度，用 H 表示，单位 mm。

（9）挤出机外形尺寸　用长×宽×高表示，单位 mm。

（10）挤出机质量　用 w 表示，单位 t 或 kg。

2. 挤出成型设备的型号表示

为了便于学习，掌握挤出成型设备的型号表示，现将挤出成型设备分成以下三部分，并分别按 GB/T 12783—2000 的编制方法来表示。

（1）挤出机（主机）的型号表示 根据 GB/T 12783—2000 规定，挤出机的型号用如下形式表示。

SJ 品种代号 规格参数 设计代号

例如，螺杆直径为 150mm，长径比为 15∶1 的喂料挤出机，该挤出机的型号表示为 SJW-150×15。

（2）挤出辅机的型号表示 根据 GB/T 12783—2000 规定，挤出辅机的型号用如下形式表示。

SJ 品种代号 -F 规格参数

例如，与挤出机配套，采用平吹法成型最大折径（即牵引辊工作面长度）为 500mm 的吹膜辅机，该辅机的型号表示为 SJPM-F500。又如，与挤出机配套，成型最大管径为 60mm 的软管辅机，该挤出辅机的型号表示为 SJRG-F60。

（3）挤出机组的型号表示 根据 GB/T 12783—2000 规定，挤出机组的型号用如下形式表示。

SJ 品种代号 -Z 规格参数

例如，螺杆直径为 45mm，长径比为 20∶1，采用平吹法成型最大折径（即牵引辊工作面长度）为 500mm 的吹膜机组，该挤出机组的型号表示为 SJPM-Z45-500。又如，螺杆直径为 65mm，长径比为 25∶1，成型最大管径为 60mm 的软管机组，该挤出机组的型号表示为 SJRG-Z65×25-60。

第二节 挤出过程与挤出理论

一、挤出过程

1. 聚合物的三态变化

塑料之所以能进行成型加工，是由其内在结构与性能决定的，热塑性塑料一般存在着玻璃态、高弹态和黏流态三种物理状态，在一定条件下，这三种物理状态将发生相互转化，塑料的成型加工（压制、压延、挤出、注射等）是在黏流态下进行的。

2. 物料在螺杆中的运动

普通挤出机的工作过程如图 4-3 所示，物料从料斗加入机筒，随着螺杆的旋转被逐渐推向机头方向。此运动过程可以通过挤出机工作时螺杆各段的基本职能，以及塑料在挤出机中的物理变化过程分成三段加以描述。

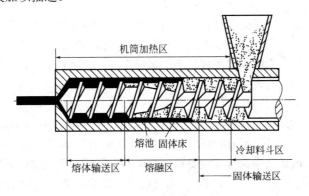

图 4-3 普通挤出机工作过程

（1）加料段　加料段由加料区（又称冷却料斗区）、固体输送区以及一个过渡的迟滞区组成，其职能主要是对物料进行压实和输送。此段的工作过程是：物料自加入料斗进入螺杆以后，在旋转着的螺杆作用下，通过机筒内壁和螺杆表面的摩擦作用向前输送和压实。物料在加料段是呈固态向前输送的。根据实验观察，通常在接近加料段的末端，由于摩擦热的作用，与机筒内壁相接触的物料已达到黏流态温度，开始熔融。

（2）熔融段　其作用是使物料进一步压实和塑化，使包围物料的空气压回到加料口处排出，并改善塑料热传导性能，这一段的螺槽是压缩型的，其工作过程是：当物料从加料段进入熔融段后，随着物料从冷却料斗区向熔融区、熔体输送区的继续输送，并由于螺杆螺槽的逐渐变浅，以及过滤网、分流板和机头的阻挡作用，物料逐渐形成高压，并进一步被压实。与此同时，物料受到来自机筒的外部加热和螺杆与机筒的强烈搅拌、混合和剪切等作用。塑料温度不断升高，熔融物料（称为液相或熔池）量不断增加，而未熔融的固态物料（称为固相或固体床）则不断减少，至熔融段末端，物料全部或大部分熔融而转变为黏流态。

（3）均化段　也叫熔体输送段，熔体在此阶段通过螺杆与机筒强烈的混合与剪切作用，进一步塑化和均匀化，并使之定压、定量和定温地从机头挤出。

二、挤出理论

为使挤出机达到稳定的产量和质量，一方面，沿螺槽方向任一截面上的质量流率必须保持恒定且等于产量；另一方面，熔体的输送速率应等于物料的熔融速率。如果不能实现这些条件，就会引起温度、压力和产量的波动。因此，从理论上阐明挤出机中固体的输送、熔融和熔体的输送与螺杆的几何结构、物料的性能和操作条件之间的关系，无疑是有重要意义的。

然而，物料在挤出过程中经历着温度、压力、黏度甚至化学结构等变化，相应地出现了玻璃态、高弹态和黏流态三种不同的物理状态，这一过程看起来简单，实际上是很复杂的。直到目前为止，还没有形成一种完整的、令人满意的用来解释整个挤出过程并指导挤出机设计和生产实践的理论。

对挤出理论的研究主要根据塑料在挤出机中的三个历程，从加料区的固态到过渡区（熔融区）的固态和黏流态共存，直到均化区（挤出区）的黏流态这三种物理过程进行研究。即一般所谓的加料区的固体输送理论、熔融区的熔融理论以及均化区的黏性流体输送理论（熔体输送理论）。这些为解释物料在挤出机中会发生哪些变化，以及如何才能强化和加速这些过程以达到提高产品的质量和生产率的目的提供一定的理论依据。

1. 固体输送理论

在一定的螺杆转速下，要想提高挤出机的产量，首先需要考虑的是在加料段中如何提高固体输送率。而固体输送率又与物料在螺杆加料段螺槽中的运动有关。

在日常生活中，当人们用手捏紧螺栓上的螺母不动，螺栓独自旋转，不仅发现螺母在螺栓上发生了位移，而且螺母与人的手之间也产生了一定的打滑而感到很吃力。假设把机筒、物料和螺杆分别看作人的手、螺母和螺栓，不难看出，物料将产生如下两种运动。

① 轴向运动：是由于旋转螺杆的螺棱推进面对物料产生的轴向推力所致。

② 旋转运动：是由于物料与机筒、物料与螺杆之间的摩擦所致。

物料在螺杆加料段螺槽中同时存在着以上两种运动，其合运动的结果形成了螺旋运动。由此可见，在一定的螺杆转速下，尽可能地提高物料轴向运动的速度、降低物料旋转运动的速度，以使得固体输送率增大，从而提高挤出机的产量。固体输送率同螺杆表面与物料的摩擦系数和

微课扫一扫

挤塑过程及三个主要参量

料筒表面与物料的摩擦系数有关。当螺杆表面的摩擦系数比料筒表面的摩擦系数低，物料在料筒表面产生的摩擦作用力大于物料在螺杆表面产生的摩擦作用力，此时物料运动方向以轴向为主。

在实际生产中，固体输送理论具有实践指导意义。

（1）合理控制机筒和螺杆温度，提高固体输送率　塑料对钢的摩擦系数随温度升高而增加，一般在螺杆的加料段开设冷却水孔，通过冷却螺杆的加料段（而不是冷却螺杆全长）来降低螺杆对物料的摩擦力；另外，提高机筒的温度增大其对物料的摩擦力，有利于提高固体输送效率。

但机筒温度的提高必须是固体物料在加料段机筒内壁上未发生熔融现象之前，因为一旦发生熔融现象，便存在着熔体与机筒、熔体与熔体和熔体与固体之间的三种摩擦。由于熔体之间的摩擦系数小于熔体与机筒和熔体与固体之间的摩擦系数，因此，有效摩擦发生在熔体内部，反而使机筒对物料的摩擦力减小，不能达到提高固体输送效率的目的。此时，物料在螺槽中的轴向运动速度大大降低，造成物料与机筒打滑而不出料的现象。

（2）定期更换分流板和过滤网　由于分流板和过滤网的堵塞使物料运动阻力过大，物料在螺槽中的轴向运动速度大大降低，造成不出料现象。因为前者将使物料过热分解，后者因物料运动阻力过大而导致机筒内部压力过高，使机头与机筒的连接螺栓断裂，造成设备甚至人身安全事故。所以，不仅要合理地控制挤出机的温度，而且分流板和过滤网必须定期清理和更换。

（3）控制机筒、螺杆的表面粗糙度　JB/T 8538—2011 规定了螺杆与机筒的表面粗糙度，即螺杆外圆及螺槽底径的表面粗糙度 $Ra \leq 0.8 \mu m$，螺棱两侧的表面粗糙度 $Ra \leq 1.6 \mu m$，其值不宜过小，否则会大大增加螺杆的制造成本。机筒内孔的表面粗糙度 $Ra \leq 1.6 \mu m$，其值不宜过大，否则，不仅不利于机筒的加工，而且会因表面的粗糙引起物料停滞产生过热分解。

（4）机筒加料段采用 IKV 结构　该结构机筒加料段内壁呈锥形，并开设轴向沟槽，且沟槽深度由深变浅。这种结构不仅增加了机筒的摩擦系数，而且增大了物料的流通面积，从而起到强制输送物料的作用。

2. 熔融理论

熔融理论（又称熔化理论或相迁移理论）是研究物料从固态转变为熔融态过程的一种理论。如前所述，挤出过程是复杂的。最早研究的是固体物料在螺杆加料段的固体输送和熔体在螺杆均化段的流动问题。这就是前面已经介绍的固体输送理论和后面将要介绍的熔体输送理论，这两个理论在挤出机的设计和生产实践中得到了广泛的应用。但是这两个理论的特点是只研究了物料在螺杆上运动规律的一个侧面，即固体和流体的运动。然而，在挤出过程中还存在着物料的压缩、热量的产生和传递、固体物料的熔融、气体的排出等问题，其中关键是如何在热的作用下将固体物料尽快地转化为熔体的相变问题。

由于物料在熔融阶段的变化过程远比固体输送和熔体输送阶段的变化过程复杂得多，因而给研究带来许多困难。从 1957 年开始，在大量实验观察的基础上，塔莫尔（Z. Tadmor）和克雷恩（I. Klein）于 1966 年用数学分析的方法建立了熔融理论的数学模型。经十几年的研究与修正，才使得这一理论较为合理。目前已发展到运用熔融理论来预测熔融状况、物料压力、温度和能量消耗，预测挤出质量、建立最佳工艺条件、设计螺杆和挤出机等，在实践中得到了广泛的应用。理论的推导较为繁杂，这里只简单介绍。

如图 4-4 所示，在挤出过程中，螺杆的加料段内充满着未熔物料，均化段内充满着已熔物料，而在熔融段，未熔物料与已熔物料共存，且固相与液相间有一定的分界面。物料的熔融过程就是在此区段内进行的，故这一区段叫作熔融区。

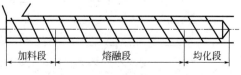

图 4-4　物料在挤出机中的三段变化

物料在挤出机中的熔融机理：由加料段输送来的已被压实的未熔物料（固体床），在机筒外部加热器的加热和物料与机筒、物料与螺杆、物料与物料之间的剪切热的作用下，使之先在机筒内壁熔融形成一种熔膜。随着物料的推进，熔膜的厚度逐渐增加，当熔膜的厚度大于螺杆与机筒的间隙 δ 时，则被旋转着的螺棱刮向螺棱根部，逐渐地在螺棱推进面的前方汇集成旋涡状的流动区而形成熔池。由于螺槽深度在沿物料运动方向上是由深变浅的，所以，未熔物料受螺槽底部的推进沿垂直机筒内壁的方向上升以获取机筒的热量而加速熔融。如此循环，使得固体床逐渐变窄，而熔池逐渐变宽，直至将螺槽中的物料全部熔融。

熔融理论对生产实践的指导作用：在实际生产中，物料的品种和螺杆的结构相对固定的情况下，必须注意以下几点。

① 螺杆转速（n）要稳定。在正常生产中 n 不能随意改变，在保证制品质量的前提下需要提高产量可提高 n，但这种产量的提高是有限的，它是以增加能量消耗为代价的。

② 温度（T）控制要合理。虽然提高机筒温度（T_b）可加快物料完全熔融的速度，但不能过高，否则容易引起物料过热分解甚至烧焦。适当提高固体料温（T_s）同样可加快物料的全部熔融，但不宜过高，否则会对加料段的固体输送能力不利。通常的方法是物料在进入挤出机之前进行预热，因此，有时需要增设物料的预热装置。

3. 熔体输送理论

熔体输送理论（又称流体动力学理论或简称流动理论）主要研究螺杆的均化段如何保证物料的彻底塑化，并使之定温、定压、定量、连续地从挤出机挤出，以获得稳定的产量和高质量的制品。

（1）熔体在普通挤出机均化段中的四种流动状态　为了讨论方便，在螺杆均化段螺槽中取一微小单元的熔体，并假定螺杆固定不动，而机筒以原来螺杆的速度做反向螺旋运动，在机筒与熔体的摩擦力的作用下，微小单元的熔体被拖动向前流动。其流动速度 v 可以分解为两个分速度，一个是平行于螺棱的分速度 v_z，称为正流速度。另一个是垂直于螺棱的分速度 v_x，称为横流速度，其流动速度如图4-5（a）所示。这样，熔体在均化段中的流动可看成由下面四种类型的流动所组成，如图4-5（b）所示。

① 正流（又称顺流或拖流）。它是平行于螺棱沿螺槽向机头方向的一种流动，其流量用 Q_d 表示。这种流动是由机筒内表面对螺槽中的熔体在平行螺棱方向上的作用力引起的。

② 倒流（又称压力流、反流或逆流）。它是与 Q_d 方向相反的一种流动，其流量用 Q_p 表示。这种流动是由机头、分流板、过滤网等对熔体的反压（即机头压力）引起的。

③ 横流（又称环流）。它是与螺棱相垂直的一种流动，其流量用 Q_t 表示。这种流动是由机筒内表面对螺槽中的熔体在垂直螺棱方向上的作用力引起的。当这种流动到达螺棱侧面被挡回时，便沿着螺棱侧面向上流动，又被机筒所挡，再做与横流速度方向相反的流动，从而形成环流，其流动状态如图4-6所示。横流对熔体的混合、热交换、均化影响很大，也消耗一定的能量，而对总的熔体输送率影响不大。所以，通常只考虑它对制品质量的影响而忽略对产量的影响。

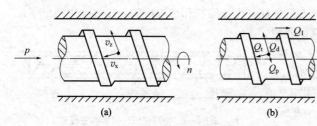

图4-5　熔体在挤出机均化段中的流动图

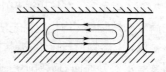

图4-6　熔体在螺槽中的环流

④ 漏流（又称泄流）。它是螺杆与机筒间隙中的一种流动，该流量用 Q_1 表示，对于普通挤出机而言，漏流的方向指向料斗。这种流动也是由机头、分流板、过滤网等对熔体的反压（即机头压力）引起的。

综上所述，熔体在普通挤出机均化段中是以螺旋形的轨迹向前流动，其总的流动是以上四种流动的组合。故普通挤出机的熔体输送率 Q_m 应由正流量 Q_d、倒流量 Q_p 和漏流量 Q_1 组成，即

$$Q_m = Q_d - Q_p - Q_1 \tag{4-1}$$

（2）熔体输送理论对生产实践的指导作用　关于工艺条件的控制由分析与讨论可知，Q_m 随螺杆转速（n）的提高而增大，而随机头压力（p）的提高而减小。因此，要想提高 Q_m 应增大 n、降低 p，但应合理地控制，否则将因 Q_m 的提高而降低制品质量，熔融理论已经证明了这一点。因此，在正常成型过程中，当其他条件给定的情况下，改变工艺条件 n、p 是不可取的。

4. 挤出理论小结

以上概括地介绍了挤出理论的基本内容并对理论进行了简要的分析，可以看出，挤出螺杆三段的工作能力必须均衡，才能达到螺杆的最佳工作效能。螺杆三段的工作能力达到均衡，此时挤出机即达到其最佳的工作效能，否则挤出机的产量就必然受产量最低段的限制。

从挤出理论可知，提高挤出机加料段的固体输送能力是提高挤出机产量的一个先决条件，而螺杆的熔融能力和均化能力则是提高挤出机产量和保证制品质量的关键。由此可见，固体输送能力与熔融能力、均化能力必须匹配。现代挤出机的产量之所以获得如此飞速的提高，其中一个很重要的原因是采用了强化固体输送能力和提高熔融、均化能力的螺杆，即各种新型高效的螺杆。

挤出理论揭示了物料性能、操作工艺条件和螺杆、机筒的结构参数间的相互关系，以及它们对挤出机产量、功率的影响关系，这些对挤出机设计和生产实践具有重要的指导意义。但是，固体输送理论、熔融理论和熔体输送理论都是分别在不同时期孤立地就螺杆各段提出的。由于挤出过程是一个完整的统一体，显然上述各理论不可能完整地、全面地揭示出挤出过程的本质。何况挤出过程是否就只有这三段还是个问题，例如有人提出在加料段和熔融段之间存在着一个所谓的迟滞区等。这就说明，这些理论还不够完善，因此，以上三个理论在定量方面还存在较大误差。尽管如此，正在发展中的挤出理论对挤出机设计和生产实践还是起了很大的推动作用，很多性能优异的挤出机和螺杆就是在挤出理论和挤出实验成果的基础上设计出来的，许多新型材料、新型制品的挤出都是离不开挤出理论指导的。目前，世界上许多国家对挤出理论越来越重视，对它的研究也更加全面和深入，在科学技术发展突飞猛进的今天，挤出过程的研究也会得到很快的进展，挤出理论将日益完善，它对挤出机设计和生产实践的作用也必将不断扩大。

第三节　挤压系统

挤压系统是螺杆挤出机的核心部分，而螺杆和机筒是挤压系统中的主要零件，人们通常称之为挤出机的心脏。塑料正是在这一部分由玻璃态转变为黏流态，然后通过口模、辅机而被做成各种制品。如果将螺杆和机筒相比，螺杆则更居于关键地位。这是因为一台挤出机的生产率、塑化质量、填料的分散性、熔体温度、动力消耗等，主要取决于螺杆的性能。

一、螺杆基本参数

除前面介绍的螺杆直径 D 和长烃比 L/D 之外，螺杆还有以下几个基本参数。

1. 螺杆长度（L）

螺杆长度通常用 L 表示，单位 mm。对普通螺杆，指从加料段到均化段为全螺纹的螺杆长度。根据物料在挤出机中经历的三个阶段，人们常常把螺杆的有效工作长度 L 分为以下三段。

（1）加料段 L_1　其作用是将松散的固体物料逐渐压实，对物料进行预热，减小压力和产量的波动，从而稳定地输送物料至下一段。

（2）熔融段（或压缩段）L_2　其作用是把物料进一步压实，将物料中的气体推向加料口排出，使物料全部熔融并送入下一段。

（3）均化段（或计量段）L_3　其作用是将已熔物料进一步均匀塑化，并使其定温、定压、定量、连续地挤入机头。

2. 螺槽深度（h）

它是一个变化值，用 h 表示，单位 mm。对于普通螺杆，加料段的螺槽深度用 h_1 表示，是一个定值；均化段的螺槽深度用 h_3 表示，也是一个定值；熔融段的螺槽深度是变化的，由 h_1 变化到 h_3，用 h_2 表示。

3. 螺距（S）

沿螺旋线方向量相邻两螺纹之间的距离，单位 mm。

4. 螺纹升角（φ）

螺旋线与螺杆中心的垂线夹角，单位（°），一般取 $\varphi=17°42'$。

5. 螺棱宽度（e）

一般指螺棱顶部的宽度，单位 mm。

6. 压缩比（ε）

螺杆加料段第一个螺槽容积与均化段最后一个螺槽容积之比称为压缩比。压缩比的大小对制品的密实性和排除物料中所含空气的能力影响很大。同时也影响挤出机的产量及螺杆的力学强度。

7. 螺纹头数（P）

螺纹头数通常是指螺杆截面有几条螺旋线，单头螺纹就是螺杆截面为一条螺旋线，双头螺纹是螺杆截面上有两条螺旋线，三头是指有三条螺旋线。

8. 螺杆外径与机筒内壁的间隙（δ）

螺杆外径与机筒内壁的间隙，单位 mm。

螺杆参数如图 4-7 所示。

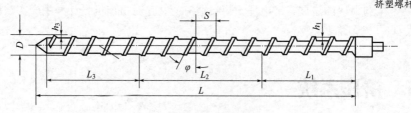

图 4-7　螺杆参数示意图

二、螺杆参数的选择

对普通螺杆性能的评价通常主要从塑化质量、产量、单耗、适应性、制造难易等几方面综合考虑。普通螺杆的结构参数主要包括螺杆直径和长径比、螺杆三段参数，以及压缩比、螺杆与料筒配合间隙的确定等。

1. 螺杆直径 D 的确定

螺杆直径是一个重要参数，由挤出理论可知，它在一定意义上表征挤出机产量的大小，在设计螺杆时，螺杆直径应符 JB/T 8061—2011 的规定，其螺杆直径系列为（单位 mm）：20，25，30，35，40，45，50，55，60，65，70，80，90，100，120，150，200，250，300。

由产量反过来决定螺杆直径是一个比较复杂的问题，因为挤出机的产量不仅取决于螺杆直径，而且和螺杆转速、机头压力、熔体黏度及螺槽深度等螺杆几何参数都有直接关系。因此，螺杆直径的大小通常是根据所成型制品的尺寸大小并结合其产量来确定，一般大截面的制品选大的螺杆直径，小截面的制品选小的螺杆直径，这对制品的质量、设备的利用率和操作比较有利，表 4-1 列出了螺杆直径与挤出制品尺寸之间的关系。

表 4-1　螺杆直径与挤出制品尺寸之间的关系

螺杆直径/mm	30	45	65	90	120	150
硬管外径/mm	3～30	10～45	20～65	30～120	50～180	80～300
吹膜折径/mm	50～300	100～500	400～900	700～1200	≤2000	≤3000
挤板宽度/mm	—	—	400～800	700～1200	1000～1400	1200～2500

如果用大直径的螺杆成型小截面的制品是不经济的，因为在正常的螺杆转速下，由于产量高，物料通过口模的速度过快，易造成机头压力过高，有损坏设备部件的可能，且不易冷却定型，对某些物料（如 PVC 等）的工艺条件也不易掌握；若降低螺杆转速，则挤出机的产量得不到充分发挥。相反，如果用小直径的螺杆成型大截面的制品，由于产量低且流动阻力过大，使机头不易充满且容易产生"缺料"等弊病。因此，在一定的产量要求下，要有一个比较合理的螺杆直径。

2. 螺杆长径比 L/D 的确定

L/D 是螺杆的重要参数之一。若将它与螺杆转速联系起来考虑，在一定意义上也表示螺杆的塑化能力和塑化质量，螺杆长径比 L/D 通常分为 20、22、25、28 和 30 五级，一般以 25 左右居多。

由挤出理论可知，在其他条件一定时，增大 L/D，即等于增加 L，使物料在螺杆中的停留时间增长，物料塑化得更充分更均匀，故可以保证制品质量，在此前提下，可以提高螺杆的转速来提高产量；当 L/D 加大后，螺杆均化段的长度也相应增加，从而使倒流量和漏流量减少，挤出机产量提高；另外，L/D 加大后，比较易于调整机筒轴向温度以适应特殊高聚物加工的需要。例如，对于加工熔融温度范围较窄的物料（如 PA 等），必须使加料段温度低于熔融温度，以防止物料过早地熔融而产生波动，而在以后各段，应当有一个稳定的温升。对于加工熔融温度范围较宽的物料（如 PVC 等），应当有一个合适的温度梯度，如果 L/D 太小，就难以实现这些控制。

但 L/D 加大后，挤出机电动机所消耗的功率相应增大，而且给螺杆、机筒的加工和装配都带来一定的困难，成本也相应提高，并且使挤出机加长，增加所占厂房的面积；此外，L/D 增大后，因螺杆的弯曲度与其长度的四次方成正比，故会增加螺杆的弯曲面造成螺杆与机筒的间隙不均匀，有时会使螺杆刮磨机筒的内壁而影响挤出机的寿命。

L/D 的选取要根据被加工物料的性能和对制品质量的要求来考虑。

① 对于热稳定性差的物料（如 PVC 等）的加工，宜选用较小的 L/D，因过大的 L/D 易于造成停留时间过长而产生分解。

② 对于要求较高温度和压力的物料，如含氟塑料等，就需要用较大 L/D 的螺杆来加工。

③ 对制品质量要求不太高（如回收废旧料的造粒）时，可选用较小的 L/D，否则应选用较大的 L/D。

④ 对于不同几何形状的物料，L/D 要求也不一样，如对于粒状料，由于已经塑化造粒，L/D 可选小些，而对于未经塑化造粒的粉状料，则要求 L/D 大些。

⑤ 螺杆转速不同，L/D 也不一样，如螺杆直径相同，要在高速下挤出，为保证物料有充分的停留时间，就要求有较大的 L/D。

但值得注意的是，当 L/D 加大后，其转矩必然加大，这对小直径的螺杆来说，因其加料段的螺杆根径较小，需要考虑其强度是否满足要求的问题。总而言之，选取 L/D 的原则是：力求在较小的 L/D 条件下获得高质量和高产量的制品，切不可盲目地加大 L/D。

3. 螺杆三段长度的确定

如前所述，螺杆全长分为三段，即加料段 L_1、熔融段 L_2 和均化段 L_3。由挤出过程可知，物料在这三段中的挤出过程是不相同的。因此，螺杆三段长度的确定是很重要的，它和挤出工艺条件及物料的性能有着密切的关系。

（1）加料段长度 L_1 加料段的作用是对物料压实、预热和输送。而由固体输送理论可知，增大 L_1 有利于固体输送率的提高。但实践表明，当加料段的长度超过 $10D$ 时，L_1 的变化对固体输送率不再有明显的影响。因此，在确定 L_1 的大小时，考虑的主要因素是物料的预热程度（与物料的结晶性大小、熔融温度的高低等有关）和加料段的压力稳定性。为了保证在加料段结束时物料得到充分的预热，对于加工那些结晶性大、熔融温度范围窄、熔融温度高的物料（如 PA、HDPE 等）L_1 要取长些，反之可取短些。

（2）熔融段长度 L_2 该长度的设计要求一是使物料在这一段能得到进一步压缩，以排除所夹杂的空气或挥发性气体；二是能保证物料得以完全熔融。为了保证物料在熔融段能基本完成熔融，对于那些结晶性小、熔融温度范围宽、熔融黏度高（如 PC、PSU 等）、导热性差以及热稳定性差的物料（如 PVC 等），L_2 要取长些，以满足物料较长的熔融过程，反之可取短些。

（3）均化段长度 L_3 在设计 L_3 时，考虑的主要因素是物料的性能、三大波动（温度波动、压力波动、产量波动）和螺杆三段能力的匹配。L_3 的增长对稳定三大波动是有利的，但由于 L_3 的增长，使熔体在机筒内的受热时间增长，同样容易使熔体过热而产生降解甚至分解，也不利于实现低温挤出。另外，当螺杆长径比一定时，增加 L_3 势必缩短加料段或熔融段的长度，反而造成因三段能力的不匹配使制品的产量、质量下降。因此，对于普通螺杆，要想提高制品的产量和质量，只有将螺杆三段的长度分别增长，即增大 L/D。确定 L_3 时仍然采用的是经验数据，参考表 4-2。

表 4-2　螺杆三段长度分配比例

物料特性	L_1	L_2	L_3
结晶性小、熔融温度范围宽、热稳定性差	10%~30%L	45%~65%L	20%~30%L
结晶性大、熔融温度范围宽、热稳定性好	30%~65%L	10%~25%L	25%~45%L

4. 螺杆压缩比 ε 的确定

压缩比 ε 的作用是将物料压缩、排出气体、建立必要的压力，保证物料到达螺杆末端时有足够的致密度。压缩比有两个，一个是几何压缩比，即螺杆加料段第一个螺槽的容积与均化段最后一个螺槽的容积之比；另一个是物理压缩比，即物料熔融后的密度与熔融前的密度之比。几何压缩比一般要比物理压缩比大，设计螺杆时应采用几何压缩比，这是因为几何压缩比除考虑了物料熔融前后的密度变化之外，还考虑了在压力下熔体的压缩性、螺杆加料段的装填程度和挤出过程中物料的回流等因素，尤其还考虑了制品性能所要求的压缩密实的必要性。因此，对于加工同一种物料，ε 都有不同的选择，而加工不同的物料，ε 变化则更大（大多数在 2～5 之间，个别情况小至 1，大到 8）。应当指出，压缩比这一概念没有指明熔融段螺槽容积的变化情况是线性变化还是按其他规律变化，这种变化是在多长的轴向距离内完成的。

获得压缩比的方法有：等距变深螺槽、变距等深螺槽和变距变深螺槽。其中等距变深螺槽的办法易于进行机械加工，故多采用。其他两种方法由于螺杆制造比较复杂，同时由于它的均化段螺槽较深，达到不到很好搅拌混炼塑化的目的，所以用得很少，除非在需要特大压缩比或螺杆直径很小时才采用。

5. 螺槽深度 H 的确定

由挤出理论的分析与讨论可知，螺槽深度是很重要的螺杆参数，它不仅影响挤出机的产量，还影响制品的质量。对于普通螺杆加料段和均化段采用等深螺槽，而熔融段（压缩段 h_2）采用变深螺槽，主要确定均化段（h_3）和加料段（h_1）两个螺槽深度。

（1）均化段螺槽深度 h_3 在设计 h_3 时，不仅要考虑机头压力的大小，而且还要考虑物料的性能、工艺的要求和螺杆的强度，因为较浅的螺槽对熔体的剪切作用大，容易使熔体过热而产生降解甚至分解，也不利于实现低温挤出。而较深的螺槽因螺杆几何压缩比不变使螺杆加料段的根径更小，容易导致螺杆根部因强度不够而断裂。由于影响 h_3 的因素很多，因此，h_3 的确定比较复杂，目前仍以经验方法来确定。

$$h_3 = kD \qquad (4\text{-}2)$$

式中，$k=0.02～0.07$。当螺杆直径较小、长径比较大、加工热稳定性差的物料（如 PVC 等）、采用低阻力机头时，应取较大的 k 值。除此之外，在设计新型螺杆时，由于附加的混炼元件保证了物料的熔融与均化，因此，新型螺杆应取较大的值。

（2）加料段螺槽深度 h_1 当 ε 和 h_3 确定后，为了计算方便，有时也可用下面的简化公式来进行计算。

$$h_1 = \varepsilon h_3 / 0.93 \qquad (4\text{-}3)$$

值得注意的是：h_1 不能过大（即 ε 和 h_3 不能过大）。其原因一是未熔物料在螺槽中并不像假设的那样是密实的、具有弹性的、无内变形的固体塞，当螺槽深度增加时，物料在螺槽中的平均移动速度降低，反而使固体输送率（Q_s）减小；二是由于过大的螺槽深度造成螺杆根径过小而不能承受所需的转矩，最终导致螺杆根部因强度破坏而断裂。

6. 螺距 S 的确定

考虑机床的加工条件，往往取 $S=D$。

7. 螺棱的确定

目前常见的螺棱断面形状有两种，一种是矩形断面，另一种是锯齿形断面，如图 4-8 所示。

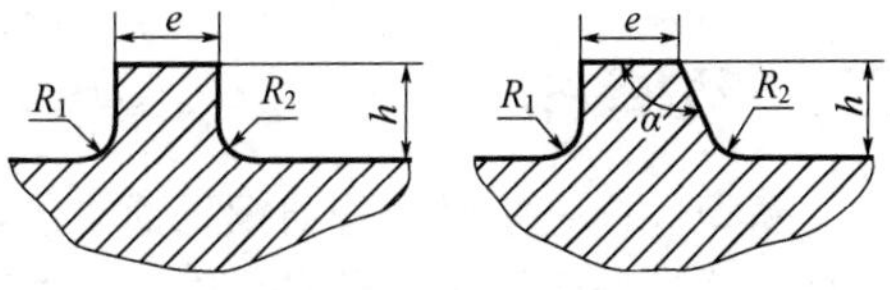

(a) 矩形断面　　(b) 锯齿形断面

图 4-8　常见的螺棱断面形状

由挤出理论可知，螺棱宽度增加，熔体输送率增大，这是因为漏流量减小了。但是，对于普通螺杆来说，螺棱宽度的增加，使螺槽宽度减小，螺槽装填的物料量减少，反而导致熔体输送率的减小。因此，在确定螺棱宽度的大小时，考虑的主要因素并非熔体输送率，而是物料的性能和螺棱的强度。因为，螺棱宽度增大，螺杆与机筒间隙中熔体所受的剪切面积增大，会增加螺杆上的动力消耗，因而产生的剪切热增多，这对于热稳定性差的物料（如 PVC 等）是不利的。但螺棱宽度又不宜过小，否则因螺槽中物料的压力较高（主要在加料段）而使螺棱从根部断裂。一般常取螺棱宽度 $e=0.1D$。

螺棱断面尺寸大小的选取原则是：在保证螺杆几何压缩比不变、螺棱强度足够、有利于物料流动的条件下，螺棱的断面尺寸尽量取小值，使螺槽获得较大的物料装填量。

8. 螺杆头部结构的确定

随着螺杆的旋转，熔体被挤压进入机头流道时，料流形式急剧改变，由螺旋带状的流动变成直线流动，为了得到较好的挤出质量，要求物料尽可能平稳地从螺杆进入机头，尽可能避免物料产生滞流和局部受热时间过长而产生热分解现象，这与螺杆头部形状、螺杆末端螺棱的形状以及机头流道和分流板的设计等都有着密切的关系，下面仅介绍常见螺杆头部的基本结构形式及其作用。

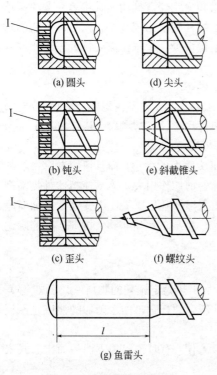

图 4-9　常见螺杆头部形状

常见螺杆头部的结构形式如图4-9所示，图4-9（a）、（b）（锥角为 140°）、（c）三种形式的螺杆头前面有较大的空间，容易使物料在螺杆头前面停滞而产生热分解，并造成挤出波动等缺陷，对这类螺杆头通常在其前面要求装分流板（即图4-9 中的部件Ⅰ），一般用于加工热稳定性好的物料（如聚烯烃类）。

图 4-9（d）（锥角为 90°～120°）螺杆头，带有较长的锥面，主要用于加工热稳定性差的物料（如 PVC 等），但仍然能观察到因有物料停滞而被烧焦的现象。图4-9（e）螺杆头，是斜切截锥体式，其端部有一个椭圆平面，当螺杆转动时，它能使料流搅动，物料不易因滞流而分解。图4-9（f）形式是一种锥部带螺棱的螺杆头，能使物料借助锥部螺棱的作用而运动，较好地防止物料的滞流结焦，主要用于电缆行业。图4-9（g）螺杆头，是一个光滑的鱼雷头式，其全长 l 为（2～5）

D，它与机筒的间隙通常为均化段螺槽深度 h_3 的 40%～50%，其表面有的还开有沟槽或其他几何形状，因此具有良好的混合剪切作用，能增大流体的压力和消除波动现象，常用来挤出黏度较大、导热性较差或熔融温度范围较窄的物料，如 CA、PS、PA、PMMA 等，也适用于聚烯烃造粒。

三、新型螺杆

新型螺杆是相对于普通螺杆而言的。普通螺杆的主要缺点：一是提高螺杆转速易造成塑化不良或过热；二是具有温度、压力和产量的三大波动，

新型螺杆简介

其波动随螺杆转速的提高而加剧，它们直接导致制品的尺寸波动及其性能下降。因此，为了保证制品的质量，普通螺杆的转速控制往往偏低，这就是普通螺杆产量低的缘故。采用提高机筒温度和对固体物料预热、增大螺杆的长径比以及机筒加料段采用 IKV 结构等措施来加大螺杆转速以提高螺杆的产量是有限的，这在前面已进行了分析，这里不再赘述。产量与质量之间的矛盾促使人们对螺杆本身进行更深入的研究，在大量实验和生产实践的基础上，发展了各种结构的新型螺杆，这些新型螺杆在不同方面、不同程度上克服了普通螺杆存在的缺点，它们通过增设混炼元件或其他方法保证了用增加螺杆转速来提高产量的同时而不降低塑化质量。除了提高

产量以外，新型螺杆在提高混合的均匀性、填料的分散性、改善混炼质量、降低挤出温度和减小产量波动等方面都有明显的效果。由于新型螺杆的结构形式繁多，下面只介绍几种常见的新型螺杆。

1. 分离型螺杆

分离型螺杆是根据将螺槽中固、液相尽快分离的原则设计出来的一类新型螺杆，典型的分离型螺杆有 BM 螺杆、Barr 螺杆和熔体槽螺杆等。

（1）分离型螺杆的基本结构　图 4-10 所示的 BM 螺杆是分离型螺杆的基本结构，这种螺杆的加料段和均化段与普通螺杆的结构相似，不同的是在熔融段增加了一条起屏障作用的附加螺棱（简称副螺棱），其外径小于主螺棱，这两条螺棱把原来一条螺棱形成的螺槽分成两个螺槽，以达到固、液分离的目的。一条螺槽与加料段相通，称为固相槽，其螺槽深度由加料段螺槽深度变化至均化段螺槽深度；另一条螺槽与均化段相通，称为液相槽，其槽深度与均化段螺槽深度相等，副螺棱与主螺棱的相交始于加料段末，终于均化段初。

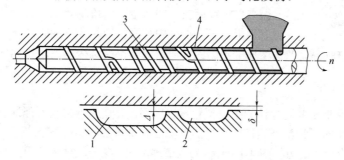

图 4-10　BM 螺杆的结构原理

1—固相；2—液相槽；3—副螺棱；4—主螺棱

（2）分离型螺杆的结构原理　如图 4-10 所示，当固体床形成并在输送过程中开始熔融时，因副螺棱与机筒的间隙Δ大于主螺棱与机筒的间隙 δ，使固相槽中已熔物料越过副螺棱与机筒的间隙Δ而进入液相槽，未熔物料不能通过该间隙而留在固相槽中，这样就形成了固、液相的分离，由于副螺棱与主螺棱的螺距不等，在熔融段形成了固相槽由宽变窄至均化段消失，而液相槽则逐渐变宽直至均化段整个螺槽的宽度。

（3）分离型螺杆的特点　这种螺杆具有塑化效率高，塑化质量好，由于附加螺棱形成的固、液相分离而没有固体床破碎，温度、压力和产量的波动都比较小，排气性能好，名义比功率低，适应性强，能实现低温挤出等特点。

（4）分离型螺杆的发展　尽管 BM 螺杆具有以上特点，但也存在一定问题，第一是由于主副螺棱螺距不等给加工制造带来很多困难，且由于它的固体床宽度是由宽变窄，因此不能自始至终保持固体床与机筒内壁之间的最大接触面积而获得来自机筒壁的更多热量，从而使熔融能力受到限制；第二是固体床在宽度方向要发生形变，如果设计不当，即固体床因熔融而发生的宽度减少与固相螺槽宽度的减少不一致，有可能引起螺槽堵塞而产生挤出不稳定现象。

针对 BM 螺杆的这一缺点，人们研制出所谓 Barr 螺杆，如图 4-11 所示。这也是一种分离型螺杆，它与 BM 螺杆的不同之处是主副螺棱的螺距相等，固相螺槽和液相螺槽的宽度自始至终保持不变。固相螺槽由加料段的槽深渐变至均化段的槽深，而液相螺槽槽深由零逐渐加深，当固体床全部消失时，液相螺槽变至最深，

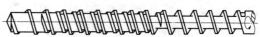

图 4-11　Barr 螺杆的结构原理

然后再突变过渡至均化段的螺槽深。从理论上

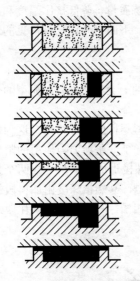

图 4-12　熔体槽螺杆的结构原理

这样就能使固相始终保持与机筒的最大接触面积，因而具有较高的熔融能力。这种螺杆加工比较方便，但由于液相螺槽到达均化段时很深，故用于直径较小的螺杆时有强度不够的危险。

属于分离型螺杆的还有熔体槽螺杆，如图 4-12 所示。它是在熔融开始并形成一定宽度熔池处的下方螺槽内再开设一条逐渐变深、宽度不变的附加螺槽，一直延续到均化段，再突变过渡至均化段螺槽深度。原螺槽的其余部分宽度保持不变而深度渐变至均化段螺槽深。当熔池形成后，熔体便沿着这一条深而窄的附加螺槽送至均化段。

这种螺杆的特点是液相螺槽窄而深，与机筒接触面积小，得到的热量少，受到的剪切小，对实现低温挤出是有利的。而固相螺槽宽且保持不变，能保持与机筒内壁的最大接触面积，可以获得来自机筒壁较多的热量，故熔融效率高。此外，由于这种螺杆取消了一条在螺杆中把固、液相分开的附加螺棱，螺槽有效宽度增加了，因此，输送效率也得到提高。这种螺杆加工较方便，但仍然会出现固体床破碎的可能和螺杆强度不够的危险。

2. 屏障型螺杆

屏障型螺杆就是在普通螺杆的某一位置设置屏障段，使未熔物料不能通过，并促使未熔物料彻底熔融和均化的一种新型螺杆，典型的屏障段有直槽形、斜槽形和三角形等。

（1）屏障段的基本结构　图 4-13 所示为直槽屏障段，在一段外径等于螺杆直径的圆柱上交替开出数量相等的进、出料槽，进、出料槽之间的凸棱与圆柱面形成一个间隙 C，C 称为屏障间隙，这是每一对进、出料槽的唯一通道，这条凸棱称为屏障棱。

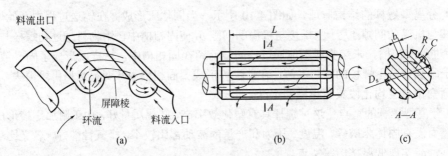

料流出口

屏障棱

环流　料流入口

(a)　　　　　　　(b)　　　　　　　(c)

图 4-13　直槽屏障段及其结构原理

（2）屏障型螺杆的结构原理　当物料从熔融段进入均化段后，含有未熔物料的熔体流到屏障段时，被分成若干股料流进入屏障段的进料槽，此时，只有熔体和粒径小于屏障间隙 C 的未熔物料能越过屏障棱进入出料槽，粒径小的未熔物料在越过屏障棱时受到强烈的剪切而熔融，从而保证在出料槽中的物料均为熔体。另外，由于在进、出料相中的物料一方面做轴向运动，另一方面因螺杆的旋转作用又使这些物料做圆周运动，这两种运动使物料在进、出料槽中形成漩涡状环流运动，其结果是进料槽中的已熔物料和未熔物料进行热交换，促使未熔物料熔融；在出料槽中的熔体则进一步得到混合和均化。

（3）屏障型螺杆的特点　从理论上来说，这种屏障段是以剪切作用为主，混合作用为辅的元件。如果设计得当，这种屏障型螺杆的产量、质量、名义比功率等项指标都优于普通螺杆。从制造方面来说，比分离型螺杆容易，而且屏障段是用螺纹连接于螺杆主体上，替换方便，可以得到最佳匹配来改造普通螺杆，它适于加工聚烯烃类物料。

（4）屏障型螺杆的发展　自从 1967 年出现第一个直槽屏障型螺杆以来，又发展了各种变型的屏障段或屏障头。图 4-14（a）所示为斜槽屏障段，由于斜槽结构，增加了对物料的推进作用。图 4-14（b）所示为三角屏障段，其进料槽的宽度由宽变窄，出料槽的宽度则由窄变宽，这种结构使物料在越过屏障棱之前起压缩作用，之后则起膨胀作用，有利于物料的混合与塑化。

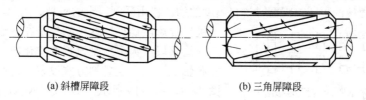

(a) 斜槽屏障段　　　　　　　　(b) 三角屏障段

图 4-14　其他形式的屏障段结构

屏障段可以是一段，也可以将两个屏障段串接起来，形成双屏障段，如图 4-15 所示。

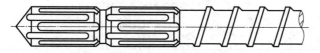

图 4-15　双屏障段螺杆的结构

3. 分流型螺杆

分流型螺杆是指在普通螺杆的某一位置上设置分流元件，将螺槽内的料流分割，以改变物料的流动状况，促进熔融、增强混炼和均化的一类新型螺杆。其中利用销钉起分流作用的统称为销钉螺杆；利用通孔起分流作用的则称为 DIS 螺杆。下面仅以销钉螺杆为例，介绍分流型螺杆的结构原理。

（1）销钉螺杆的基本结构　如图 4-16 所示，它是在普通螺杆的熔融段或均化段的螺槽中设置一定数量的销钉，且按照一定的相隔间距或方式排列。销钉可以是圆柱形的，也可以是方形或菱形；可以是装上去的，也可以是铣出来的。

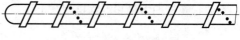

图 4-16　销钉螺杆的基本结构

（2）销钉螺杆的结构原理　由于在普通螺杆的螺槽中设置了一些销钉，故意将熔体床打碎，破坏熔池，扰乱两相流动，并将料流反复地分割，改变螺槽中料流的方向和速度分布，如图 4-17 所示，使固相物料和液相物料充分混合，增大固体床碎片与熔体之间的传热面，对料流产生一定的阻力和摩擦剪切，从而增加对物料的混炼和均化。

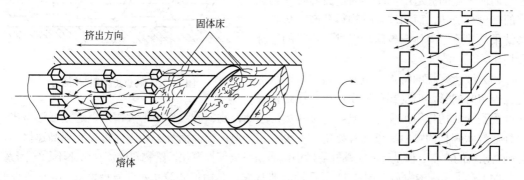

图 4-17　销钉的分流作用

（3）销钉螺杆的特点　从结构原理可以看出，销钉螺杆是以混合作用为主，剪切作用为辅。这种螺杆在挤出时不仅温度低、波动小，而且在高速下这个特点更为明显。如果设计得当，可以提高产量 30%～100%，改善塑化质量，提高混合均匀性和填料分散性，获得低温挤出。与其他新型螺杆相比，销钉螺杆的另一个特点是加工制造容易。

（4）销钉螺杆的发展　由于销钉的数量受螺槽结构和尺寸的限制，且物料在螺槽中的总流动方向也受到螺棱的限制，因而对物料温度的均一作用受到一定的限制。为此，人们又研制出了销钉混炼段螺杆，这种螺杆是在普通螺杆的熔融段

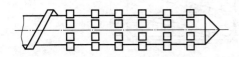

图 4-18　环形排列的销钉混炼段结构

末或均化段（大多数是设置在均化段）没有螺棱的螺杆芯轴上，以一定排列方式设置一定数量的销钉，如图 4-18、图 4-19 所示。由于这种销钉并非设置在螺槽中，物料在该段的总流动方向不受螺棱的限制，销钉的数量也比较多，因此，不但物料各组分能得到很好的混合与均化，而且物料温度均一。

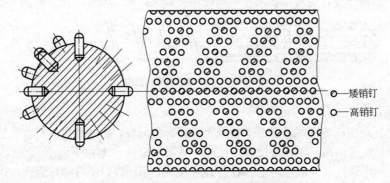

图 4-19　人字形排列的销钉混炼段结构

4. 波状螺杆

波状螺杆的熔融和混炼机理与上述新型螺杆不同，其结构原理有它独特之处，下面作一简单介绍。

（1）波状螺杆的基本结构　图 4-20 所示是波状螺杆其中的一段，它设置在普通螺杆原来的熔融段后半部与均化段上。它与普通螺杆的不同之处，是螺槽底圆的圆心不完全在螺杆轴线上，而是偏心地按螺旋形移动。因此，螺槽深度沿螺杆轴向改变，并以 2D 的轴向周期出现，螺槽底面呈波浪形，所以称为偏心波状螺杆。

（2）波状螺杆的结构原理　物料在螺槽深度呈周期性变化的流道中流动，通过波峰时受到强烈的挤压和剪切，而到波谷时物料又产生膨胀，其结果是加速了固体床破碎，促进了物料的熔融和均化。

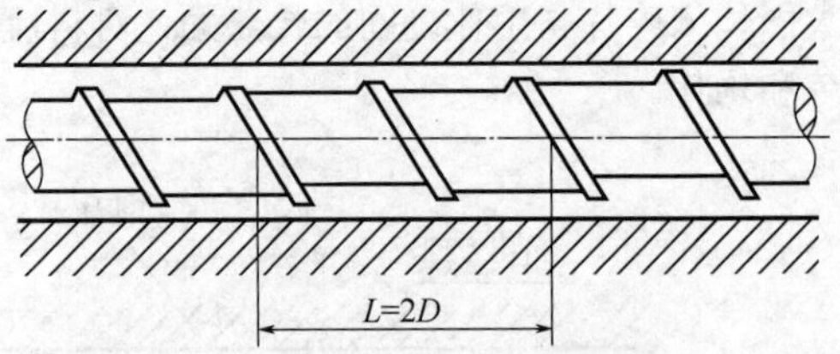

（3）波状螺杆的特点　虽然物料在螺槽较深之处停留时间长，但受到剪切作用小；在螺槽较浅处受到的剪切作用虽强烈，但停留时间短；因此，物料升温作用不大，可以达到低温挤出。另外，波状螺杆的物料流道没有死角，不会引起物料的滞流而分解。因此可以实现高速挤出，提高挤出机的产量。但是，波状螺杆的螺槽截面积呈周期性变化，给物料的流动带来不稳定因素。

（4）波状螺杆的发展　图 4-21 所示轴向波状螺杆是由偏心波状螺杆发展而来的，它所设的位置与偏心波状螺杆相同，但螺槽深度变化的规律不同。其结构特点是主螺棱的中间设置了一

图 4-20　偏心波状螺杆的结构

L=2D

条螺距与主螺棱相等的附加螺棱，附加螺棱与机筒内壁的间隙是主螺棱与机筒间隙的两倍，主螺棱推进面与附加螺棱后缘组成的螺槽深度在一定周期内由深逐渐变浅，而附加螺棱推进面与主螺棱后缘组成的螺槽深度则由浅逐渐变深。由于螺槽深度变化不同于偏心波状螺杆，因此称为轴向波状螺杆。这种螺杆除了具有偏心波状螺杆的作用外，还能使越过附加螺棱与机筒之间隙的物料受到剪切作用，同时，附加螺棱相邻两个螺槽的物料能够互相越过间隙，从而加强物料之间的混合作用。

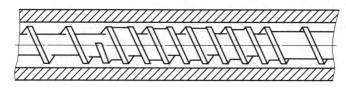

图4-21　轴向波状螺杆的结构

四、机筒

机筒（也称料筒）和螺杆组成了挤压系统，和螺杆一样，机筒也是在高温、高压、严重磨损和一定的腐蚀条件下工作的。在挤出过程中，机筒具有将热量传给物料或将热量从物料中传走的作用，机筒上机头的安装、加热冷却系统的设置、加料口的几何形状及其位置、机筒内表面的粗糙度以及机筒加料段的结构等都对挤出过程有很大影响，设计或选择机筒时都要考虑到这些因素。

1. 机筒的结构形式

（1）整体式机筒　图4-22所示是一种整体加工的机筒，其结构如图4-23（a）所示，这种结构的特点是长度大，加工要求比较高；加工精度和装配精度容易得到保证（特别是螺杆和机筒的同轴度要求），从而可以简化装配工作；便于加热冷却系统的设置和拆装，而且热量沿轴向分布比较均匀，一般专业制造厂用的比较多。但是机筒的加工设备要求较高，加工技术要求也较高，机筒内表面磨损后难以修复。

图4-22　整体式机筒

（2）组合式机筒　这种机筒分成几段加工，然后各段用法兰或其他形式连接起来，其结构如图4-23（b）所示，实验性挤出机和排气式挤出机多用组合式机筒。前者是为了实验时便于改变机筒长度来适应不同长径比的螺杆，后者是为了设置排气段。在一定意义上说，采用组合式机筒有利于就地取材和加工，对中小型工厂是有利的，但实际上组合式机筒对加工精度要求更高，难以保证各段的对中，并且法兰连接处影响机筒加热的均匀性，增加了热损失，也不便于加热冷却系统的设置和维修。

（3）衬套式机筒　为了既能满足机筒对材质的要求，又能节省贵重的金属材料（尤其对合金钢的机筒），很多机筒在一般碳素钢或铸钢的基体内部镶一个合金钢衬套，衬套磨损后可以方便更换，如图4-23（c）所示。衬套和机筒基体要有恰当的配合间隙和合适的配合精度，机筒和衬套间既不能有相对运动，又要能方便地拆装，否则，不仅不利于整个机筒壁上的热传导，而且给拆装衬套带来困难，还会产生过大的装配应力。

（4）IKV式机筒　为了提高固体输送率，由固体输送理论可知，一种方法是增加机筒内表面的摩擦系数，还有一种方法就是增加加料口处的物料通过垂直于螺杆轴线的横截面积，将机筒加料段内壁做成锥形，并开设轴向沟槽，且沟槽深度由深变浅就是这两种方法的具体化，如图 4-24 所示。

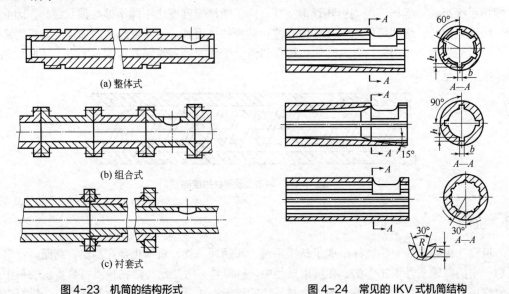

<table>
<tr><td>(a) 整体式</td><td></td></tr>
</table>

(a) 整体式

(b) 组合式

(c) 衬套式

图 4-23　机筒的结构形式　　　　图 4-24　常见的 IKV 式机筒结构

从垂直于螺杆轴线的截面来看，如图 4-25 所示，物料在螺槽与机筒所组成的环形间隙中的

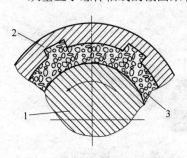

图 4-25　物料的楔形结构断面

1—螺杆；2—IKV 式机筒；3—物料

形状，类似于带翅的圆螺母（物料）套在丝杆（螺杆）上，而圆螺母（物料）的翅是卡在机筒的凹槽中可以滑动，当丝杆（螺杆）转动时，圆螺母（物料）沿丝杆（螺杆）做轴向运动。

2. 加料口

设计加料口的结构和形状时，必须考虑与物料的形状相适应，使被加入的物料能从料斗或加器中自由高效地加入机筒而不产生"架桥"现象，还应当考虑加料口能适于设置加料装置和冷却装置，有利于物料的清理等。

（1）加料口的结构形式　图 4-26 所示为加料口较典型的结构形式。（a）类主要适用于带状料，而不宜用于粒状料或粉状料，（c）和（e）类为简易式挤出机上所用。（b）、（d）、（f）三种类型用得较多，其中（b）类的右口壁倾斜角一般为 7°～15°或稍大于此值；（d）和（f）类的左壁设计成垂直面，但加料口的中心线与螺杆轴线需错开 1/4 的机筒直径；而其中（f）类的右壁下部倾斜 45°。实践证明，（b）和（f）两类加料口不论对粉状料、粒状料还是带状料都能很好地适应，因此用得最多。

（2）加料口的形状　其形状（俯视）有圆形的，方形的，也有矩形的，一般情况下多用矩形的，其长边平行于机筒轴线，长度约为螺杆直径的 1.5～2 倍。圆形加料口主要用于强制加料时设置机械搅拌器。

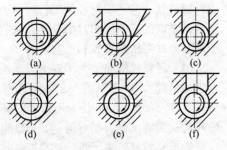

图 4-26　加料口的结构形式

3. 机筒壁厚的确定

由于机筒外径与内径之比大于 1，因此，机筒壁厚可用相关理论来进行计算。但实际上，

机筒壁厚的确定并非主要考虑机筒的强度，而是两个方面的因素：一是机筒结构的工艺性；二是机筒要有足够的热容量以减少机筒的温度波动。根据这两个因素确定的壁厚往往大于按理论计算的壁厚，由于按照机筒传热特性计算机筒壁厚的方法不成熟，因此，目前大多是根据经验来确定机筒的壁厚，挤出机机筒壁厚见表4-3。

表 4-3　挤出机机筒壁厚

螺杆直径/mm	20	30	45	65	90	120	150	200
机筒壁厚/mm	15～20	20～25	20～25	30～45	40～45	40～50	40～50	50～60

4. 机筒和机头的连接形式

在选择机筒与机头的连接形式时，除了主要考虑易于拆装机头，以减少辅助工时，提高劳动生产率，还要考虑其结构尽量简单、加工方便和夹紧可靠等因素。

目前常用的连接形式主要有如图4-27所示的四种形式。图4-27（a）为铰状螺钉连接，拆装机头快速，方便，应用广泛，但结构复杂；（b）为螺钉连接，拆装机头较慢，但结构简单；（c）为部分连接，拆装机头快，适用于小型挤出机；（d）为冕形螺母连接，拆装机头快。其中以形式（a）最为通用。

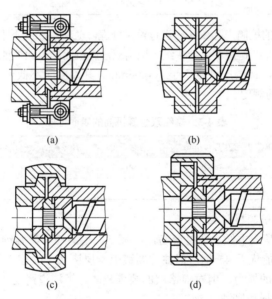

(a)　　　　　　　　　　(b)

(c)　　　　　　　　　　(d)

图 4-27　机筒和机头的连接形式

五、螺杆和机筒的材料选择

1. 螺杆和机筒的工作状况

由挤出过程可知，螺杆和机筒在挤出时不仅受到高温、高压的作用，机械刮磨以及某些物料的化学腐蚀作用，同时还受到大转矩的作用。

螺杆和机筒的工作温度一般为200～400℃，压力为30～50MPa（甚至高达70～80MPa），在这种条件下，螺杆的螺棱顶面和机筒的内表面由于受到机械刮磨，不断加大了螺杆与机筒之间的间隙；由于在加工某些腐蚀性较强的（如PVDC等）或含有填料（尤其是玻璃纤维增强的PA66，主要是因为玻璃纤维上黏附有作为处理剂的有机硅，当成型温度超过270～280℃时，有机硅分解而造成严重的化学腐蚀）的物料时，对螺杆和机筒有很大的腐蚀作用，因而造成螺杆和机筒的磨损更加严重，这些都影响螺杆和机筒的工作性能。

2. 螺杆和机筒材料的选择

螺杆和机筒应采用耐高温、耐磨损、耐腐蚀和高强度的优质材料，这些材料还应具有切削性能好、热处理后残余应力小、热变形小等性能，螺杆和机筒的材料须符合 JB/T 8538—2011《塑料机械用螺杆、机筒》的规定，具体如下。

（1）工作表面处理　采用渗氮处理的塑料机械用螺杆、机筒，其所用材料为渗氮钢，应符合 GB/T 3077 的规定，渗氮应符合 GB/T 18177 的规定，采用外国材料允许参照执行。

（2）螺杆　渗氮钢的螺杆工作表面应进行氮化处理，氮化层深度不小于 0.4mm；螺杆外圆氮化硬度不低于 840HV；脆性不大于 2 级。烧结双金属螺杆的工作表面性能应符合表 4-4 的规定。采用镀硬铬的螺杆，镀层厚度不小于 0.06mm，其硬度不低于 750HV，黏结强度和孔隙率应符合 GB 11379 的规定。

表 4-4　烧结双金属螺杆的表面性能

材料分类	表面硬度/HRC	镀层厚度/mm	黏结强度/MPa	孔隙率/%	未熔颗粒数量/%	颗粒直径/μm
铁基耐磨合金	≥58	≥1.5	≥90	≤2.5	≤3.0	≤20
镍基耐磨合金	≥48	≥1.5	≥90	≤2.5	≤3.0	≤20

（3）机筒　渗氮钢的机筒内孔表面应进行氮化处理，氮化层深度不小于 0.4mm；机筒工作表面氮化硬度不低于 940HV；脆性不大于 2 级。烧结双金属机筒的表面性能应符合表 4-5 的规定。

采用镀硬铬的机筒，镀层厚度应不小于 0.06mm。其硬度应不低于 750HV，黏结强度和孔隙率应符合 GB 11379 的规定。

表 4-5　烧结双金属机筒的表面性能

材料分类	表面硬度/HRC	镀层厚度/mm	黏结强度/MPa	孔隙率/%	未熔颗粒数量/%	颗粒直径/μm
铁基耐磨合金	≥58	≥1.0	≥90	≤2.5	≤3.0	≤20
镍基耐磨合金	≥48	≥1.0	≥90	≤2.5	≤3.0	≤20

目前常用的螺杆和机筒材料如下：

① 45 钢。其特点是成本低，取材容易，但强度、耐磨性和耐腐蚀性较差。

② 40Cr 钢。其性能优于 45 钢，但往往要镀上一层铬（一般镀铬层为 0.05～0.1mm），以提高其耐磨损和耐腐蚀的能力，但对镀铬层的要求较高，镀层过薄易于磨损，过厚则易剥落，镀层剥落后反而加速磨损和腐蚀。

③ 38CrMoAlA 氮化钢。这种材料的综合力学性能比较优异，应用比较广泛，但这种材料抵抗氯化氢腐蚀的能力较 40Cr 钢低，且价格较高。

表 4-6 列出了螺杆和机筒的常用材料及其主要性能。

表 4-6　螺杆和机筒的常用材料及其主要性能

性能	材料		
	45	40Cr	38CrMoAlA
屈服强度/MPa	352	784	833
硬度不变时的最高使用温度/℃		500	500
热处理硬度/HRC	50～58	基体≥45 镀铬层>55	>65

性能	材料		
	45	40Cr	38CrMoAlA
耐 HCl 腐蚀性	不好	较好	中等
热处理工艺	简单	较复杂	复杂
线胀系数/(10^{-6}/℃)	12.1	基体 13.8 镀铬层 8.2~9.2	14.8
相对价格	1	1.5	2.5

国外的螺杆和机筒广泛采用氮化钢制造，如 $34CrAlNi_7$ 和 $31CrMoV_9$ 等，其屈服强度都在 900MPa 左右，氮化后表面硬度可达 1000~1100HV，进一步提高了耐磨、耐腐蚀性能。

近年来，随着高速挤出和工程塑料的发展，特别是挤出玻璃纤维增强塑料和含有无机填料的塑料时，对螺杆和机筒的耐磨和耐腐蚀能力提出了更高的要求，目前，对螺杆和机筒分别采取下列方法以提高其耐磨和耐腐蚀能力。

（1）对于螺杆　采用在螺棱顶面堆焊硬质合金，如图 4-28 所示，其方法是在螺杆毛坯上先车出要堆焊硬质合金的螺棱槽，螺槽的宽度和深度按设计要求而定，然后在螺棱槽中堆焊硬质合金至毛坯外圆表面，再加工出螺杆。堆焊的合金材料由 C、Cr、Ni、Co、W 和 B 组成。不同的材料牌号有不同的成分，视硬度要求而定。

（2）对于机筒　采用浇铸 Xaloy（特塑耐）合金，其方法是在高温下将 Xaloy 合金粉和机筒一起加热，由于其熔点低，大约在 1200℃时即可熔融成流动状态，这时使机筒高速旋转并通入保护性气体，熔融的 Xaloy 合金在巨大的离心力的作用下便浇铸在红热的机筒内壁上，其厚度约为 2mm，冷却后用珩磨的方法磨去约 0.2mm，即可得到均匀分布的 Xaloy 合金层，图 4-29 所示为具有合金层的机筒。

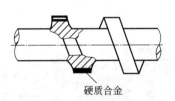

图 4-28　螺棱顶面的硬质合金层

图 4-29　具有合金层的机筒

六、分流板和过滤网

分流板（又称多孔板）和过滤网通常设在机筒和机头的连接处，其作用是使物料由旋转运动变为直线运动；阻止金属等杂质和未塑化的物料进入机头；改变熔体压力，以控制塑化质量。

1. 分流板

（1）分流板的结构与材料　分流板有各种形式，目前使用较多的是结构简单、制造方便的平板式分流板，如图 4-30 所示。为使物料通过分流板之后的流速均匀，常使孔的分布为中间疏，边缘密，孔的大小通常是相等的，其直径一般为 2~7mm，并随螺杆直径的增大而增大。为了有利于物料的流动和分流板的清理，孔道应光滑无死角，并在孔道进料端要倒出斜角。分流板多用不锈钢材料制成。

（2）分流板的位置　分流板至螺杆头的距离不宜过大，否则易积存物料，使热稳定性差的物料（如 PVC 等）分解，但也不宜过小，否则使料流不稳定，对制品质量不利。通常使螺杆头部与分流板之间的容积小于或等于均化段一个螺槽的容积，其距离约为 $0.1D$（D 为螺杆直径）。

图 4-30　分流板的结构

2. 过滤网

（1）过滤网的选择与设置　过滤网通常用于对制品质量要求较高且需要较高塑化压力的场合，例如成型电缆、透明制品、薄膜、医用管、单丝等，而对于挤出 UPVC（无增塑剂聚氯乙烯）等黏度大而热稳定性差的物料时，一般不用过滤网，甚至也不用分流板。

过滤网的细度和层数取决于物料的性能、挤出机的形式、制品的形状和要求等，过滤网的细度范围为 20～120 目，层数为 1～5 层。如果用多层过滤网，可将细网放在中间，两边放粗网，若只有两层，应将粗网靠分流板放，这样细网可以得到支撑，以防止被料流冲破。通常，粗网和细网分别由不锈钢丝和钢丝编织而成。

（2）过滤网的更换　为了保证制品的质量，应当定期地更换过滤网。其换网方式有非连续性换网和连续性换网。

① 非连续性换网。这种方式的换网器有多种，图 4-31 所示的手动快速换网器是最简单的，这种换网器在换网时挤出生产线必须中断，因而影响挤出机的工作效率。

② 连续性换网。图 4-32 所示为滑板式换网器，这种换网器是由液压油缸（或汽缸）的活塞推动，在更换滤网时，滑板借油缸（或汽缸）的活塞推力而挤过熔体的流道，同时把新的滤网组换入。这一动作过程在数秒内完成，挤出机不需要停机，因此，可充分发挥挤出机的工作效率。

图 4-31　手动换网器

图 4-32　滑板式换网器

双流道换网器也是一种连续性换网器，其工作原理如图 4-33 所示，它在正常生产时，两条流道同时有熔体通过，如图 4-34（a）所示，在换网时，首先改变阀的方位切断其中的一个流道，使熔体从另一流道通过，待更换被切断流道中的滤网［图 4-34（b）］，再转换阀位，使熔体流入此流道，并排出由于更换滤网而进入的空气，如图 4-34（c）所示。另一流道的滤网可用同样的方法更换，这样可不降低挤出速度，保证成型的连续性。

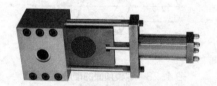

图 4-33　双流道换网器

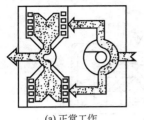 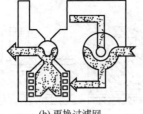 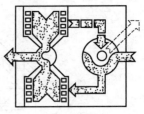

(a)正常工作　　　　　　(b)更换过滤网　　　　　(c)更换后预充排气

图4-34　双流道换网器工作原理

第四节　挤出机其他系统

一、传动系统

1. 传动系统的作用及要求

传动系统是挤出机的重要组成部分之一，它的作用是驱动螺杆，并使螺杆在给定的工艺条件（如温度、压力和转速等）下获得必需的转矩和转速，并能均匀地旋转完成挤出过程。

挤出机传动系统的工作特性应尽可能符合挤出机的传动特性，就是说在设计的转速范围内，每一个转速下传动系统提供的功率都必须大于驱动螺杆需要的功率，而且两者的差值应尽可能地小，以得到最高的效率。由于一定规格的挤出机有一定的适用范围，因此，挤出机的传动系统在此适用范围内应尽可能提供大的转矩和宽的调速范围。

传动系统的运转应可靠，声响不能超过规定的噪声标准，操作和维修也应安全方便。

2. 传动系统的组成

为了保证挤出过程的稳定进行，挤出机的传动系统通常由变速电动机（如整流子电动机、直流电动机、交流变频调速电动机等）和减速装置（如齿轮减速箱、蜗轮蜗杆减速箱、摆线针轮减速器等）组成。

3. 螺杆与传动轴的装配结构

螺杆与传动轴的装配结构主要有以下两种。

（1）固定伸臂式　螺杆与传动轴为一整体或装配后成一整体的连接形式称为固定伸臂式，其结构如图4-35所示。

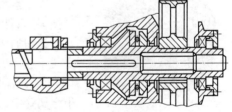

图4-35　固定伸臂式的结构

显然，这种形式具有与传动轴容易装配并可减少加工零件数目的特点。但因挤出机螺杆长径比较大，螺杆和机筒的加工亦较为困难，特别是对大规格的挤出机，在采取这种连接形式时，对螺杆和机筒的装配，特别是对中要求等会带来很大困难。因此，这种形式通常用于长径比较小的螺杆，如小规格的挤出机和注塑机。

（2）浮动伸臂式　螺杆与传动轴不为一整体，即在设计时将螺杆的尾部定位部分设计得较短，往往只有一个 D（螺杆直径）的长度，加上螺杆与机筒之间存在的间隙，这样，在未开机以前，螺杆的头部实际上是依附在机壁上的，在开机后，依靠螺杆周围的物料使螺杆慢慢"浮起"，以达到自动调心的作用，故这种连接形式称为浮动伸臂式。目前，大多数挤出机都采用这种连接方式，如图4-36所示。

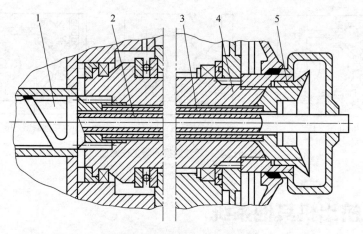

图 4-36　浮动伸臂式结构

1—螺杆；2—冷却水管；3—套管；4—传动轴；5—喇叭口

二、加热冷却系统

加热与冷却是挤出成型过程得以进行的必要条件，随着螺杆转速、压力、加热功率以及挤出机周围介质的温度变化，机筒中物料的温度也会相应地发生变化，挤出机的加热冷却系统就是通过加热或冷却的方式不断调节机筒中物料的温度，以保证物料始终在其工艺要求的温度范围内顺利地完成挤出过程。

1. 挤出机的加热装置

目前挤出机加热装置应用得最多的是电加热器，它又分为电阻加热器和电感应加热器。

（1）电阻加热器　电阻加热器的原理是利用电流通过电阻较大的导线产生大量的热量来加热机筒和机头。这类加热器最常见的是带状加热器、铸铝加热器和陶瓷加热器。

① 带状加热器。图 4-37 所示为带状加热器，它是将电阻丝包在云母片中，外面再覆以金属外壳，然后再包覆在机筒或机头上。这种加热器的特点是：体积小、尺寸紧凑、调整简单、拆装方便、韧性好，价格也便宜，但易受损害，仅能承受 20～50kW/m² 的负荷，在 500℃以上云母会氧化，其寿命和加热效率取决于加热器是否能很好地与机筒相接触。如果安装不当，机筒的不规则受热也会导致加热器本身过热而损坏。

图 4-37　带状加热器

② 铸铝加热器。图 4-38 所示为铸铝加热器，它是将电阻丝装于金属管中，周围用氧化镁粉之类的绝缘材料填实，弯成一定形状后铸于铝合金形成所需形状，如哈夫型等，再经过精密加工，得到所需尺寸。铸铝加热器除具有带状加热器的体积小、拆装方便等优点外，还因省去云母片而节省了贵重材料，降低了加热器的成本，因电阻丝被氧化镁粉金属管所保护，故可防氧化、防潮、防震、防爆、寿命长，如果能够加工得与机筒外表面很好地接触，其传热效率也很高。它可以承受 50kW/m² 的负荷，最高加热温度一般为 400℃，其缺点是温度波动较大，制作较困难。

如果要求更高的加热温度，则可采用铸铜加热器，如图 4-39 所示，其加热温度可达 600℃。

③ 陶瓷加热器。它也是一种电阻加热器，如图 4-40 所示，电阻丝穿过陶瓷块，然后固定在金属外壳中。这种加热器与带状加热器相比，具有耐高温、寿命长、抗污染、绝缘性好、结构简单等特点，其加热温度可达 700℃。

图 4-38 铸铝加热器　　　　图 4-39 铸铜加热器　　　　图 4-40 陶瓷加热器

（2）电感应加热器　图 4-41 所示为电感应加热器的示意图，它是在机筒的外壁上隔一定间距装上若干组外面包以线圈的硅钢片构成，当将交流电源通入线圈 5 时，就产生了图 4-41 中所示方向的磁力线 6，在硅钢片 1 和机筒 3 之间形成一个封闭的磁环。由于硅钢片 1 具有很高的磁导率，因此磁力线 6 能以最小的阻力通过，而作为封闭回路一部分的机筒，其磁阻要大得多。

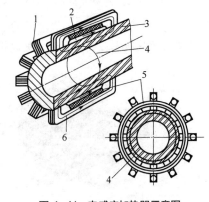

图 4-41　电感应加热器示意图

1—硅钢片；2—冷却介质（水或空气）；3—机筒；

4—感应电流（机筒上）；5—线圈；6—磁力线

磁力线 6 在封闭回路中具有与交流电源相同的频率，当磁通发生变化时，就会在封闭回路中产生感应电动势，从而引起二次感应电压及感应电流，即图 4-41 中所示的 4，亦叫电的涡流。涡流在机筒中遇到阻力就会产生热量。加热深度可以用交流电的频率来控制，频率越高，加热深度越浅，对于 50～60Hz 频率的交流电来说，可以获得 25mm 的加热深度。

电感应加热器与电阻加热器相比其优点如下。

① 加热均匀且预热升温的时间较短。

② 具有较高的稳定性。

③ 节能，由于感应线的温度不会超过机筒的温度等原因，因此比电阻加热器可节省大约30%的电能。

④ 使用寿命较长，由于感应线圈不与机筒接触，从而避免了不规则受热，提高了使用寿命。

电感应加热器与电阻加热器相比其不足之处如下。

① 加热温度受到限制。由于过高的温度会影响感应线包绝缘性能，因此，对成型温度要求较高的物料，尤其是一些工程塑料不适合。

② 径向尺寸大、成本高。需要大量贵重的硅钢片和铜等材料。

③ 维修不方便。当其中一段损坏，则需将其他段一起拆下维修。

④ 在机头上安装不方便。这是由于机头的形状要比机筒复杂的缘故。

2. 挤出机的冷却装置

挤出机冷却装置的作用同加热装置一样，也是为了保证物料在其工艺要求的温度范围内稳定地挤出。因此，它与加热冷却系统是密切联系不可分割的。在挤出过程中，尤其随着挤出机向高速高效的方向发展，螺杆转速提高，经常会出现因摩擦剪切产生的热量比物料所需要的热量多的现象，这会导致机筒中物料的温度过高，如不及时排出过多的热量，会引起物料（特别是热稳定性差的物料）过热分解，有时还会使成型难以进行，因此在挤出机上设置冷却装置是很有必要的。

挤出机一般在三个部位进行冷却：机筒、螺杆和料斗座。

（1）机筒的冷却装置 如图 4-42 所示，为机筒的冷却装置，螺杆直径为 45mm 以上挤出机的机筒均设有冷却装置，而直径在 45mm 以下的小型挤出机，由于机筒内物料量不多，其多余的热量可以通过机筒与周围介质（空气）的对流来扩散，因此，除高速挤出机外，一般不设冷却装置。

图 4-42 带有风冷装置的挤出机

机筒的冷却装置常用的有两种：风冷装置和水冷装置。

① 风冷装置。如图 4-43 所示，为与电阻加热器相配的风冷装置，其风冷加热器如图 4-44 所示，常采用空气作为风冷介质，从冷却效果来看，空气冷却比较柔和、均匀、干净，但易受外界气温的影响，冷却速度较慢。从设备成本来看，由于需配备鼓风机等装置，故其成本较高。另外，鼓风机冷却装置体积较大，如果鼓风机质量不好还会产生噪声。

图 4-43 风冷装置

图 4-44 风冷加热器

为了加强风冷时的散热效果，可以将密集的铜棒装在铜环上形成散热器，因铜的热导率大，诸多铜棒又增大了散热面积，故冷却效果好。但增加了设备的制造成本，也可以将加热器制作成带有散热片的结构。

② 水冷装置。由于冷却装置往往采用的是一般的自来水，因此其结构较为简单，与风冷相比，水冷的冷却速度快，体积小，成本低，但易造成急冷，扰乱物料的稳定流动，而且所用的水一般未经过软化处理，使冷却水的通道易出现因结垢和锈蚀现象而降低冷却效果，甚至被堵塞、损坏等，如果密封不好，还容易出现漏水现象。

通常采用的冷却装置的结构如图 4-45 所示，图 4-45（a）是在机筒的表面加工出螺旋沟槽，然后将冷却水管（一般是紫铜管）盘绕在螺旋沟槽中，其最大的缺点是冷却水管易被水垢堵塞，而且盘管较麻烦，拆卸亦不方便。另外，由于冷却水管与机筒不易做到完全的接触而影响冷却效果。图 4-45（b）的形式是将冷却水管同时铸入同一块铸铝加热器中。这种结构的特点是冷

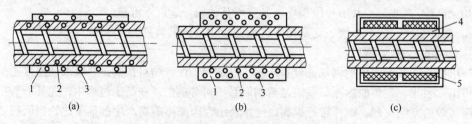

图 4-45 几种常用水冷装置的结构

1—铸铝加热器；2—冷却水管；3—加热棒；4—冷却水套；5—电感应加热器

却水管也制成剖分式的，拆卸方便，冷冲击相对于图 4-45（a）结构来说较小。但铸铝加热器的制作变得较为复杂，一旦冷却水管被堵死或出现损坏时，则整个加热器就得更换。图 4-45（c）的形式是在电感应加热器内边设有冷却水套，这种装置拆装很不方便，冷冲击也较为严重。

综上所述，一般认为风冷装置用于中小型挤出机较为合适，而水冷装置用于大型挤出机为好。从实际使用情况来看，这是因为水冷装置所具有的特点对加热效率和节能是不利的。因此，水冷装置更适用于需要强制冷却的场合，如塑料改性行业，螺杆高速旋转摩擦生热较大的工作场所。

（2）螺杆的冷却装置　图 4-46 所示为螺杆冷却装置的结构。

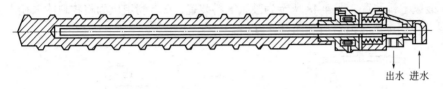

出水　进水

图 4-46　螺杆冷却装置的结构

冷却螺杆有以下两个目的：

① 获得最大的固体输送率。由固体输送理论可知，固体输送率与物料对机筒的摩擦系数和物料对螺杆的摩擦系数的差值有关，即物料与机筒的摩擦系数越大，其与螺杆的摩擦系数越小。因为通常物料对钢的摩擦系数是随温度升高而增大的。因此，可以针对不同种类的物料（甚至是同种物料而牌号不同），通过控制机筒和螺杆在固体输送区的温度而使物料对机筒的摩擦系数与物料对螺杆的摩擦系数的差值最大，以获得最大的固体输送率。

② 控制制品质量。经验证明，若将螺杆的冷却孔开设至均化段进行冷却，则有利于对物料塑化的控制、实现低温挤出和稳定制品的质量，尤其对防止热稳定性差的物料（如 PVC 等）过热分解是有利的。但产量会降低，而且冷却水的出水温度越低，产量越低，这是因为冷却螺杆均化段会使接近螺杆表面的物料黏度变大而不易流动，相当于减小了均化段螺槽的深度。

螺杆冷却长度应能进行调节，以适应不同的冷却要求，其办法是通过固定的或轴向可移动的塞头或不同长度的同轴管使冷却水限制在螺杆冷却孔的某一段范围内。也有用油或空气作为冷却介质的。油和空气的优点是不具有腐蚀作用，温控比较精确，也不易堵塞管道，但大型挤出机的螺杆用水冷却效果较好。

通常，对直径为 65mm 以下的螺杆不设冷却装置，主要是由于机筒的热容量较小，而螺杆的螺槽浅、料层薄，故易对温度进行控制。另外，冷却孔的开设还将导致螺杆强度降低。

（3）料斗座的冷却装置　加料口段的物料温度不能太高，否则会在加料口产生所谓的"架桥"现象，使物料不易加入，为此，必须冷却料斗座。此外，冷却料斗座还能阻止挤压系统的热量传递至推力轴承和减速箱，防止润滑介质因温度过高导致黏度过低而破坏润滑条件，从而保证它们的正常工作。料斗座多用水作为冷却介质。

三、加料系统

挤出机的加料系统承担着向挤压系统稳定且连续不断地提供所需物料的任务，因此，对挤出机的产量、制品的质量、劳动条件及实现成型过程的自动化等都有着直接的影响。加料系统的组成形式尽管有很多种，但主要是由料斗和自动上料装置组成。

1. 料斗

料斗的形状一般做成对称形的，常见的有圆锥形、圆柱-圆锥形、矩形及正方形，其形式如图 4-47 所示。在料斗的侧面开有视窗以观察料位及上料的情况，料斗的底部设有开合门，用于停止和调节加料量,料斗上方装有盖子,防止灰尘、湿气及其他杂物的进入。

料斗一般多用铝板或不锈钢板制作,因为这种材料轻便、耐腐蚀且易加工。料斗的容积视挤出机规格的大小和上料方式而定,在一般情况下,为挤出机 1~1.5h 的产量。

2. 自动上料装置

采用人工上料不仅劳动强度大,而且易造成因上料时料位的突然变化使机筒进料口处的压力产生较大的波动,尤其是中心高度高且产量较大的中大型挤出机。因此,在挤出机上配置自动上料装置就显得十分重要。下面介绍几种常见的自动上料装置。

(1)鼓风上料装置 图 4-48 所示为鼓风上料装置,它是利用风力将物料吹入输送管道,再经设在料斗上的旋风分离器后进入料斗内。

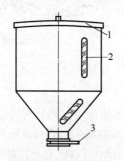

图 4-47 挤出机料斗

1—料斗盖;2—视窗;3—开合门

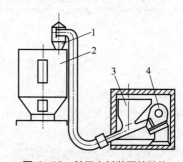

图 4-48 鼓风上料装置的结构

1—旋风分离器;2—料斗;3—贮料斗;4—鼓风机

这种上料装置也能用于输送粉料(如 PVC 树脂),但要注意输送管道的密封,否则不仅易造成粉尘飞扬而导致环境污染,而且使输送效率降低。

(2)弹簧上料装置 弹簧上料装置主要由电动机、弹簧夹头、弹簧、料箱、软管、出料口、支撑板及贮料池组成,如图 4-49 所示。其输送过程是:由电动机带动软管内的弹簧高速旋转,这时在弹簧的任何一点上都产生相同的轴向力和离心力,在这些力的作用下,贮料池中的物料被旋转的弹簧推动沿软管上升,当上升到料箱的出料口时,物料在旋转弹簧离心力的作用下抛出而落入料斗。

弹簧上料装置的布置形式可分为垂直式、倾斜式和水平式三种,常采用倾斜布置的形式,如图 4-50 所示,在安装弹簧上料装置时,其插入贮料池的部分应稍有倾斜度,但不能太大,否则易使弹簧折断。

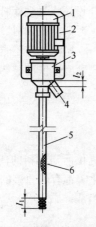

图 4-49 弹簧上料装置的结构

1—电动机;2—支撑板;3—料箱;4—出料口;5—软管;6—弹簧

图 4-50 弹簧上料装置

（3）真空上料装置　随着粉料挤出和 PVC 干混技术的应用，提出了除去夹在物料中的空气和湿气的问题，否则会影响制品质量。解决这一问题的方法，除了采用排气式挤出机外，还有一种办法就是应用真空上料装置，如图 4-51 所示。

真空上料装置的工作原理如下：工作时真空泵接通过滤器 4 而使小料斗 5 内形成真空，物料便通过进料管进入小料斗 5。当小料斗 5 中的物料贮存到克服重锤 7 的作用时，密封锥体 3 打开，将物料落入大料斗 6，同时微动开关 8 使真空泵停止工作，小料斗因真空消失而停止进料。当料落完后，由于重锤 7 的作用，使密封锥体 3 向上抬而将小料斗 5 封闭，同时触动微动开关 8，使真空泵又开始工作，如此循环。

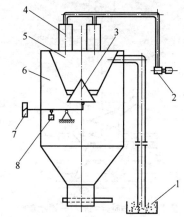

图 4-51　真空上料装置示意图

1—贮料池；2—真空泵连接器；3—密封锥体；4—过滤器；

5—小料斗；6—大料斗；7—重锤；8—微动开关

3. 加料方式

挤出机的加料方式可分为重力加料和强制加料两种。

（1）重力加料　物料在料斗中靠自身的重量进入挤出机内的加料方式称为重力加料。人工上料、鼓风上料、弹簧上料等都属于重力加料。

重力加料虽然结构简单，但由于是靠物料的自重进入挤出机内，因此容易在机筒的进料口处产生"架桥"或堵塞现象（尤其是在使用粉料时更显得严重），同时，料斗中料位高度的变化而产生的压力波动也必然会引起进料速度的变化，这些均造成加料的不稳定，从而直接影响制品的质量和产量。

为改善重力加料效果，较有效的办法是在料斗中设置料位控制装置，使料斗中的料位高度能保持在一个适度的范围内。图 4-52 所示即为一种设有料位控制装置的加料斗，可以看出，当料位超过上料位计时，上料装置便会自动停止上料，而当料位低于下料位计时，上料装置则自动上料。

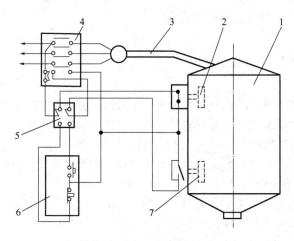

图 4-52　料位控制装置示意图

1—料斗；2—上料位计；3—送料管；4—电磁开关；5—切换开关；6—手动开关；7—下料位计

（2）强制加料　强制加料是在料斗中安装了一种能使料斗中的物料在外加压力的推动下强

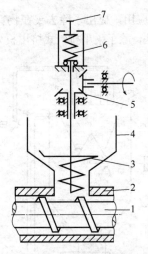

图 4-53　螺旋强制加料装置示意图

1—螺杆；2—机筒；3—压料螺旋；4—料斗；

5—伞形齿轮；6—弹簧；7—手轮

制地从加料口进入机筒，保证加料均匀的装置，以克服"架桥"现象，并对物料有压填的作用。如图 4-53 所示，在料斗中设有螺旋强制加料装置，它可使进料均匀，而且能强化螺杆加料段对固体物料的输送，压料螺旋 3 的转动由旋转的挤出机螺杆 1 通过传动链轮、伞形齿轮 5 带动，这样压料螺旋的转速可与挤出机的螺杆转速相适应，从而使加料量与挤出量的变化相一致。

这种加料装置还设有过载保护，当料流压力增加或机筒进料口被堵塞而使压力超过弹簧 6 的弹性力时，则压料螺旋就会自动上升，而不会将物料硬往进料口中挤，从而避免强制加料的压料螺旋损坏。

强制加料不但能保证对挤压系统进行连续供料以获得均匀的加料效果，而且还可以提高螺杆加料段对物料的输送效率，从而提高制品的质量和产量。

第五节　其他类型挤出机

由于普通单螺杆挤出机与其他挤出机相比具有结构简单、坚固耐用、维修方便、价格低廉、操作容易等特点，在中国相当长时间内仍有很大市场，但随着新型高分子材料的不断出现，对挤出机在优质、高效、多功能化方面的要求越来越高，普通单螺杆挤出机已很难满足这些要求，尤其是加入各种填料的高填充改性，即使采用了新型螺杆，也很难达到满意的效果。

因此，具有各种特色、性能优异的新型挤出机应运而生，如排气式挤出机、磨盘式挤出机、行星式挤出机、串联多阶式挤出机、往复销钉式挤出机、发泡式挤出机等。这里将简要介绍排气式挤出机、串联磨盘式挤出机和行星式挤出机。

一、排气式挤出机

1. 排气的目的

在挤出成型过程中，物料中的气体来源于三个方面：物料颗粒间夹带的空气；物料吸附的水分在高温下产生的气体；物料内部包含的气体或液体，如剩余单体、低沸点增塑剂、低分子挥发物及水分等。这些气体如在挤出成型过程中未能排除，则会在制品的内部或表面出现空隙、气泡、表面灰暗等缺陷，严重影响制品的外观与性能，因此必须严格控制制品中的气体含量，一般不得超过 0.2%，有的制品（如涤纶拉膜时）要求在 0.02% 以下。

控制物料中气体含量的一般方法有预热干燥法、真空料斗法及普通挤出机的压缩排气等方法。预热干燥虽然可以将物料吸附的水分除去，但对物料中含有的单体和某些高沸点溶剂排除效果不佳，且增加了生产工序和成本；真空料斗也仅能将物料表面的绝大部分水分、挥发物等排出；普通挤出机通过挤压物料，从加料口排出气体，只适合于粒状物料，而对于粉状物料，效果也不理想，现在比较行之有效的方法是采用排气式挤出机。

排气式挤出机一般用于以下情况：

① 易吸湿性的粒状料挤出；
② 加有各种助剂的粉状料挤出；
③ 夹带有大量空气的回收料挤出。

2. 排气式挤出机的结构及工作原理

（1）排气式挤出机的结构　排气式挤出机结构与单螺杆挤出机结构的不同点是：排气式挤出机的机筒中段上方设有排气孔，它的螺杆由两段常规螺杆串联而成。机筒的排气口与两根螺杆的连接处对应。排气口前端的螺杆称为一阶螺杆，这段螺杆和常规螺杆相同，也分为加料段、压缩段和均化段。排气口后端螺杆称为二阶螺杆，它由排气段、第二压缩段和第二均化段组成，如图 4-54 所示。

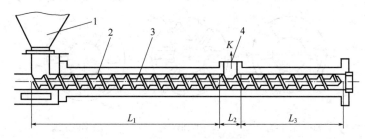

图 4-54　排气式挤出机挤出系统结构
1—料斗；2—机筒；3—螺杆；4—排气口

（2）排气式挤出机工作原理　加入到排气式挤出机中的物料，经过第一阶螺杆的加料段、压缩段和均化段，基本被熔融塑化，物料中的水分、空气和挥发物等混合气体在混炼过程中逸出，因为排气口和真空泵管路相通，排气口的压力骤降，使得混合气体经过排气口时被抽出，熔融的物料被螺杆推向第二阶螺杆，继续通过第二压缩段和第二计量段，再次被混炼塑化，最后在等压、等量、等温的条件下，经挤出机机头口模挤出成型制品。这种由排气段连接的串联的螺杆可以是多级的，其排气也是多级的。

二、串联磨盘式挤出机

在加工磁性高分子材料中，磁粉含量通常高达 60%～70%，有时甚至达到 90% 以上，用普通挤出机进行磁性材料的加工与造粒几乎是不可能的。又比如，双螺杆挤出机用于玻璃纤维增强材料的加工时，若玻璃纤维含量超过 45%，加工就会变得相当困难。因此人们开发了串联磨盘式挤出机。

串联磨盘式挤出机综合了单螺杆挤出机和磨盘式挤出机的原理，不仅具备单螺杆挤出机结构简单、挤压力高和承载转矩大的优点，而且还具备磨盘式挤出机超强的粉碎、分散、剪切、混合和塑化性能优势。同时还可以通过动盘和定盘结构形式的选择、间隙的调节以及工艺条件的变化等手段实现对工艺过程的控制。因此它具有高效、多功能的特点，可以适应特殊高分子材料和不同高填充材料的成型加工。

1. 结构组成

串联磨盘式挤出机是在单螺杆挤出机的基础上，由多组动盘和定盘组成。其结构如图 4-55所示。此外，还设置有特殊结构的排气装置和可

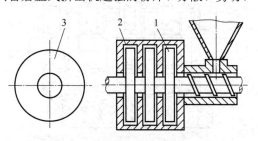

图 4-55　串联磨盘式挤出机的结构
1—动盘；2—定盘；3—动盘与定盘之间的剪切面

以计量控制的强制喂料装置。

图 4-56 所示为磨盘的断面结构形式，它具有扇形、菊形和臼目形等多种形式。每一个磨盘的正、反两个表面都开有一定规则形状的花纹，显示出凹槽和凸棱。

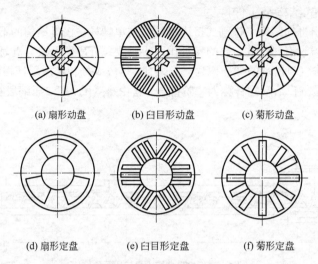

(a) 扇形动盘　　(b) 臼目形动盘　　(c) 菊形动盘

(d) 扇形定盘　　(e) 臼目形定盘　　(f) 菊形定盘

图 4-56　磨盘断面的结构形式

2. 结构原理

由于动盘和定盘之间存在的特殊结构，物料受到强烈的压缩和剪切作用，使物料在动盘和定盘之间形成以下三部分的流动。

① 动盘右侧间隙内的物料向动盘边缘做发散流动。

② 动盘边缘处的物料沿该处螺槽做轴向移动。

③ 动盘左侧间隙内的物料向动盘中心做收敛流动。

自螺杆加料段输送到两磨盘间隙中的物料，首先自动盘与定盘凸棱边线的交点向动盘边缘做发散流动而被输送至动盘的边缘处，由于在该处设置有螺槽，物料沿螺槽向机头方向做轴向移动。而后进入动盘的左侧间隙，动盘回转时，动盘与定盘凸棱边线的交点向动盘中心方向移动，物料向动盘中心做收敛流动。这样，在磨盘工作区内物料形成发散-轴向输送-收敛的流动。各组定盘与动盘之间的间隙沿机头方向依次由高到低下降，间隙越小，物料受到的剪切作用越大，混炼效果也就越好。但过小的间隙会使流动阻力增大，挤出量下降。通过动盘与定盘凸棱边线的夹角等几何形状，以及动盘转速的变化，可以控制磨盘的输送效率。物料经过多组动、定盘沟槽的压缩、剪切和输送而完成熔融与均化过程。

3. 结构特点

（1）剪切作用易控制　对物料的剪切作用不仅可以通过特殊机构对动盘与定盘的间隙进行调节，而且还可以通过改变磨盘的几何形状和动、定盘组数及动盘转速等方式来控制，从而满足不同物料和加工工艺的需要。

（2）物料温度易控制　在串联磨盘式挤出机的每个定盘内设置了独立的温控通道，如图 4-57 所示，可以对物料温度实行有效控制，防止了物

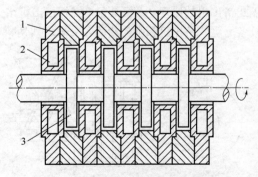

图 4-57　串联磨盘式挤出机的温控结构

1—定盘；2—独立温控通道；3—动盘

料因受到过强的剪切而产生热分解。

（3）自洁性　由于串联磨盘式挤出机磨盘凸棱之间的间隙极其狭窄，在凹槽内的物料同时受到环形横流和径向拖曳流的双重作用，因此具有较强的自洁性，物料很难形成滞流区。多种物料实验表明，物料在串联磨盘式螺杆挤出机中的停留时间分布可以控制在较窄的范围内。

（4）功率大，转矩高　由于在加料段采用了大直径螺杆，增强了螺杆的刚性和强度。

（5）产量高　由于采用了深槽、大直径螺杆加料，可大幅度增加挤出机产量。

（6）适用范围广　由于采用了组合式结构，使磨盘和螺杆元件的形状以及组合形式多种多样，从而能够适应多种物料的加工。

4. 用途

适用于从塑料、橡胶到陶瓷的各类工业材料的高填充、多组分物料的连续混炼，可以制取其他螺杆挤出机无法加工的特殊高分子合金材料和高填充的物料，如软、硬 PVC 混合材料、高黏度工程塑料、玻璃纤维增强塑料、磁性塑料、导电塑料等。

三、行星式挤出机

1. 基本结构与工作原理

行星式挤出机由一根较长的主螺杆（称太阳螺杆）与若干根行星螺杆及内壁开有齿的机筒组成，主要起熔融和混炼的作用。

行星螺杆与主螺杆的排列形式如图 4-58 所示。在传动系统的带动下，主螺杆驱动行星螺杆转动，行星螺杆浮动在主螺杆与机筒内壁之间。加料段将物料送至行星段，行星段主螺杆与行星螺杆以及机筒内壁的螺旋齿之间连续啮合，使物料受到反复剪切和混合，得到充分的均匀塑化。行星式挤出机挤压系统实物图如图 4-59 所示。

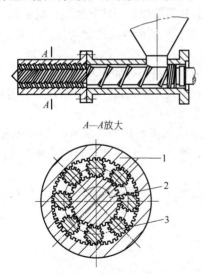

图 4-58　行星式挤出机挤压系统结构图

1—机筒；2—主螺杆；3—行星螺杆

图 4-59　行星式挤出机挤压系统实物图

行星螺杆的数量与行星段主螺杆直径成正比，一般为 6～18 根，而产量与行星螺杆数量呈线性关系。为防止加料段与行星段的温度相互干扰，在两段之间设置隔热层。由于行星段螺棱有 45°的螺旋角，因而主螺棱在旋转时会产生轴向分力，使行星螺杆产生轴向移动，所以在行星段的末端都设有止推环，止推环用硬质合金制成，也可用普通钢材镀耐磨合金层。

2. 行星式挤出机的特点

行星式挤出机由于其特殊的结构和工作原理，使其具有如下特点：物料接触面积大，便于热量交换。其热交换面积比普通挤出机大 5 倍以上，因而混炼塑化效率高；物料在挤出机中的停留时间短，剪切作用小，故可防止降解，能耗低，产量大，适于加工热稳定性差的物料（如PVC 等）。

第六节　塑料挤出制品辅助机械

在塑料制品挤出成型中，由于制品的最终形状与尺寸是由挤出机头及相关的辅机决定的，因此必须把成型、冷却以及其他后处理等工序组合起来构成生产线。塑料挤出成型机组就是塑料挤出机与各式各样成型辅机的组合，用于把塑料树脂或含有添加剂的辅料混合、塑化熔融、混炼，最终加工成具有各种截面形状和几何尺寸的挤出类塑料制品。

挤出成型辅机的作用是将自挤出机机头连续挤出已获得初步形状和尺寸的塑料熔融态连续体进行冷却定型，使其形状和尺寸固定下来，达到一定的表面质量，并经一定的工序最后成为可供应用的塑料制品或半成品。

一、挤出成型辅机的组成与种类

1. 挤出成型辅机的组成

挤出成型辅机的类型繁多，组成复杂，不同的工艺过程由不同的辅助装置组成。然而各种辅机一般均由五个基本环节组成：定型、冷却、牵引、切割、卷取（或堆放）。除了依据这五个基本环节配置相应的设备外，还要根据不同制品的具体需要配置一些其他机构或装置，例如薄膜或电缆辅机的张力调整装置、涂覆前的预热装置、管径或薄膜厚度的自动反馈控制装置等。

2. 挤出成型辅机的分类

根据挤出制品形状与尺寸的获得方法，塑料挤出成型辅机可分如下三类。

（1）直接挤出成型辅机　即由机头成型赋予制品尺寸及形状而后冷却定型直接得到制品，包括造粒、管材、板（片）材、异型材与电线电缆包覆等挤出辅机。

（2）挤出拉伸成型辅机　即由机头成型的型坯进行大幅度的拉伸（单向或双向拉伸），以拉伸后的形状与尺寸作为制品形状与尺寸，包括薄膜、单丝、双向拉伸薄膜、发泡板材、打包带、撕裂膜和网材等成型辅机。

（3）挤出模塑成型机组　即由机头成型毛坯，然后用成型装置实现最终成型，包括中空成型（如塑料瓶）、波纹管等成型辅机。

二、挤管成型辅机

塑料管材是挤出制品的重要产品之一。随着社会需要的增多、塑料品种的增加和挤出工艺的发展，管材的生产得到很大的进展。目前用挤出法生产的塑料管材有聚氯乙烯硬管和软管、聚乙烯管、聚丙烯管和 PP-R 管、ABS 管、聚酰胺管、聚碳酸酯管、铝塑复合管、钢塑复合管等。

挤管机组通常包括主机、机头、定型装置、冷却装置、牵引装置、切割装置和堆放（或卷取）装置。图 4-60、图 4-61 分别为挤出管材机组及管材挤出流程图。

图 4-60 挤出管材机组

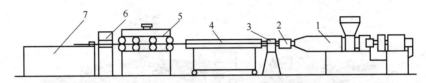

图 4-61 管材（硬管）挤出流程图

1—主机；2—管材机头；3—定型装置；4—冷却装置；5—牵引装置；6—切割装置；7—堆放装置

1. 定径装置

从机头挤出的物料处于高温熔体状态，其形状不能固定，需要经过定径装置对管坯的形状、尺寸定型和冷却，以达到精整尺寸的同时将其形状固定。管材的定径大体有外径定径和内径定径两种方式。

2. 冷却装置

管材由定径装置出来时，并没有完全冷却到室温，如果不继续冷却，在其壁厚径向方向上存在的温度梯度会使原来冷却的表层温度上升，引起变形，后收缩率大，因此必须继续冷却，排除余热。冷却装置的作用就是对管材继续进行冷却，使管材尽可能冷却到室温。

冷却装置一般有浸浴式冷却水槽和喷淋或喷雾式冷却水箱两种。前者主要用于中小型的管材，后者则多用于大型的管材。

3. 牵引装置

牵引装置的主要作用是克服管材在冷却定径等装置中产生的各项摩擦阻力，以均匀的速度牵引管材前进，并通过调节牵引速度适应不同壁厚的管材，以获得最终合乎要求的管材。

常见的牵引装置主要有滚轮式和履带式两种。

牵引速度直接影响管材的壁厚，正常生产时，牵引速度应稍大于管材的挤出速度 1%～10%。牵引速度过快，管壁减薄甚至拉断；牵引速度慢，管壁就会太厚，甚至在口模处产生堆积。

4. 切割装置

切割装置的作用是当牵引装置把冷却定型后的管子往前输送到预定长度后将管子切断。目前切割装置主要用于硬管的切割，常采用的是圆盘锯切割装置和自动行星锯切割装置，前者适用于中小型的管材，而后者适用于大型的管材。

5. 堆放（卷取）装置

对于硬管，经切割装置切断后的管材将自动依靠重力掉入切割装置后的堆放架。然后根据管材直径大小按照要求捆扎后送入库房存放。

对于软管，则要设置卷取装置。卷绕至所需长度（一般大于 10m）后，用刀切断，捆扎成卷，便于运输。

三、挤板（片）成型辅机

塑料板材是常用的工业用材，塑料板材、片材的成型可以采用挤出法、压延法、浇铸法和层压法等多种方法，其中挤出法具有生产连续、自动化程度高、生产效率高和产品长度不受限制等显著的优点，因此挤出法是塑料板制造的主要方法。

通常人们把厚度在 0.25～0.5mm 之间的称片材，大于 0.5mm 的称板材，厚度小于 0.25mm 的称为薄膜。目前用挤出法生产的主要有 ABS、PE、PVC、PET、PP、PS、PC 和 PA 等板（片）材。板材和片材挤出成型时在工艺流程及设备上没有太大的差别，它们都由扁平机头挤出，只是厚度不同而已，图 4-62 为常见挤板机组。

图 4-62　挤出板材机组

1. 挤板（片）过程

如图 4-63 所示，当熔融塑料在狭缝机头中初步成型为所需规格的板坯后，经三辊压光机压光，冷却定型，再经导辊输送并进一步冷却，然后由切边装置进行切边，再经二辊牵引机后进入切割装置，经切割装置按所需板长切割后，最后由卸料装置把板（片）材堆集起来，即可入库或出厂。

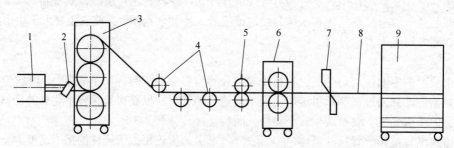

图 4-63　板（片）材挤出过程

1—挤出机；2—狭缝机头；3—三辊压光机；4—导辊；5—切边装置；6—二辊牵引机；

7—切割装置；8—塑料板（片）；9—卸料装置

2. 挤板（片）机组的组成

挤板（片）机组是由挤出机、狭缝机头、三辊压光机、导辊、切边装置、牵引装置、切割装置和堆放装置等组成。

四、吹膜成型辅机

塑料薄膜是塑料制品中最常见的一种，因此，吹塑薄膜生产在塑料加工工业中占有较大的比重。用挤出吹塑法生产的薄膜厚度在 0.01～0.25mm 之间。可以采用吹塑法生产薄膜的塑料有：聚乙烯、聚丙烯、聚氯乙烯、聚苯乙烯、聚酰胺等。随着国民经济的快速发展，吹塑辅机的需求也日益扩大，并正不断地向高速、高效和自动化方向发展。图 4-64 为常见的吹膜成型机组。

1. 薄膜的吹膜过程工艺

如图 4-65 所示，挤出机把熔融物料从挤出机头的环形缝隙中挤出成圆筒状的管膜，从机头下面进气口鼓入一定量的压缩空气把管膜横向吹胀，吹胀的程度用吹胀比 α 表示；借助于上部牵引辊把管膜连续地纵向牵伸，纵向牵伸有一定的拉伸作用，拉伸的程度用牵伸比 β 表示。这样管膜就成了纵横向双向拉伸取向的薄膜，并同时通过冷却风环吹出的空气冷却定型。充分冷却后的管膜，被人字板压叠成双折薄膜，通过牵引辊以恒定的线速度拉入卷取装置。牵引辊同时也是压辊，于是管膜被压紧而使其内部的吹胀空气不能漏出，保持恒定的空气量，因此薄膜的吹胀比恒

图 4-64　吹膜成型机组

定，宽度不变。同时牵引辊的牵引线速度和膜管的挤出速度保持恒定，则牵伸比也恒定，薄膜厚度不变。进入牵取装置的薄膜，当卷取到一定量后，经切割装置切断，成为膜卷。膜卷包装后，可供出厂。

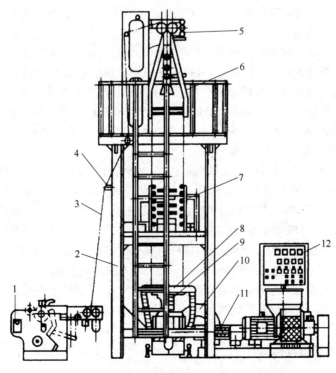

图 4-65　吹塑薄膜（平挤上吹法）生产工艺流程

1—卷取机；2—机架；3—薄膜；4—导辊；5—牵引装置；6—人字板；7—稳泡机构；

8—风环；9—机头；10—风机；11-挤出机；12—电控柜

2. 吹膜机组组成

吹塑薄膜不管采用何种吹塑法生产，其辅机的基本组成是相同的，一般由换网装置、冷却定型装置、牵引装置、切割装置和卷取装置组成。

为了适应高速吹塑机组的发展、提高自动化生产水平、进一步改善薄膜的卷取质量和便于薄膜的印刷，吹塑薄膜生产线可以增设一些配套装置。如：自动测厚反馈控制装置，机头或人字板旋转机构，电晕放电处理器，宽度自动检测装置、静电消除装置和自动记长装置等。

第七节　挤出成型设备的安装与调试、操作与维护

挤出机的使用包括挤出机的安装、调试、操作、维护等一系列环节，正确合理地使用挤出机，可充分发挥挤出机的效能，保持良好的工作状态，延长挤出机的使用寿命。为了成型出高质量的制品，不仅要严格地按照有关规定完成这一系列环节，同时还要对挤出机进行经常性的维护。

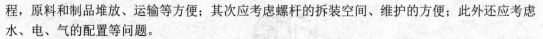

微课扫一扫

挤塑机的安装与调试

一、安装

挤出机与其他设备一样，使用前应仔细阅读该机的使用说明书。

挤出机的安装应依据生产场地的整体布局确定，首先应考虑工艺流程，原料和制品堆放、运输等方便；其次应考虑螺杆的拆装空间、维护的方便；此外还应考虑水、电、气的配置等问题。

普通挤出机应安装在混凝土地基上，地基按使用说明书施工。需特别注意的是：挤出机安装时的中心高度要符合说明书中的规定，并按说明书要求调整好水平，水平度一般应控制在1‰以内。当与配套的辅机同时安装时，应注意其对中性和各相关的位置尺寸。

对同向旋转双螺杆挤出机、异向旋转双螺杆挤出机和锥形双螺杆挤出机的安装，必须分别符合 JB/T 5420、JB/T 6491 和 JB/T 6492 规定的要求。此外，还应注意以下几点。

① 地基水平度一般控制在 0.5‰以内。

② 对于非整体包装的设备，应校核电动机联轴器与挤出机间的水平及同轴度，允许误差在 0.2‰～0.4‰范围内；若是组合机筒，安装时还应校核基准端面的垂直度，偏差也应在 0.2‰～0.4‰范围内。"∞"字形内孔要与减速机输出轴中心同轴，必要时可用假轴找正。

③ 螺杆每次安装前应处于啮合状态，并检测其中心距、轴向及侧向间隙是否符合设计要求，安装时应按照定位键（齿），用专用的螺杆卡具卡住螺杆，吊装于机筒中。

在组合螺杆中，则应考虑各元件间的压紧，防止物料嵌入元件端面，同时应留有热膨胀余量。操作时，应将螺杆头先充分拧紧，然后松开，再适当拧紧，或按使用说明书所列扳手扭矩值扳紧。此外，在调整螺杆与减速机主轴接触端面的垫片时，应注意左右不要装反，避免螺杆出现卡死现象。

④ 在安装和更换推力轴承时，两根螺杆的轴承不能互换，而且同一轴承组内的辅承顺序也不能互换。

⑤ 若需拆卸熔体压力传感器，则必须首先使传感器压力降为零，且在操作温度下"热卸"。压力传感器卸下后应注意及时套上保护帽，以免碰坏感应膜片。

二、调试

1. 开机前检查

挤出机全部安装完毕后，首先应检验各部位安装的可靠性，然后再进行调试。检查、调试时应注意下列事项。

① 各紧固部分是否牢靠。

② 气、水、油等管路接头密封是否良好。

③ 各转动部分是否已润滑，减速箱内是否加入足量的润滑油（加到油面视镜的2/3处）。

④ 机筒内是否有出厂负荷试车遗留的余料，若量大需抽出螺杆清洗，量少则注意开机前充分预热。

⑤ 若为带传动，应拨动带轮，检查各转动部位、螺杆和机筒有无异常，螺杆旋向是否正确。

⑥ 开机前应先用手进行盘车，检验各部连接是否可靠。

⑦ 加热到设定工艺温度后，经必要的保温，使内外温度一致，特别是在机筒内尚存少量余料的情况下，更应避免低温启动。

2. 试车

检查完毕后，进行试运转。首先应给机筒内加入机油，防止空转时螺杆与机筒进行干摩擦。然后在低速下做3～5min的空运转试验。试验中，检查润滑系统、冷却系统工作是否正常，有无渗漏现象，各紧固部分有无松动现象，螺杆和机筒有无刮伤及卡死现象，电气控制系统工作是否灵敏可靠，同时应测定空载功率或电流（空运转消耗功率应小于额定功率的6%，不包括电动机效率），并作记录。

空运转试验正常后应进行负荷试车，机筒由室温升到工艺设定的温度后，经30～60min保温，以使内外温度均匀一致。若为空车投料，应在低速下运行，然后逐渐升到工艺所需转速（一般在最大转速的50%～60%），稳定运行不小于2h。在此期间，应对照使用说明书检查各性能参数是否符合说明书规定的范围，详细记录试车的有关数据及情况。

三、操作

操作人员必须熟悉自己所操作挤出机的结构特点，尤其要正确掌握螺杆的结构特性，加热和冷却的控制仪表特性、机头特性及装配情况等，以便正确地掌握挤出成型工艺条件，正确地操作挤出机。

挤出不同塑料制品的操作方法各有差异，但总体上大致是相同的。下面简要介绍挤出各种制品时相同的操作步骤和操作时应注意的事项。

1. 开机前的准备

① 准备原料。首先检查用于挤出成型的物料是否达到要求，必要时需进行预处理如干燥、过筛除去结块团粒和机械杂质等。

② 检查水、电、气。检查设备中水、电、气各系统是否正常，保证水、气路畅通、不漏，电路正确。

③ 检查仪表。加热系统、温度控制、各种仪表是否工作可靠。

④ 检查辅机。空车低速试运转是否正常，启动后的定型用真空泵的工作是否正常，设备各滑润部位润滑情况是否正常等，在检查时，发现故障必须及时排除。

⑤ 安装机头。根据制品的品种、尺寸，选好机头规格。按下列顺序将机头装好，装配机

头前，应擦去保存机头时涂上的油脂，仔细检查型腔表面是否有划伤、划痕、锈斑，进行必要的抛光，然后在流道表面涂上一层硅油。按顺序将机头各部件装配在一起，螺栓的螺纹处涂以高温油脂，然后拧上螺栓和法兰盘。

⑥ 安装分流板过滤网。将分流板安放在机头法兰之间，以保证压紧分流板而不溢料。检查法兰、模体、口模、分流板及过滤网是否按要求装好，然后整体安装到挤出机上，在未拧紧机头与挤出机连接法兰的紧固螺栓前应调整好口模水平位置。上紧连接法兰螺栓，拧紧机头紧固螺栓，安装加热圈和热电偶，注意加热圈要与机头外表面贴紧。

⑦ 安装定型装置。调整就位，检查主机、定型装置与牵引等装置的中心线是否对准。调整后，紧固螺栓，最后连接好各水管和真空管。

⑧ 开启加热电源对机筒和机头均匀加热升温，同时打开料斗座、齿轮箱及真空泵的冷却水阀。一般加热升温时各段温度先调到 140℃，待温度升到 140℃时保温 30～40min，然后将温度升到正常生产时的温度并保持 10min 左右，以使挤出机各部分温度趋于稳定，方能开机生产。保温时间长短根据不同类型的挤出机和不同品种的物料而有所不同。保温一段时间的目的是使挤出机的内外温度一致，以免仪表所指示的温度与实际温度相差太大，此时，如果将物料投入挤出机，由于实际温度过低，物料熔融黏度过大，会引起轴向力过载而损坏挤出机。

⑨ 将配混料装入料斗，以备开机使用。

2. 开机

① 在挤出机各部分温度趋于稳定后即可开机。开机前应将机头和法兰连接螺栓再拧紧一次，以消除螺栓与机头热膨胀的差异。紧固机头螺栓的顺序应采用对角拧紧，用力要均匀、四周松紧要一致，否则容易产生"跑料"现象。

② 开机，按下"开机"按钮，缓慢旋转螺杆转速调节旋钮，使螺杆慢速启动，同时进行少量加料。加料时要密切注意主机电流表及各种仪表表针的指示变化情况，螺杆转矩表的表针不能超过红标（一般为转矩表的 65%～75%）。

③ 物料被挤出之前，任何人均不得站于口模正前方，以防止因螺栓拉断或因原料潮湿放泡等原因而产生伤害事故。

④ 物料从口模挤出后，即需将挤出物慢慢冷却并引上牵引等装置，并同时开动这些装置。然后根据控制仪表的指示值和对挤出制品的要求，将各部分作相应的调整，在无异常现象情况下，加足物料进入量，使螺杆转速逐渐加快至工作转速，并调整挤出机组达到正常状态，双螺杆挤出机应采用计量加料器均匀等速地加料。

⑤ 当口模出料均匀且塑化良好时，即可进入正常生产（如切割、卷取等），塑化程度的判断需凭经验，一般可根据挤出物料的外观来判断，即表面有光泽，无杂质、气泡、焦料和变色，用手将挤出料捻细到一定程度不出现毛刺和裂口且有一定的弹性，此时说明物料塑化良好。若塑化不良则可适当调整螺杆转速、机筒与机头温度，直至达到要求。

⑥ 在挤出成型过程中，应按工艺要求定期检查各种工艺参数是否正常，并填写工艺记录单，按质量检验标准检查产品的质量，发现问题及时采取解决措施。

3. 停机

① 关闭主机的进料口，停止加料，将挤出机内的物料挤完后，关闭机筒和机头的加热器电源，停止加热。

② 挤出聚烯烃类物料，应防止空气进入机筒，通常在挤出机满载的情况下停机（带料停机），以免后续成型时物料因氧化而影响制品的质量。

③ 关闭主机及辅机电源，使螺杆和辅机停止运转。

④ 打开机头连接法兰，拆卸机头，清理分流板及机头的各个部件，清理时为防止损坏机头内表面，机头内的残余料应用铜板、铜棒、铜丝刷进行清理，然后用砂纸将黏附在机头内的物料磨除并打光，涂上机油或硅油防锈。

⑤ 螺杆、机筒的清理。拆下机头后，重新启动主机，加入停机料（或破碎料）清洗螺杆和机筒，此时螺杆选用低速（20r/min）以减少磨损。待停机料碾成粉状完全挤出后，可用压缩空气从加料口、排气口反复吹出残留粒料或粉料，直至机筒内确实无残存料后，将螺杆转速调至零，关闭总电源及冷水总阀门。

⑥ 挤出机正常停机不得使用红色紧急停机按钮，除非遇到紧急情况，否则将大大降低主机电动机的寿命。

四、维护

挤出机采用日常和定期两种方式进行维护。

① 日常维护是经常性的例行工作，不占设备运转工时，通常在开机期间完成。重点是清洁挤出机，润滑各运动部件，紧固易松动的螺纹件，及时检查、调整电动机，控制仪表各工作零部件及管路等。

② 定期维护一般在挤出机连续运转 2500～5000h 后停机进行，挤出机需要解体检查、测量、鉴定主要零部件的磨损情况，更换已达规定磨损限度的零件，修理损坏的零件。

③ 平时对挤出机的维护应该特别重视，在挤完一种制品后，应及时清理螺杆和机筒。尤其是分流板和过滤网应经常清理，以免杂质积多而堵塞。在成型过程中，随时注意压力传感器所测的换网装置前的熔体压力，当压力超过正常范围时，极有可能是滤网严重堵塞需及时换网。如换网后仍未使压力降至正常范围，应检查其他原因。正常情况下应 24h 换一次网。

④ 螺杆和机筒可用螺杆清洗料来清洗，拆卸清洗时要保护好流道表面，不得损伤。

⑤ 严禁挤出机无料空运转，以免螺杆和机筒造成刮腔现象。

⑥ 挤出机运转中发生不正常的声响时，应立即停机，进行检查或修理。

⑦ 严防金属或其他杂物落入料斗中，以免损坏螺杆和机筒。为防止金属杂物进入机筒，可事先将物料过筛或在物料进入机筒加料口处装吸磁部件或磁力架。

⑧ 注意生产环境清洁，勿使杂质混入物料而堵塞分流板和过滤网，影响制品产量、质量和增加机头阻力。

⑨ 由于辅机的辊筒较多，在清理、维护时一定要保护好辊面，以防止其产生变形，否则在牵引、卷取过程中会出现皱折、速度不均等现象。

⑩ 当挤出机需较长时间停止使用时，应在螺杆、机筒和机头等工作表面涂上防锈润滑脂，螺杆应垂直悬挂放置，以免螺杆变形或碰伤。

⑪ 定期校正温度控制仪表，检查其调节的正确性和控制的灵敏性。

⑫ 电气控制部分应经常检查，车间内湿度不能太大，以免电器元件受潮而损坏。

⑬ 对驱动螺杆转动的直流电动机要重点检查电刷磨损及接触情况，应经常测量电动机的绝缘电阻值是否在规定值以上。此外，要检查连接线及其他部件是否生锈，并采取保护措施。

⑭ 挤出机的减速箱维护与一般标准减速器相同。主要是检查齿轮、轴承等磨损和失效情况。减速箱应使用设备说明书指定的润滑油，并按规定的油面高度加入润滑油。减速箱漏油部

位应及时更换密封垫（圈），以确保润滑油量。

⑮ 减速箱内的润滑油运行初期应 3 个月更换一次，运转正常后每隔半年更换一次，各润滑点应经常按期加注润滑油（脂）。

⑯ 为降低启动转矩，机筒加料段的循环冷却水在开机前应关闭。主机处于正常工作状态时再打开水阀，循环水出水口温度保持在 30～50℃，且必须保持水温、水压恒定。

⑰ 挤出机附属的冷却水管内壁易结水垢，外部易腐蚀生锈，维护时应做认真检查，水垢过多会堵塞管路，达不到冷却作用，锈蚀严重会漏水，因此维护中必须采取除垢和防腐降温措施。

⑱ 每次停机后必须将各电动机调速电位器回零，以免下次启动时发生损坏设备等意外情况。

⑲ 指定专人负责设备的维护，并将每次维护修理情况详细记录，列入工厂设备管理档案。

🗂 阅读材料

挤出机发展历史及国产挤出机供应现状

世界上第一台挤出机是在 1795 年由 Joseph Bramah 制造的，这是一台手动活塞式的压出机，被用于制造无缝铅管。在这之后的 150 多年里，挤出机被用于生产铅管、制造陶瓷以及一些食品的加工。

1. 第二次世界大战前后的飞速发展

1892 年德国的 Paul Troestar 制造出第一台用于工业生产的单螺杆挤出机，这代表着挤出机发展到了一个新阶段。1938 年，Roberto Colombo 设想采用同向双螺杆挤出机进行 PVC 造粒以用于管材挤出。随后意大利的工程师率先开发出双螺杆挤出机。

1955 年，东芝机器公司成功制造出全啮合的反向旋转双螺杆。同年，Anger 兄弟开发出首台可以将 PVC 粉料直接加工为管材的异向旋转双螺杆挤出机。1957 年 Bayer 公司开始制造商业化的同向旋转配混机。现如今，Reifenhauser 提供 Bitruder 挤出机用于管材、型材和木塑复合材料的生产。1981 年，德国的 Berstorff 推出了组合式的啮合、同向旋转双螺杆配混机。

2. 近代发展成果

近几年来，单螺杆挤出机有很大的发展。目前德国生产的大型造粒用单螺杆挤出机，螺杆直径达 700mm，产量为 36t/h。从单螺杆发展来看，随着高分子材料和塑料制品的不断发展，还会涌现出更有特点的新型螺杆和特殊单螺杆挤出机。在能源危机冲击下，人们更加注意能量的有效利用，所生产的螺杆挤出机大量采用新型结构的螺杆，同时计算机温度监控系统已成功地用于实际生产。其发展趋势如下：

（1）挤出机朝着高速、高转矩方向发展　挤出机的高速、高产可使投资者以较低的投入获得较大的产出和高额的回报，挤出机的高效性能主要体现在高产出、低能耗、低的制造成本。国外已出现转速在 300r/min 以上的高速和超高速挤出机，使挤出机的生产能力获得很大提高。

（2）大型化和精密化　随着科技的不断进步，计算机技术的跨越式发展，精密化控制已经成为挤出机生产商亟待解决的难题，而这方面日本的公司已经走在了前列。

（3）模块化和专业化　模块化生产不仅能够缩短新产品的研发周期，而且可以进行全球采购，这就大大降低了生产成本，并且利于资金周转。想要提高生产效率，见到客观的收益，就必须专机专用，专门采购。

3. 中国挤出机供应概况

根据海关统计，挤出机是中国塑机出口的主要产品之一，中国从挤出机主机制造到全套生产线供应均有高性价比的全套解决方案。

从主机及其塑料制品区分，中国可以制造的挤出机包括单螺杆挤出机，适合于加工各种材料及各种结构的板、片、膜、丝、棒等产品；平行异向旋转双螺杆挤出机和锥形异向旋转双螺杆挤出机，适于加工温度敏感性材料，如 PVC 板、管、异型材等；平行同向旋转双螺杆挤出机，适于原料共混、填充、脱挥、改性、造料，增加一定装置如熔体泵，可用于直接成型；适于高填充料生产的磨盘挤出机、往复螺杆挤出机等。

近年来，随着辅助设备与模具技术的不断成熟与发展，挤出生产线渐渐成为中国挤出机市场的主力。PVC 异型材及其后续加工设备、薄膜与管材生产技术与设备、各种线缆包覆技术在中国均有成熟的技术可以提供。

中国已可向国内外市场提供 3~7 层的多功能复合膜生产线、3 层复合化工包装结构性薄膜生产线、各种农地膜与棚膜生产线和土工膜生产线等挤出吹塑薄膜生产线。此外，各种流延膜与单向、双向拉伸膜生产技术也已发展成熟，并可提供 5 层复合或宽度超过 5m 的挤出流延膜生产线。

塑料管材可以满足建筑与市政工程以塑代钢、以塑代水泥等市场需求。中国管材生产技术已为全球所注目，可向国内外市场提供各种实芯管、波纹管、铝塑复合管、聚乙烯交联（PEX）管、冷热水输送（PPR）管、各种市政供排水管、电线电缆护套管、超高分子量管、多孔导管、消音下水管等生产线。

由于我国把经济效益同环境效益相连接，制造的挤出机也具有高效、节能的特点，产品与国家新型战略紧密相连，但是对发达国家出口仍以低中端产品为主。随着"一带一路"倡议的不断展开，挤出机行业将会迎来更快的发展。

中国海关公布的我国 2017 年 1~8 月挤出机进出口贸易顺差数据表明，我国此项进出口贸易顺差大幅度增长近 200%，这意味着中国塑料机械不仅在逐步走向世界，也在逐渐稳固自己的世界市场地位。我国挤出机质量、性能等还未入眼"正统"发达国家和机械强国之眼。而"一带一路"的建立为行业出口提供了更为便捷的环境，随着"一带一路"范围的扩大，行业贸易范围也将越来越广。

由这段发展史不难看出：在知识经济时代，必须加强创新能力，才能靠技术闯出一条口碑之路、强国之路。我们需要培养挤出机方面的高精尖技术人才和尖端技术企业，我们在"一带一路"中输出的是生产能力，但这终会达到饱和，我们需要用创新能力为可持续发展打好基础。如若不然，我们只能谈发展，却不敢言超越！

国产挤出机发展的路任重而道远，只有大力培养创新型复合人才，走创新之路，才能在可持续发展的路上越走越远。

资料来源：王天鹏. 挤出机发展历史分析[J].机械装备，2017，60.

👥 思考题

1. 挤出成型具有什么特点？
2. 挤出成型设备应具有什么综合要求？
3. 挤出成型设备的主机、辅机和控制系统分别由什么组成？各部分的作用是什么？
4. 挤出机是如何分类的？目前最常见的是哪种形式的挤出机，它具有什么特点？
5. 普通型挤出机有哪些基本参数？分别用何种符号表示？

6. 挤出成型设备的主机、辅机及机组的型号是如何编制的？

7. 简述普通挤出机的工作过程。普通螺杆的基本参数有哪些？各有什么意义？如何表示？

8. 普通螺杆按功能区划分有哪几段？各段的作用是什么？

9. 简述挤出理论对挤出过程控制的指导意义。

10. 提高固体输送率的主要措施是什么？

11. 挤管、挤板和吹膜辅机由哪些组成部分，其功能是什么？

学习目的与要求

通过本章的学习，要求掌握双螺杆挤出机的结构组成及分类、掌握双螺杆挤出机技术参数、掌握不同类型挤出机工作特点及主要应用领域、掌握螺杆元件的类型及作用、掌握螺杆组合设计原则。

能根据不同混合生产任务选择合适的双螺杆挤出机、能根据不同加工物料设计螺杆组合、能操作双螺杆挤出机、能完成双螺杆的拆装清理、能对双螺杆挤出机进行日常维护及保养。

培养团队协作的意识、形成热爱劳动的习惯、培养对国产双螺杆挤出机的民族自豪感及爱岗敬业的精神。

第一节　概述

单螺杆挤出机结构相对简单，制作容易，价格有优势，在塑料加工工业中，尤其挤出产品中应用广泛。单螺杆挤出机主要通过螺杆、物料、机筒之间的摩擦完成物料的输送，对物料的分散混合效果较差。随着塑料加工行业的发展，一些产品需要高填充、纤维增强、熔融共混、化学反应改性等改性手段进行加工生产。单螺杆挤出机已达不到上述生产工艺对设备的要求。为了适应广泛的加工需求，双螺杆挤出机的设计和使用逐渐成为塑料改性加工行业的核心设备，近些年发展迅速。

双螺杆挤出机（twin screw extruder，TSE）是在挤出机机筒中并排安装两根螺杆的一种挤出机，它是在单螺杆挤出机（single screw extruder，SSE）的基础上，随着聚合物加工业及食品加工业的发展而出现和发展的。

一、双螺杆挤出机的特点

与普通单螺杆挤出机相比，双螺杆挤出机有如下优点：

（1）加料容易　具有强制加料的性能，加料容易、输送效率高。这是由于双螺杆挤出机是靠正位移原理输送物料，没有压力回流。可适于具有很高或很低黏度，以及与金属表面之间有很宽范围摩擦系数的物料，如带状料、糊状料、粉料及玻璃纤维等物料的挤出。特别适用于加工聚氯乙烯粉料，可由粉状聚氯乙烯直接挤出产品。

（2）物料停留时间短　适于那些停留时间较长就会固化或凝聚的物料的着色和混料，例如热固性粉末涂层材料的挤出。

（3）排气性能优异　由于双螺杆挤出机啮合部分能对物料进行有效混合，不断更新的物料界面可使物料中存在的气体在排气段充分排出。

（4）混合、塑化的性能优异　由于两根螺杆互相啮合，物料在挤出过程中进行着比在单螺杆挤出机中更为复杂的运动，经受着纵、横向的剪切混合所致。

（5）比功率消耗低　由于双螺杆挤出机的螺杆长径比比较小，摩擦小，物料的能量多由外热输入。

（6）容积效率非常高　挤出流率对口模压力的变化不敏感，用来挤出大截面的制品比较有效，特别是在挤出难以加工的材料时更是如此。

二、双螺杆挤出机的结构组成

双螺杆挤出机主要由传动系统、挤压系统、加热冷却系统、控制系统等几部分组成，如图 5-1 所示。在实际应用中，双螺杆挤出机必须与机头和辅机相配合组成工作机组，才能完成预定任务。加工不同物料、生产不同制品、完成不同任务，主机、机头和辅机都是不同的，主要由以下系统构成。

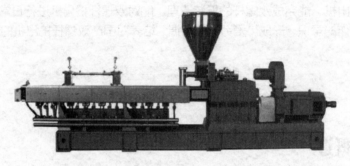

(a) 双螺杆挤出机实物图

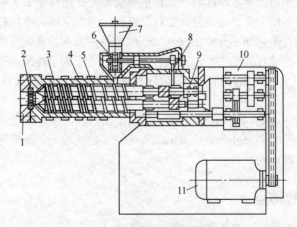

(b) 双螺杆挤出机结构示意图

图 5-1　双螺杆挤出机的结构

1—机头连接体；2—分流板；3—机筒；4—加热器；5—螺杆；6—加料器；7—料斗；

8—加料器传动机构；9—推力轴承；10—减速器；11—电动机

（1）挤压系统　由料斗、螺杆和机筒组成，是挤出机工作的核心部分，其作用是把加入的固体物料熔融塑化、混合，为口模提供定温、定压、定量的熔体，并将在这一过程中产生的气体排除，最后通过口模得到合乎质量要求的制品。

（2）传动系统　由电机、调速装置及传动装置组成，其作用是驱动螺杆，并供给螺杆在工作过程中所需的转矩和转速。

（3）加热冷却系统　由温度控制部件组成，其作用是通过对机筒进行加热和冷却，保证挤出系统的成型在工艺要求的温度范围内进行。

（4）控制系统　主要由电器、仪表和执行机构组成，其作用是调节控制螺杆的转速、机筒温度、机头压力等。

（5）机头　主要包括机头体、分流器、分流器支架、芯棒、口模、调节螺钉等，机头的主要作用是使熔融物料由旋转运动变为直线运动，产生必要的成型压力，使物料进一步塑化、混合均匀。

三、双螺杆挤出机的分类

双螺杆挤出机因螺杆相对位置、螺杆转向、螺杆轴线相对位置等不同，相应的分类方法也有多种，常见的分类有以下几种。

1. 非啮合型和啮合型

当两根螺杆螺棱之间存在间隙时，称两根螺杆为非啮合型，如图 5-2（a）所示。啮合型根据啮合程度又分为全啮合型（紧密啮合型）和部分啮合型（不完全啮合型）。部分啮合型是指一根螺杆的螺棱顶部与另一根螺杆的螺槽根部之间留有间隙，如图 5-2（b）所示。全啮合型是指一根螺杆的螺棱顶部与另一根螺杆的螺槽根部之间不留任何间隙，如图 5-2（c）所示。

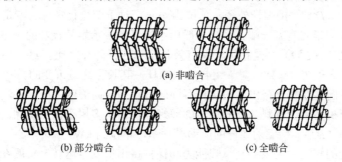

(a) 非啮合

(b) 部分啮合　　　　　　　　　　　　(c) 全啮合

图 5-2　双螺杆的啮合类型

2. 同向旋转和异向旋转

异向旋转型的两根螺杆的几何形状对称，螺棱旋向完全相反。异向旋转双螺杆又分为向内异向旋转和向外异向旋转，如图 5-3（a）、（b）所示。同向旋转型的两根螺杆旋转方向一致，如图 5-3（c）所示。

(a) 向内异向旋转　　　(b) 向外异向旋转　　　(c) 同向旋转

图 5-3　双螺杆旋转方式

同向旋转的双螺杆挤出机，因其螺杆旋转方向一致，因此两根螺杆的几何形状、螺棱旋向完全相同。而异向旋转双螺杆挤出机，两根螺杆的几何形状对称，螺棱旋向完全相反。其中向外异向旋转应用较多，而向内异向旋转应用较少。因为向外异向旋转双螺杆在物料自料斗进入后，沿旋转的螺杆向两边迅速自然分开并充满螺槽，不易出现"架桥"现象，有利于物料的输送，且随着螺杆的输送，物料很快与机筒内壁接触，有利于充分吸收外热，提高塑化效率。同时，由于物料由下方进入螺杆间隙，产生一个向上的推力，与螺杆的重力方向相反，可以减少螺杆与机筒的磨损，而向内异向旋转的情况刚好与向外异向旋转相反。

3. 平行双螺杆挤出机

平行双螺杆挤出机的两根螺杆轴线相互平行，根据两根螺杆的相对位置又分为共轭螺杆和非共轭螺杆。当两根螺杆全啮合，而且其中一根螺杆的螺棱与另一根螺杆的螺槽具有完全相同的几何形状和尺寸，并且两者能紧密地配合在一起，只有较小的制造和装配间隙时，称为共轭螺杆。当两根螺杆的螺棱与螺槽之间存在较大的配合间隙时，称为非共轭螺杆。

4. 锥形双螺杆挤出机

如图 5-4 所示，挤出机的两根螺杆轴线呈现相交状态，螺杆根部方向直径较大，螺杆头端直径较小，双螺杆的螺纹分布在圆锥面上。一般情况下，锥形双螺杆挤出机属于啮合向外异向旋转型双螺杆。

图 5-4　锥形双螺杆

四、双螺杆挤出机的主要技术参数

双螺杆挤出机主要工作参数如下。

（1）螺杆直径（D）　指螺杆外径，单位为 mm。对于变直径螺杆它就是一个变值，对于锥形双螺杆的外径应指明是哪一端直径，一般用小端直径表示螺杆直径的规格。

（2）螺杆长径比（L/D）　是指螺杆的有效长度和螺杆外径之比。对于整体式双螺杆，长径比是一个定值，一般为 7～18；对于组合式双螺杆，其长径比是可变的。

（3）螺杆的转向　双螺杆挤出机的螺杆有同向旋转和异向旋转之分。从发展趋势看，同向旋转的双螺杆挤出机多用于混料，异向旋转的双螺杆挤出机多用于挤出制品。

（4）驱动功率（P）　指驱动螺杆的电动机功率，单位为 kW。

（5）螺杆承受的转矩　为表征其承载能力和保护挤出机安全运转，一般在其规格参数中，双螺杆挤出机承受的转矩载荷较大，要列出螺杆所承受的最大转矩，工作时不得超过，单位一般用 N·m。

（6）推力轴承的承载能力　推力轴承在双螺杆挤出机中是个重要部件，一般在产品规格说明中都给出推力轴承的承载能力，单位为 N。

（7）螺杆转速范围　用 n_{min}～n_{max} 表示，其中 n_{min} 为螺杆最低转速，n_{max} 为螺杆最高转速，单位为 r/min。

（8）机筒的加热功率和加热段数　加热功率用 P 表示，单位为 kW。加热段数指挤出机机筒分几段加热。

（9）双螺杆挤出机生产能力　根据塑料制品的种类标明产量，单位为 kg/h。

（10）螺杆中心距（a）　指两根螺杆中心线的距离，单位为 mm。

五、双螺杆挤出机的工作原理

双螺杆挤出机的工作原理与单螺杆挤出机完全不同、差异很大，即便同是双螺杆挤出机，类型不同其工作原理也有所不同。一方面物料在单螺杆挤出机中的输送主要依靠物料与机筒之间产生的摩擦力，而双螺杆挤出机为正向输送，有强制将物料推向前进的作用。另一方面，双螺杆挤出机在两根螺杆的啮合处还对物料产生剪切作用。例如，当螺杆同向旋转时，一根螺杆的螺齿像楔子一样伸入另一螺杆的螺槽中。因此物料基本上不能由该螺槽继续进入邻近的螺槽中去，而只能被迫地由一根螺杆的螺槽流到另一根螺杆的螺槽中去。由于螺杆继续转动而反复强迫物料转向，使物料受到良好的剪切混合作用。如果螺杆是反向旋转的，则部分物料随着螺杆轴向旋转，在通过两根螺杆中间时就像通过两辊的辊隙，所以剪切效果会更好。

双螺杆挤出机的工作原理同样包括物料的输送与压缩、熔融塑化、排气、混合和均化等内容。如前所述，物料在熔融塑化前必须压实，以利于排气、传热、加速熔融塑化及得到密实的制品。物料在双螺杆挤出机上的压实主要通过控制双螺杆压缩比、在螺杆上设置反向螺棱元件和反向捏合块等方法实现。物料的熔融塑化机理和单螺杆相似，热量来源于外部的加热与内部摩擦的剪切热两个方面，但两者所占的比例有所不同，这里介绍几种以物料输送机理为主的双螺杆挤出机工作原理。

1. 啮合型异向旋转平行双螺杆挤出机

对于封闭型（即共轭）的啮合区，如图 5-5 所示，连续的螺槽被相互分隔为封闭的"C"形室，随着螺杆的旋转，各"C"形室物料沿着螺杆轴线向机头方向移动，螺杆每旋转一周，物料在"C"形室中推进一个导程。物料的轴向移动与其自身的流变特性无关，即物料的摩擦性质和黏度对输送特性没有影响，这种输送称为强制输送，亦称正位移输送。由于封闭，正位移输送过程中没有漏流和压力流，因而具有最大的输送能力，但是，各封闭的"C"形室中的物料因没有通道进行交换和混合，所以混合性能较差。另外，由于"C"形室间互不相通，压力将随各螺槽中物料的多少而增加或减少，使机头出口处容易出现压力和产量的波动。

对于开放型（即非共轭）的啮合区，如图 5-5（b）所示，其螺槽在纵向存在开放通道，或者在纵向、横向皆存在开放通道，这将丧失一定的正位移输送能力，但由于各"C"形室中的物料能通过这些通道进行充分的混合与交换，所以具有良好的混合性能。

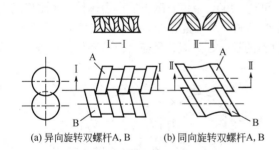

图 5-5　啮合型螺杆

(a) 异向旋转双螺杆A, B　(b) 同向旋转双螺杆A, B

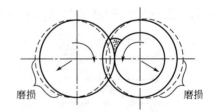

图 5-6　向内异向旋转双螺杆压延效应

物料随螺杆的旋转在通过啮合区的间隙时，对螺杆产生巨大的分离力使进入间隙的物料产生辊压和剪切作用，这种作用称为"压延效应"，如图 5-6 所示。这种"压延效应"一方面提高了物料的塑化、混合质量；另一方面又容易加剧螺杆与机筒的磨损，且螺杆转速越高，磨损越严重。因此，啮合型异向旋转平行双螺杆挤出机的螺杆转速 n 较低，一般低于 60r/min。不难看出，向内异向旋转双螺杆"压延效应"较向外异向旋转更严重，这也是啮合型向内异向旋转双螺杆挤出机在实际生产中很少应用的重要原因。

2. 啮合型同向旋转平行双螺杆挤出机

图 5-7 所示为啮合型同向旋转平行双螺杆，从理论上讲它可以设计成啮合区横向封闭，但

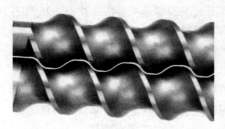

图 5-7　啮合同向平行双螺杆

纵向不能完全封闭，必须有一定程度的开放，否则两根螺杆装不到一起。即螺槽宽度大于螺棱宽度，这样在螺杆中就形成一条从加料口直至机头的通道。通道大小由使用目的而定，纵向开放得越大，正位移输送能力丧失得越多。当物料沿着螺杆到达啮合区后，不仅受到两螺杆的辊压作用，同时还受到螺杆反向速度梯度的作用而被托起，使之沿着两根螺杆螺槽所形成的流道向机头输送。因此，啮合型同向旋转平行双螺杆挤出机物料的输送既有正位移机理，又有摩擦、黏性拖曳输送机理，其输送机理介于普通挤出机与异向旋转封闭型双螺杆挤出机之间。

在啮合型同向旋转平行双螺杆挤出机中，由于两根螺杆在啮合区的速度方向相反，几乎没有使螺杆向两边推开的分离力，因而不存在"压延效应"，保证了螺杆的对中性，并可最大限度地避免螺杆与机筒间产生磨损，这就可以大大提高螺杆的转速，一般可达 300～500r/min，从而获得比异向旋转双螺杆挤出机更高的产量。

此外，由于物料在同向旋转双螺杆螺槽中产生的剪切速率大，剪切应力大且分布均匀，因此塑化效果较异向旋转双螺杆更好。在同向旋转双螺杆上还可配置捏合盘等混炼元件，这样更有利于提高混炼效果。

3. 非啮合型平行双螺杆挤出机

非啮合型平行双螺杆螺槽纵横向都是开放的，其工作原理因加料段物料是否达到临界充满度（临界充满度是指物料在垂直于螺棱的螺槽截面内所占面积与螺槽总面积相等）而有所不同。若加料段物料未充满螺槽而达不到临界充满度，则物料在固体输送段按正位移输送机理由螺棱推着沿挤出方向向前输送。当加料量增大到高于临界充满度之后，工作原理类似于普通挤出机，即靠摩擦和黏性拖曳输送物料。非啮合型平行双螺杆又可分为错列型和并列型，如图 5-8 所示。

物料在非啮合型平行双螺杆中有多种复杂流动，如图 5-9 所示，其混合性能优于普通挤出机。非啮合型平行双螺杆挤出机具有长径比大（可达 120）、单位长度上的自由体积大（比相同直径啮合型双螺杆大 25%）、物料在螺杆中停留时间长、分散混合能力强、排气性能优异和建压能力低（因漏流比较大）等特点。主要用于物料的混合、除湿、反应挤出和物料回收等。

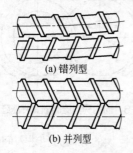

(a) 错列型

(b) 并列型

图 5-8　非啮合型平行双螺杆类型

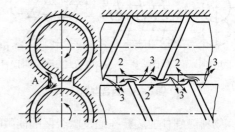

图 5-9　物料在非啮合型平行双螺杆中的流动

1—漏流；2，3—物料在 A 处受阻时的流动方向

4. 锥形双螺杆挤出机

锥形双螺杆挤出机的工作原理类似于啮合型异向旋转平行双螺杆挤出机，其特点是：

① 由于加料段螺杆直径较大，因此对物料的传热面积及剪切速率都较大，物料的塑化效率和输送效率都很高，并且螺杆的强度明显提高。

② 由于均化段螺杆直径较小，因此传热面积和对物料的剪切速率均减小，能使物料避免过热而在较低温度下挤出。

③ 由于均化段末端螺杆截面积小，因此在同等机头压力下，螺杆的轴向力小（约是平行双螺杆的一半），减轻了推力轴承的负担。

④ 由于两根螺杆的轴线交叉成一夹角，使螺杆尾部具有较大的空间位置，因此可安装较大尺寸的推力轴承和齿轮，提高了传动箱的承载能力并大大延长了使用寿命。锥形双螺杆挤出机主要适用于 PVC 粉料和热稳定性差的物料加工，特别是 SPVC 制品的挤出成型。

5. 双螺杆的自洁作用

如果挤出过程中黏附在螺杆上的积料滞留时间过长，将会发生热降解变质，影响制品的质量，因此，应避免产生或及时清除积料，特别是对热稳定性差的物料（如 PVC 等）的加工尤为重要。螺杆能自身清除积料的性能称为自洁作用。

啮合型异向旋转双螺杆，其啮合区螺棱和螺槽之间存在着速度差，在相互擦离的过程中，彼此剥离黏附在螺杆上的物料，因而具有自洁作用。啮合型同向旋转双螺杆在啮合区螺杆间的速度方向相反，螺棱与螺槽间相对速度很大，即以高的剪切速率相互刮除积料，其自洁作用优于异向旋转双螺杆。单螺杆和非啮合型双螺杆没有自洁作用。

六、双螺杆挤出机的选用

1. 啮合同向旋转双螺杆挤出机

具有分布混合及分散混合良好、自洁作用较强、可实现高速运转、产量高等特点，但输送效率较低，压力建立能力较弱。因此它主要用于聚合物的改性，如共混、填充、增强及反应挤出等高速混配改性操作，而一般不用于挤出制品。

啮合型同向旋转平行双螺杆挤出机主要用于物料的混合、除湿、造粒及物料的共混改性、填充改性、增强改性和反应挤出等。

2. 啮合型异向旋转双螺杆挤出机

包括平行和锥形两种，平行的又有低速运转型和高速运转型。平行异向啮合双螺杆挤出机的正位移输送能力比同向双螺杆挤出机强很多，压力建立能力较强，因而多用来直接挤出制品，主要用来加工硬质 PVC、造粒或挤出型材。但由于存在压延效应，在啮合区物料对螺杆有分离作用，使螺杆产生变形，导致机筒内壁磨损，而且随螺杆转速升高而增强，所以此种挤出机只能在低速下工作，一般螺杆的转速为 10～50r/min。

3. 异向平行非共轭双螺杆挤出机

对于异向平行非共轭的双螺杆挤出机，其压延间隙及侧隙都比较大。当其高速运转时，物料若有足够的通过啮合区的次数，会加强分散混合及分布混合的效果，而且熔融效率也比同向旋转双螺杆挤出机高。这种双螺杆挤出机主要用于混合、制备高填充物料、高分子合金、反应挤出等，其工作转速可达 200～300r/min。

对于锥形双螺杆挤出机，若啮合区螺槽纵横向都为封闭，则正位移输送能力及压力建立能力皆很强。因此主要用于加工硬质 PVC 制品，如管材、板材以及异型材的加工，若锥形双螺杆挤出机的径向间隙及侧向间隙都较大，正位移输送能力会降低，但会加大混合作用，因此一般只用于混合造粒。

4. 向内异向旋转双螺杆挤出机

对于非啮合向内异向旋转的双螺杆挤出机，物料对金属的摩擦系数和黏性力是控制输送量的主要因素。其指数性的混合速率强于线性混合速率的单螺杆挤出机，具有较好的分布混合能力、加料能力、脱挥发分能力，但分散混合能力有限，建立压力能力较低。所以，这类挤出机主要用于物料的混合，如共混、填充和纤维增强改性及反应挤出等。

第二节　螺杆元件

双螺杆结构类型较多，通常按螺杆的结构来分，可分为整体式和组合式两种类型。整体式螺杆由整根材料做成，锥形双螺杆挤出机和中小直径的平行异向双螺杆挤出机多采用整体式螺杆。组合式螺杆亦称积木式螺杆，它是由多个单独的功能结构元件通过芯轴串接而成的组合体，这些功能结构元件我们可以称之为螺杆元件或螺纹元件。通过改变这些元件的种类、数目和组合顺序，可以得到各种特性的螺杆，以适应不同物料和不同制品的加工要求，并找出最佳工作条件。

挤出机的螺杆根据功能可以划分为输送段、熔融段、混炼段、排气段、均化段等，每一段的功能不同，用到的螺纹元件也不同。螺纹元件根据功能的差异可划分为输送元件、混炼元件、剪切元件、特殊元件等。

组合螺杆突破了传统常规全螺纹三段螺杆的框架，螺杆可以不再是整体的，也可以不再是由三段组成，这是螺杆设计中的一大进步。它的最大特点是适应性强，专用性也强，易于获得最佳的工作条件，在一定程度上解决了"万能"和"专用"之间的矛盾。因此，得到了越来越广泛的应用。但这种螺杆设计较复杂，在直径较小的螺杆上实现有困难，下面重点以啮合同向双螺杆组合元件进行介绍。

一、输送元件

输送元件是螺纹形的，可有不同的头数和导程，其主要功能是输送物料，包括圆态物料、已熔物料和未熔物料，有时也输送液态物料。螺槽形状可以是矩形的和近似矩形的，但目前流行的是根据相对运动原理生成的自扫型螺纹元件。

1. 输送元件表示方法

输送元件参数主要是从导程（螺棱上的一点沿螺旋线以芯轴为轴心旋转一圈所产生的轴向距离）和元件长度（元件轴向长度）来区分。大导程，指螺距为 $1.5D \sim 2D$；小导程，指螺距为 $0.4D$ 左右，图 5-10 展示了不同导程的输送元件。

如 "72/36" 输送元件，72 指导程，36 是元件长度，单位 mm；"36/36" 输送元件，前一个 "36" 指导程为 36mm，后一个 "36" 指元件长度为 36mm。

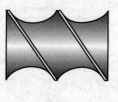

大导程　　　　　　　中导程　　　　　　小导程输送　　　　　半导程

图 5-10　不同导程的输送元件

其使用规律：随着导程增加，螺杆挤出量增加，物料停留时间缩短，混合效果降低。不同导程使用不同的应用场合。

（1）选用大导程螺纹　以输送为主的场合，有利于提高产量；热敏性聚合物，缩短停留时间，减少降解；排气处，增大表面积，利于排气、挥发等。

（2）选用中导程螺纹　以混合为主的场合，通常设置导程逐渐缩小的组合，以有利于输送和增压。

（3）选取用小导程螺纹　用于输送段和均化计量段，利于增压，提高熔融效果、混合物塑化程度及挤出稳定性。

2．正向螺纹元件

正向螺纹元件的输送方向与挤出方向相同，右旋 R，一般不需要标注，如 56/56、72/72、56/28 等。图 5-11（a）所示为近似矩形螺纹元件，其特点是螺槽和螺棱宽度接近相等，主要用于输送物料及需要在较短的轴向距离内克服由剪切元件和混合元件产生的阻力。图 5-11（b）所示为近似矩形的、纵横向都开放且纵向开放较大的正向螺纹元件，其特点是螺棱比螺槽窄得多，因而在一根螺杆的螺棱和另一根螺杆的螺槽之间有很大空隙，通过这些空隙，物料可以交换。这种形式的螺纹元件具有很好的轴向混合作用，但因漏流大，输送作用减弱，物料停留时间也加长。图 5-11（c）所示为根据相对运动原理生成的自扫型螺槽形状的输送元件，纵向开放、横向封闭，是目前最流行的。它具有较强的输送作用，物料在其中的停留时间短，自洁性好，可在短的轴向距离建立高压，但混合性能较差。

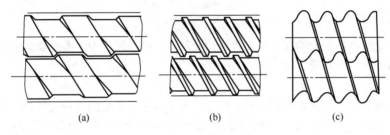

(a)　　　　　　　(b)　　　　　　　(c)

图 5-11　正向螺纹元件

3．反向螺杆元件

又称左旋螺纹元件（反螺纹 L，一般需要标示），如 56/56L、72/72L、56/28L 等。几何形状和参数与正向螺杆元件相同，只是与螺杆旋向相反，因而物料在其中的输送方向与正向螺杆元件相反。反向螺杆元件的作用是形成对物料的阻挡或封堵，建立压力，延长物料的停留时间，增加剪切能的输入，可促进熔融，增强混炼效果。

4．单头自扫型螺杆元件

单头螺杆元件，如图 5-12（a）所示，具有高的固体输送能力，多用于加料段，以改进挤出量受加料量的限制以及用于输送那些流动性差的物料。当其用于泵送熔体时，由于螺棱较厚，可阻止物料通过螺棱的漏流，使泵送段的回溯长度变短。单头螺纹元件的一个缺点是由于螺棱宽，与机筒内壁接触面积大，因而磨损大，且物料的受热不均匀。

5．双头自扫型螺杆元件

如图 5-12（b）所示，和三头螺杆元件相比，中心距相同时，双头螺杆元件可将外径和根径之比设计得较大，因而其螺槽可做得较深。这就使单位长度上有较大的自由体积，从而在相同螺杆转速下，能提供较低的剪切速率。这两点使双头螺杆元件适用于粉料（特别是低密度粉料）、含有玻璃纤维组分的物料以及剪切敏感型、温度敏感型物料的加入和输送。与三头螺杆元件相比，在相同剪应力和转矩条件下，双头螺杆元件可在更高转速下工作。由于在相同螺杆中心距下，它比三头螺杆元件的自由体积增大 75%，故可达到更高的生产率和低的比能耗。

6. 三头自扫型螺杆元件

如图 5-12（c）所示，与双头螺杆元件相比，在相同中心距下，三头螺杆元件的螺槽更浅（即其外径和内径之比较小），这意味着三头螺杆元件可以有更大直径的芯轴来传递转矩，在相同转速下，可以对物料施加更高的平均剪切速率和剪应力。一方面，由于螺槽浅，物料层变薄，因而三头螺杆元件的热传递性能比双头螺杆元件好，利于物料塑化熔融。另一方面，相对于可利用的功率，三头螺杆元件单位长度螺槽的自由体积较小，故对于很多混合任务，它的使用受到自由体积和加料速率的限制。

(a) 单头   (b) 双头   (c) 三头

图 5-12 不同头数螺杆元件截面图和外形图

二、剪切元件

剪切元件主要是指常用的捏合盘、捏合块元件，在螺杆组合中主要提供高的剪切作用，产生良好的分散混合与分布混合能力。

1. 捏合盘

描述单个捏合盘的几何参数有头数、厚度，为了与相同头数的螺杆元件对应使用，捏合盘也有单头、双头和三头之分，依次亦称为偏心、菱形和曲边三角形。捏合盘总是成对使用（即在两根螺杆上装上相应的捏合盘成对使用）和成串使用（即每根螺杆上都装上相应的捏合块使用）。

单头捏合盘由于其凸起顶部与机筒内壁接触面积大，功耗和磨损大，较少应用。双头捏合盘与双头螺棱元件相接使用，因其与机筒内壁形成的月牙形空间大，输送能力大，产生的剪切不十分强烈，故适于对剪切敏感的物料或玻璃纤维增强物料，在啮合型同向旋转双螺杆挤塑机中得到广泛应用。三头捏合盘与三头螺棱元件相接使用，由于它与机筒内壁形成的月牙形空间小，故对物料的剪切强烈，但输送能力比双头捏合盘低，可用于需要高剪切才能混合好的物料。如图 5-13 所示。

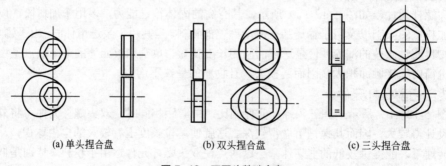

(a) 单头捏合盘   (b) 双头捏合盘   (c) 三头捏合盘

图 5-13 不同头数啮合盘

2. 捏合块

捏合块也称剪切块，一般有"K"系列（片状）与"M"系列（齿状），描述由几个捏合盘组成的捏合块的参数有捏合盘个数、捏合块轴向长度以及相邻盘之间的错列角。常见的用 K 或 KB 作为前缀，主要是以各单片捏合的角度来确定规格型号表示，一般有 30°、45°、60°、90° 之分：如 K45/5/56，属于剪切块，带"K"指片状剪切块，"45"指片拼成的角度，"5"指共有 5 片，"56"指长度为 56mm，螺棱宽度为 56/5=11.2mm。

捏合块方向同样也分正反两种，正向捏合块的旋向与正向螺棱元件的螺旋方向一致，物料输送方向与挤塑方向一致；反向捏合块的旋向与反向螺棱元件一致，物料输送方向与挤塑方向相反，并产生反压力，使其上游螺棱输送元件内物料的充满度增加；可根据实际情况进行微调组合。

捏合块中的捏合盘在制造安装时，需要把相邻捏合盘之间沿周向错开一定的角度（圆心角），该角度称为错列角，错列角对捏合块的工作性能有重要影响。有错列角，相邻捏合盘之间才有物料交换，成串的捏合盘才能形成（像螺纹元件那样的）螺旋角，沿捏合块的轴线方向才能有物料输送。错列角对轴向通道开口有重要影响，对于正向捏合块，错列角越大，两相邻捏合盘之间的开口越大，会使输送能力减小，充满度和停留时间增加；对于反向捏合块，错列角越大，意味着对聚合物输送的阻碍越小。一般来说，在 90° 以内，角度越大，剪切能力越强，厚剪切块剪切能力强于薄剪切块；一般剪切块厚度对剪切热影响很大，厚有利于通过剪切热加强塑化分散。中性捏合块（双头捏合盘错列角为 90°、三头捏合盘错列角为 60°）有最大的漏流开口，对物料无轴向输送能力。捏合块实物见图 5-14。

图 5-14　捏合块实物图

三、混合元件

混合元件在双螺杆挤塑机中的主要作用是搅乱料流、使物料均化等，包括齿形元件和螺棱上开槽的螺纹元件。齿越多混合越强，但使用时注意高剪切的不利影响。

1. 齿形元件（TME）

也叫涡轮混合元件 TME（turbin mixing element），如图 5-15（a）所示，是最早的齿形状混炼元件，在一个圆盘圆周上分布很多齿，有点像齿轮，齿有直的也有斜的。齿形元件可以做成盘状，然后成组安装（轴向用环隔开），也可以做成整体式。一般成组使用，但不啮合，而是沿两根螺杆轴线方向交替布置齿盘。该元件在两根螺杆上的齿型盘非交错区可对物料分流，没有正反输送能力，但通过齿形的正、反、直不同角度，可以设计出材料不同的混炼模式，为不同物料提供最多的比表面积，横向混合能力非常优秀，缺点是没有自清洁功能，有利于分布混合。

2. 螺棱上开槽的螺杆元件（ZME、SME）

该类元件是在螺杆输送元件的螺杆上开了若干沟槽而形成的，沟槽能使相邻螺槽相通，有利于相邻螺槽间物料交换，对物料进行均化，促进纵向混合，但开槽之后，其输送能力和建压能力降低，延长了物料的停留时间，如图 5-15（b）、（c）所示。

ZME 元件是 TME 元件的升级，具有一定的反向输送能力，但非常弱，功能基本与 TME 元件一致，但具有自清洁功能，缺点是安装比较麻烦。ZME 齿形元件具有很强的分散性，通常是在单头反螺纹套筒的螺纹边缘开一个正齿槽而形成的构件。槽间形成交错角，导程小，材料在螺旋槽内连续切割和拉伸，形成揉捏。在目前可用的齿形元件中，它的能耗是最强的，建议谨慎使用。

SME 元件其实就是普通的输送元件在螺棱上开了漏料的槽，有正向输送能力，优点是具有轴向的分布混合能力。SME 单元是一种混合单元，在传统的正向输送单元上有几个反向的浅回流槽。物料输送时，螺旋边缘的许多浅槽形成多股回流，增加了分散和分布的能力。该元件产生的剪切热很低，而 SME 元件的能耗是几种螺杆混合元件中最低的。通常放置在双螺杆熔融段和挤出段，在全螺杆低剪切格局中 45°或 60°捏合块之间，适当增加熔体的分布和分散。

(a) TME   (b) ZME   (c) SME

图 5-15 混合元件实物图

四、新型元件

随着双螺杆挤塑机向高速高效方向的发展和应用范围的扩大，对其完成的混合任务要求越来越高。为此，又相继开发了一些新型元件，主要有：大螺距元件、六棱柱元件、剪切环元件、驼峰元件等。

1. 大螺距螺杆元件

它能使大部分物料经受恒定的可控剪切和建立恒定的压力，物料的温升较低，如图 5-16 所示。

2. 六棱柱元件

从形成过程看，六棱柱元件大体是将正六方棱柱扭转一个角度形成的。这种元件要成对使用，一根螺杆上装一个，并有相位要求。六棱柱元件能提供恒速移动的啮合区，有周期性的流型，能连续地将料流劈开，有利于物料的熔融与混合。与捏合块能产生不平衡的剪切速率和"热点"不同，这种元件能在全长上保持可控剪切、压力和温度，而又不牺牲混合质量。见图 5-17。

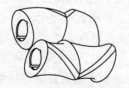

图 5-16 大螺距螺杆元件

图 5-17 六棱柱元件

3. 剪切环元件

图 5-18 表示一种剪切环结构，一个环的外径与一个环的根径间、环的外径与机筒内壁的间隙中均会产生对物料的剪切，但无输送能力，物料必须靠上游建起的压力通过它。

4．驼峰螺杆元件

　　其外形有点像驼峰，如图 5-19 所示，单头，螺棱宽度比根据相对运动原理导出的双头螺纹元件的螺棱宽，但比根据相对运动原理导出的单头螺纹元件的螺棱窄，它一般用于排料段，这种元件的优点是在螺棱和机筒之间的高剪切区不产生过热。

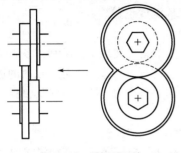

图 5-18　剪切环元件

图 5-19　驼峰螺杆元件

第三节　螺杆组合及机筒设计

　　在进行整根螺杆的元件组合设计之前，我们首先要确定混合作业的目的，物料各组分的形态、性能和配比，不同聚合物、不同添加组分和配比对双螺杆挤出过程的要求是不同的；其次对加料方式、加料顺序、是否需要侧加料口等也要确定；还要对各种螺杆（机筒）元件及局部构型的结构、工作原理和性能，应用场合有较全面深入的了解，否则就不能正确地选用它们。本节主要以同向啮合型双螺杆挤出机为例介绍螺杆组合设计的基本原则。

一、螺杆组合设计的主要目的

　　物料在双螺杆挤出机中进行混合，主要完成分布混合和分散混合两种目的。

1．分布混合

　　分布混合，主要指通过外力使材料中不同组成的原料分布均一化，但不改变原料颗粒大小，只是增进空间排列的无规程度，并没有减小其结构单元尺寸。

　　在挤出过程中主要通过分离、拉伸（压缩与膨胀交替产生）、扭曲、流体活动重新取向等应力作用使熔体分割与重组，实现各组分空间分布均匀。

　　如果挤出过程的主要目的是实现分布性混合（其关键变量是应变），则螺杆组合除应能提供足够的应变外，还应使物料在螺杆中流动时能不断重新取向（或不断调整流动方向）。根据研究和实际经验，在进行螺杆组合设计时，为了获得大的应变，常常在剪切元件之间引入混合元件，以使由剪切元件流出的物料界面无规化，这样可以在增加很少或不增加剪切的情况下获得大的界面增长，从而实现良好的分布混合。

2．分散混合

　　分散混合，主要指通过外力使材料的粒度减小，并且使不同组成的原料分布均一化，既有粒子粒度的减小，同时也有位置的变化，如将无机填料粉碎及将玻纤丝切短等，主靠剪切压力和拉伸应力实现。

　　如果挤出过程主要是实现分散性混合（关键变量是应力），则需要在螺杆（机筒）上设置高剪切区，而且要使物料多次通过这些高剪切区。高剪切区最好设置在物料的熔融阶段，因为在熔融段物料黏度大，故在此时施加高剪切，分散混合最好。

二、各段螺杆组合设计

螺杆组合是双螺杆挤出工艺制订的关键，同向双螺杆挤出以混炼为主，螺杆组合要考虑到主辅料性能与形状、加料顺序与位置、排气口位置、机筒温度设置等。

1. 加料段螺杆设计

此处加料段是指主加料口对着的螺杆区段，对这一段的主要要求是能顺利、多适应性地加入物料，包括能适应各种形状的粒料、低松密度粉料、含有纤维状添加组分的物料的加入。

据此，大螺距、正向螺纹元件用在此处可获得最大的加料能力。螺纹导程在加料口处应较大，此后逐渐减小。

2. 压缩段螺杆设计

像单螺杆挤出过程一样，在固体输送段要将松散的粉状物料压实或提高粒料在螺槽中的充满度，以促进物料的熔融，能实现这一要求的螺杆局部结构是减导程螺纹元件。主要通过两种方式：一种是分段改变螺距，使螺距由大到小，这是当前流行的组合式双螺杆通常采用的方法；另一种是渐变式改变螺距，该方法在组合式双螺杆中很少采用（因不利于组合互换），但在整体式双螺杆中可采用。

应当注意，加工低松密度的粉状物料在组合不同导程螺纹元件时，一般不会出现什么问题，但若加入的是颗粒料，则相接螺纹元件导程的变化有时会导致挤出机过载，因此相邻导程变化的程度不宜过大。

3. 熔融段螺杆设计

熔融段设计的目标是在设定温度下将物料均匀、快速熔融。熔融段最佳螺杆构型取决于被加工物料的比热容、熔点、熔体黏度以及聚合物在固体状态时粒子的大小。使物料熔融的热源有两个，一是由机器加热器提供的外热，二是由螺杆导入的机械能转变成的摩擦热、塑性变形热和剪切热，后者是主要的。

为导入剪切热，在熔融段应设置捏合块、反螺纹元件、反向大导程螺纹元件，并将这些元件在预定的螺杆轴向位置与其上游正向螺纹元件有效组合起来。为避免在熔融塑化区产生过高的温度梯度，可将剪切元件和正向输送元件相间组合，使总能量的输入以一定顺序在一定轴向长度内分布开。

熔融塑化段局部螺杆构型是否合理主要评价它是否能将机械剪切能变成热能而使物料熔融得最快、最彻底，又不使物料温度升高，即能量利用最合理。

4. 混合段螺杆设计

混合是螺杆挤出加工的一个重要方面，对含多种成分的多相混合物系而言，希望通过混合使分散相颗粒尺寸减小至适当程度并将其均匀分布在连续相中。因此啮合同向双螺杆挤出机的混合功能最重要，混合段的螺杆构型设计具有非常重要的意义。啮合同向双螺杆挤出过程的熔融阶段也是混合开始的阶段，应当把熔融段和混合段的螺杆构型统一起来考虑。

分布混合由薄捏合盘组成的捏合块提供，可使单位螺杆长度上物料的分流数最大，捏合盘间的漏流使剪应力和停留时间得以均布。一旦分布混合完成，应采用厚捏合盘组成的捏合块来增加作用到物料上的应力。在正向捏合块之后加上反向捏合块可增加物料在螺纹元件中的充满度和停留时间，但反向元件的数量不应过多。设置多个短的混合段 $[(1\sim2)D]$ 比设置一个长的混合段更有效。因为如果将输送元件放在两个混合段之间，可给弹性物料创造一个松弛机会。若在混合段末，机筒相应位置处设置调压阀，可连续改变流道截面，而不用改变螺杆组合即可实现所希望的混合强度。

5. 多个加料口区域螺杆设计

有时为了达到规定的混合目标，并不总是把参与混合的聚合物及添加物一起由（第）一个加料口加到挤出机中，要根据物料的加料特性、输送、熔融和混合特性、混合物中各组分应达到的最终混合状态，在挤出过程的不同阶段，在螺杆轴线方向不同位置将聚合物或添加剂分开按一定比例分数加到挤压系统中。

这就涉及需要设置几个加料口，是否需要侧加料口和液体添加剂注入口的问题，而这对机筒元件的选择和整根螺杆的构型设计会有很大影响。同样在这些后续加料口上游应设置密封元件，而在对着加料口的螺杆上设置大导程、物料不能充满的螺纹元件，以容纳后加入的组分并使之容易加入。

① 对于热或剪切敏感的添加剂，应在基体聚合物已在高剪切区彻底熔融后再加入，即在该处设置添加剂加料口，该加料口下游的螺杆构型要能提供低剪切混合。

② 当加入低熔点添加剂时，如润滑剂，可能熔融，应在聚合物完全熔融后加入。

③ 如果加入的是高黏度液体，应采用几个下游加料口，逐渐分批加入，使之慢慢地与聚合物熔体混合，被聚合物稀释，而每个加料口的下游的螺杆区段的混合强度应逐渐增加，以均化黏度逐渐减小的聚合物熔体和液体添加剂形成的混合物。

总体看来，可以加料口为界，将整根螺杆分为几段，再对每一段根据其功能进行螺杆构型设计。

6. 排气区域螺杆设计

双螺杆挤出机设有排气区以便把物料中的湿气、夹带的空气和可挥发的组分除去。在排气口上游的螺杆上应设置密封元件，将熔体密封，以建立起高压；在排气区，即与排气口对着的螺杆区段，应使物料在螺槽中充满度较低，并与大气或真空泵相通。

首先，在排气口前应设有阻力元件，如捏合块或反向螺纹元件，然后在排气口处为大导程螺纹元件，以形成低充满度和薄的熔体层，使物料有可暴露的大自由表面，长的停留时间，以利于排气。通常，排气段螺纹元件导程一般为 $(1～2)D$，可用标准螺纹，亦可用异型螺纹。另外，像单螺杆排气挤出机的排气螺杆设计那样，应保证排气口上游螺杆段的输送能力小于或等于排气口下游螺杆段的输送能力，以建立流量平衡，防止排气口溢料。

7. 熔体输送区域螺杆设计

熔体输送段螺杆要求能连续稳定地向机头方向提供物料。熔体输送一般采用正向螺纹元件，但有时在螺杆熔体输送区要采用捏合块或反向螺纹元件，而物料通过这些元件需在其上游建立压力；为使物料通过口模，在螺杆末端的熔体输送段也要建立压力。

只有在完全充满物料的螺杆段才能建立压力，因而啮合同向双螺杆的压力建立来自物料对螺槽连续充满的能力，100%的充满度能使轴向有通道的螺杆构型在短距离内建立起压力。而熔体对螺杆的充满长度取决于物料的黏度、螺杆导程、螺杆转数、加料量和口模阻力，影响建压能力的有螺纹导程和螺纹头数。建压伴随着温升，这是由于聚合物低的传热系数和螺杆冷却表面与熔体挤出量之比较低所致。为使建压带来的温升降低，必须优化建压螺杆构型，以减少背压区（或回流）长度，使输入物料的能量最小。

需要注意的是，若熔体输送段的螺杆构型或操作条件选择不当，有可能导致挤出不稳定，如流量波动；排气口下游熔体输送区的充满（回流）物料的长度（由螺杆末端算起）不仅延伸到排气段，还会导致排气返料、冒料问题的出现。

典型螺杆组合原理见图5-20。

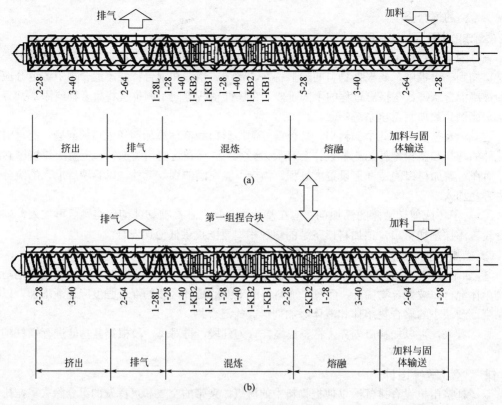

图 5-20　典型螺杆组合原理举例

三、芯轴设计

芯轴作为连接螺杆元件的关键部件，工作时由传动系统传来的转矩通过芯轴按需要传到各螺杆件上。芯轴设计需要解决的核心问题有三个：确定芯轴的截面形状、确定螺杆元件内孔截面形状、确定螺杆元件和芯轴的连接与定位方式。目前所用芯轴的截面形状与螺杆元件的连接方式有以下几种。

1. 圆柱形芯轴

芯轴上纵向开出一条长的键槽，靠单键来传递转矩，靠圆柱面保证各螺杆元件的同心度。这种连接方式目前已很少采用。因为如果键槽采用标准型，则芯轴截面削弱较大，影响其扭转强度；另外，平键并非一种好的定位方式，若制作精度达不到要求，易出现螺棱对不齐。

2. 六方形芯轴

芯轴横截面为正六边形，螺杆元件上的内孔为多边形（一般为二十四边形），二者可以不同相位相配，以调节各元件之间的相互位置（最小调节相位角为15°）。六方形芯轴可以是标准规格的型材，故制造精度能得到保证。各元件之间的同心度不是靠六方形芯轴和元件上多边形的加工精度保证，而是靠圆柱形定位环。

3. 四方形芯轴

芯轴上加工出四个平面，形成类方形的芯轴截面，其特点是靠平面传递转矩，靠剩下的圆柱面保证螺杆元件之间的同轴度。各螺杆元件在圆周方向的相互位置靠四个平面来确定，在相同螺杆直径下，与其他截面形状的芯轴相比，这种芯轴的抗扭截面系数较大。其最大问题是制作困难，加工精度要求非常高。另外，用这种芯轴，螺杆元件在圆周方向调节的最小相位角较大，应用不够灵活。

4. 花键式芯轴

芯轴全长加工出齿形（或矩形）花键，螺杆元件的内孔也加工出花键，如图 5-21 所示。与前面的芯轴相比，在相同螺杆直径下，这种芯轴的横截面可以做得最大，抗扭模量最大，因此传递的转矩最大。各元件的同轴度、圆周方向位置的确定以及各元件之间相互位置的调节全靠花键。这种结构很容易调节元件间的相互位置，但因为是靠花键定位，所以对花键轴及花键孔的加工精度要求很高，目前世界著名双螺杆生产厂家都采用这种芯轴。齿形花键都优于矩形花键。此外，国外有的双螺杆挤出机生产厂家，在其生产的小规格挤出机上，还采用了细牙三角形花键芯轴。

四、螺杆头设计

将选好的螺杆元件装到芯轴上后，要用螺杆头将它们拧紧。螺杆头的设计包括其形状的选择和它与螺杆元件的压紧及与芯轴的连接。

螺杆头的形状有锥形的（标准型）、偏心锥形的，还有特殊形状的（图 5-22）。螺杆头与螺杆元件接触的一面必须垂直于螺杆轴线，以保证整个面与螺杆元件端面紧密贴合。与芯轴相连的螺栓，其螺纹旋向应与螺杆旋转方向相反，以便螺杆工作时，在物料阻力下，使二者越拧越紧而不松脱。也可在螺杆头与螺杆元件之间加上盘状弹簧垫，拧紧后保持一定的弹性变形，以补偿芯轴和螺杆元件之间因温度变化造成的松动。

图 5-21　花键螺杆芯轴

图 5-22　不同形状的螺杆头

五、机筒设计

根据挤出过程和工艺的需要，将不同功能、不同结构形状的机筒段组合起来，与相应的螺杆组装在一起，成为挤压系统，长度大致为 $(3\sim4)D$，有的为 $(5\sim7.5)D$。机筒元件的结构形式主要有以下几种。

1. 带有上加料口的机筒元件

如图 5-23 所示，其功能是加入物料，有多种形式，由上向下看，加料口的形状多为长方形，也有圆形和椭圆形，这种上方带加料口的机筒元件可用在第一加料处，也可用在下游加料处。

2. 带有侧加料口的机筒元件

加料口位于机筒侧面，这种机筒元件主要用于后续低松密度物料的加入或用于在上方加料口难以大量加入机筒的物料的加入。侧加料口机筒元件加料口上游上方往往开有排气口，将侧加料带入的气体排出。为了与侧加料装置相连接，侧加料口周围应留有连接螺钉口。

3. 带有排气口的机筒元件

为了将挤出过程中的气体排出，有的机筒元件上开设有排气口。排气口的形状有矩形、圆形等多种，各种扁方形机筒元件如图 5-24 所示。

图 5-23 带有上加料口的机筒元件　　　　　图 5-24 带有侧喂料及排气口的机筒元件

4. 带有液体添加剂注入孔的机筒元件

有的挤出过程要加入液体添加剂，这需要在机筒元件上开液体注入孔。该孔一般安装孔的机筒元件应装有单向阀，只允许液体加入，不允许液体或熔体溢出。

5. 带有压力（或温度）传感器安装孔的机筒元件

测量孔一般应开在啮合区，孔的中心线应通过螺杆轴线，传感器装入后，其感受膜片应稍凹陷到机筒体内，不能凸出，以免旋转的螺杆将传感器的感受膜片（或平面）刮伤，但也不能凹陷得太多，造成死料区，影响测量精度。

6. 多功能机筒元件

图 5-25 所示为在同一机筒元件上通过更换塞子实现多种用途的机筒元件。其中图（a）为将开口全部堵死，用于完全封闭机筒段的情况；图（b）为装有通道的、用于排气的机段；图（c）为在塞子上开有注入孔，用于注入液体的机筒段。

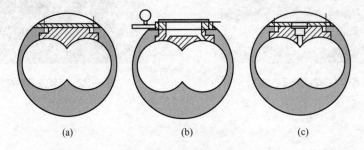

(a)　　　　　　　　　(b)　　　　　　　　　(c)

图 5-25 多功能机筒元件

六、螺杆及机筒材质选择

螺杆在挤出过程中常处于高转矩、高温、高速、高压等工况下，有时也处于高磨损、高腐蚀等恶劣条件下，因此螺杆材质的选择应考虑强度、耐磨损、耐腐蚀等问题。对于组合式同向双螺杆，由于螺杆采用芯轴结构，故螺杆的强度问题转化为芯轴的强度问题。因为芯轴受结构限制，截面小，而承受的转矩却很大，故必须选择高强度的芯轴材料。螺杆元件一般不存在强度问题，因为整根螺杆承受的转矩分配到每个螺杆元件上已很小，螺杆元件上承受圆周力的花键受力面不会出现强度不够的问题。因而组合螺杆元件的中心孔与螺杆元件根径之间的壁厚的确定，一般不是基于强度考虑，而是考虑热处理后的脆性断裂，能保证热处理后不发生脆性断裂的螺杆元件的最小壁厚足以满足强度要求。

目前国内螺杆生产厂家大都采用 38CrMoAlA 钢，制成螺杆后经氮化处理。国外有的厂家也用氮化钢来制造螺杆，氮化层厚度一般为 0.3~0.5mm，可满足一般要求。

由于机筒和螺杆在相同工况下工作，故其选材原则与螺杆相同。用于共混、填充改性的机筒元件可用氮化钢 38CrMoAlA 制成。这种材料具有一定的耐磨性，但耐腐蚀性较差。用于磨损大的填充、增强改性物料生产线的机筒，可采用双金属机筒。双金属机筒元件不是由整块相同材料构成，而是由两种材料构成，与物料接触部分采用耐磨（蚀）材料，而不与物料接触的部分则用价廉的一般碳素钢，这样可节省材料。双金属机筒也可以是不能拆卸的，其与物料接触部分是耐磨、耐腐蚀金属层，用硬化处理、粉末冶金、涂层和熔接等特殊方法制成。可拆卸衬套双金属机筒元件的优点是：当衬套磨损或腐蚀后，可以更换、修复，也可以根据机筒使用情况，安装不同材料的衬套，因而经济。

第四节　传动系统及常用辅机

传动系统是双螺杆挤出机的重要组成部分，它的作用是在设定的工艺条件下，向两根螺杆提供合适的转速范围、稳定而均匀的速度、足够且均匀相等的转矩，并能承受挤出过程所产生的巨大的轴向力。传动系统主要由驱动电动机（含联轴器）、传动箱（亦称齿轮箱，包括转矩分配和减速部分）等组成。

与普通挤出机相比，双螺杆挤出机传动系统的设计和制造要复杂、困难得多。这是因为，一方面双螺杆挤出机要承受比普通挤出机大得多的转矩和轴向力；另一方面，巨大的转矩和轴向力是在有限的螺杆中心条件下狭窄空间内传递并由推力轴承承受，且转矩传递和减速是交织在一起的。此外，还必须将转矩等量地分配到两根螺杆上去，这就要求必须解决好推力轴承的选择布置与承载能力、齿轮和轴承的使用寿命与传动精度、齿轮传动的径向力与螺杆弯曲、传动箱的散热和润滑等方面的问题。

一、驱动电动机

双螺杆挤出机中常用的电动机有直流电动机、交流变频调速电动机、滑差电动机、整流子电动机等。其中以直流电动机和交流变频调速电动机用得最多。直流电机可实现无级调速，且调速范围宽，启动较平稳。采用直流电动机驱动时，通过改变直流电动机转子的电压（电枢电压）可得到恒转矩调速，改变激磁电压时可得到恒功率调速。

变频调速电动机由一个静态变频器来控制，所用电动机多为专用变频电动机，也可用标准相异步电动机替代。变频器质量对变频调速系统的工作性能和运转平稳性有重要影响，近几年，交流伺服电动机驱动以其高速、高动态响应、高精度、高平稳性等优异特性，在单螺杆挤出机的驱动系统中得到越来越多的应用和推广。采用低速大转矩交流伺服电动机可直接驱动单螺杆旋转，省去传动系统中的减速箱，使整机结构得到简化。

二、传动箱

1. 传动箱布置

双螺杆挤出机的传动箱由减速和转矩分配两大部分组成。其结构布置大致有两种形式：一种是将减速部分和转矩分配部分明显地分开，即所谓分离式；另一种是将两者整合在一起，即所谓整体式。

（1）分离式　分离式传动结构的减速部分、转矩分配部分各自独立，中间用联轴器（花键）连接起来。这种布置形式的特点是可采用标准减速器，因而简化了转矩分配部分结构，但占用空间较大。

（2）整体式　整体式传动结构将减速部分和转矩分配部分整合在一起，此结构的最大特点是结构紧凑，应用得较广。

2. 传动方案

对双螺杆挤出机的传动方案总的要求是：不仅要能实现规定的螺杆转速与范围、螺杆旋转方向、均匀的转矩分配和合理的轴承布置，而且能降低齿轮载荷、抵消或减小传动齿轮的径向载荷、传递更大的转矩（功率）与轴向力、延长轴承的使用寿命和方便装配与维修。目前常用的传动方案有内齿传动、双合（外）齿轮传动和多驱动传动三种。

3. 止推轴承布置

双螺杆挤出机工作时，由于螺杆末端处熔体静压力及沿螺杆轴向附加动载的存在，致使螺杆承受很大的轴向推力作用，而该力最终由传动箱中的止推轴承承受。一般止推轴承的承载能力与其直径有关，直径越大，承载能力越大。但在双螺杆挤出机上使用的止推轴承，其直径受到两螺杆中心距的限制，从而造成既要承受巨大的轴向推力，又不能选择大直径的推力轴承的矛盾。目前解决这一矛盾的常用方法就是将同规格的几个小直径的止推轴承串联成止推轴承组使用，由几个止推轴承一起承受轴向力。

常用于双螺杆挤出机的止推轴承组有油膜止推轴承组、以碟簧作为弹性元件的滚子止推轴承组、以圆柱套筒作为弹性元件的止推轴承组三种类型。

使用止推轴承组来承受轴向力，要解决的一个核心问题是必须使每个止推轴承承受的载荷均匀相等，否则工作时由于受力不均，而使其中个别超载的止推轴承首先被破坏，并连锁性破坏其他止推轴承，造成整个止推轴承组不能正常工作，其后果可能使两根螺杆发生轴向相对位移，导致螺棱接触碰撞，甚至损坏螺杆，每个止推轴承受载均匀与否，同止推轴承组的设计、止推轴承的制造精度、止推轴承间弹性元件的设计与制造精度、各支撑零件的制造以及装配精度等因素有关。由于双螺杆挤出机止推轴承组是在有限的安装空间、大的轴向力、高的运转速度、不良的散热等苛刻条件下工作，因此它们应具有低的摩擦功耗和较长的工作寿命，而这又与推力轴承及弹性元件的设计、制造精度、材质、热处理工艺及工作时的润滑状态等有关。

几种可能的轴承系统布置方案如图5-26所示。

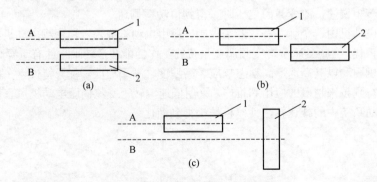

图5-26　止推轴承组的常见布置方案

A，B—螺杆；1，2—轴承

（1）两个推力轴承组的并列布置　如图 5-26（a）所示，由于两根轴上的推力轴承组相邻，其外径只能小于两轴间的距离，因此所选推力轴承组的外径最小，承载能力也最小，故通常不被采用。

（2）两个推力轴承组的错列布置　如图 5-26（b）所示，由于两个推力轴承组沿轴向错列布置，因而每根轴上的推力轴承组的外径可选择大些，只要不与另一根轴相接触即可，故可承受较大的轴向载荷。另外，由于每个推力轴承和所用的弹性元件（圆柱套筒式）都一样，因此，两根螺杆在相等的轴向力作用下，其刚度一样，变形一样，轴向位移也一样，不含发生两根螺杆的螺棱相碰撞的问题。

（3）一个推力轴承组和一个大直径推力轴承的错列布置　如图 5-26（c）所示，大直径推力轴承的直径不受两轴间距离的限制，在非常紧凑的传动箱中可以传递大转矩，且螺杆能承受较大的轴向力。

三、切粒机

塑料造粒机中的切粒机是挤出造粒生产线的重要辅机。切粒设备的类型及粒料的生产工艺不同，切粒装置的结构也有所不同。目前的切粒设备主要有料条切粒机、机头端面切粒机等类型。切粒辅机按其工作方式和作用的不同，可分为冷切粒与热切粒两种类型。

1. 冷切粒

冷切是指经挤出机混炼塑化后的料条从机筒前的机头出来后进入水槽冷却，经脱水风干后，通过夹送辊按一定的速度牵引并送到切粒机中，在切刀的作用下，切成一定大小的圆柱粒状料。

图 5-27 所示为料条切粒机的结构组成及切粒主要工作部件，它主要由切刀、送料辊和传动部分等组成。工作时，条料或带料机头出来后进入水槽冷却，经过送料辊输送到切刀，粒料的长度则由送料辊的速度确定，通常牵引速度不应超过 60～70m/min，料条数目不超过 40 根。这种切粒机一般需与条料机头或带料机头的挤出机配合，料条需用强力吹风机干燥，切粒机具有多把切刀。其操作简单，适合一般的人工操作。但需要相对大的空间，运转时噪声较大。

图 5-27　冷切粒机整体及切粒部分内部构造

2. 热切粒

热切粒是在熔体从机头挤出后，直接送入与机头端面相接触的旋转刀而切断，切断的粒料输送并空冷或落入流水中进行水冷，这个过程属于热切造粒。旋转切刀热切机头如图 5-28

所示。结构简单，安装操作简便，但颗粒易发生粘连。而热切又可分为干切、水环切和水下切等几种方式，它们的具体工作方法与应用特点如下。

图 5-28　旋转切刀热切机头

（1）干切　干切粒生产方法是指在挤出机中挤出条状料后立即被旋转的刀片切成长度均匀的粒状，然后由风机通过管道把粒料送至冷却、过筛装置。这种切粒方式适合于聚氯乙烯料的混炼切粒。

（2）水环切　水环切粒生产方法是指挤出机挤出的条状料立即被旋转的刀片切粒，并抛向附在切粒罩内壁高速旋转的水环，然后水流把粒料带到水分离器脱水，干燥后再送至粒料降温装置处冷却降温，即为成品。此生产方法适合于聚烯烃料的混炼切粒。

（3）水下切　水下切粒生产方法是指挤出机挤出的条状料立即进入水中冷却降温，然后切成粒料，再由循环水把粒料送至离心干燥机中脱水、干燥。此种切粒方式比较适合双螺杆挤出机混炼原料切粒，用于较大批量生产。

四、失重秤

失重式喂料机由料斗、喂料器（单、双轴螺旋喂料器）、称重系统和调节器组成，在操作中，料斗、物料和喂料器共同连续地进行称重。随着物料送出后，测量真实的失重速率，并将它与所需要的失重速率（设定值）加以比较。通过调节喂料器速率来自动修正偏离设定点的偏值，从而可以均匀准确地连续喂送料。作为一种间断给料连续出料的称重设备，由于失量控制是在料斗中进行，可达到较高的控制精度，结构又易于密封，故在粉料控制时与用螺旋秤相比是一大提高。失重秤实物图如图 5-29 所示。

当称重斗的物料达到称重下限位置时，出料螺旋机则按照当时的转速固定出料量，同时控制料仓里的物料快速下到称重斗内，当装料到称重上限时停止装料，快速装料可以缩短进料时间，提高称重的准确度和控制精度。解决了流动性很差的喂料计量加料问题，解决了任何可能发生的架桥问题。适合范围：颗粒、粉末、碳酸钙、滑石粉、粉状树脂、面粉、淀粉等粉料。适用于水泥、石灰粉、煤粉等微细物料的控制配料。

五、熔体泵

熔体泵（图 5-30）最主要的功能是将来自挤出机的高温聚合物熔体增压、稳压后，流量稳定地送入挤出模具，泵出口的熔料压力受入口压力波动的影响极小。其稳压能力优于各种类型的挤出机。熔体泵能够持续地向挤出机头泵送精确的料流量，从而减小挤出制品的公差，使单组分的物料制出更多的合格产品，当挤出制品的尺寸公差要求比较严格或制品的原料成本较为昂贵时，使用熔体泵显得更有价值。

图 5-29　失重秤

由于熔体泵具有增压稳压和稳定流量的特性，当它与单螺杆或双螺杆挤出机联机工作时，就使整条生产线的性能优异，效益显著增加。

在同向双螺杆挤出机与熔体泵组合的混炼挤出造粒生产线中，可以免除双螺杆为克服机头阻力需要具备的建压功能（建压能力差是同向双螺杆自身固有的弱点），在螺杆的有限长度内充分设置混炼功能段，让建压功能由熔体泵承担，从而使该生产线的混炼质量与产量比单独的双螺杆造粒机组大幅提高。单机产量的提高使加工每千克物料的能耗降低，一般可降低约 25%。

(a) 单个泵体   (b) 带电机熔体泵

图 5-30　熔体泵

将单螺杆或同向双螺杆挤出机与熔体泵和管、板、膜等挤出机头组合成生产线，它通过简化挤出制品生产工艺过程，缩短生产周期来实现节能。这种生产过程一般分两步进行，第一步将原料混炼造粒，第二步再用另外的设备将粒料重新加温熔融后挤成制品。这两步之间将熔料冷却至常温然后再加温至熔融态挤出，其中伴随着大量的能量耗费。而应用熔体泵的挤出设备，将传统挤出工艺过程中这部分可观的能量节省下来，从而实现高效、节能。

应用熔体泵，可以在挤出生产线中使用多台挤出机同时向一台熔体泵供料，熔料经熔体泵汇合、增压、计量后供给机头而挤出制品。使用这种配置可以实现用中小型挤出机挤出大型制品（大口径管材、宽幅板、宽幅膜等）的目的。这种配置的生产线结构紧凑、占地面积小；挤出制品的截面尺寸更精确且控制容易。

第五节　双螺杆挤出机的操作及维护

一、新机空载调试

对于新购或进行大修的双螺杆挤出机，安装好后，在投产前必须进行空载试机操作，其操作步骤如下：

① 先启动润滑油泵，检查润滑系统有无泄漏，各部位是否有足够的润滑油到位，润滑系统应运转 4～5min。

② 低速启动主电动机，检查电流、电压表是否超过额定值，螺杆转动与机筒有无刮擦，传动系统有无不正常噪声和振动。

③ 如果一切正常，缓慢提高螺杆转速，并注意噪声的变化，整个过程不超过 3min，如果有异常应立即停机，检查并排除故障。

④ 启动加料系统，检查送料螺杆是否正常工作，送料螺杆转速调整是否正常，电动机电流是否在额定值范围内，检查送料螺杆拖动电机与主电动机之间的联锁是否可靠。

⑤ 启动真空泵，检查真空系统工作是否正常，有无泄漏。

⑥ 设定各段加热温度，开始加热机筒，测定各加热段达到设定温度的时间，待各加热段达到设定温度并稳定后，用温度计测量实际温度，与仪表示值应不超过±3℃。

⑦ 关闭加热电源，单独启动冷却装置，检查冷却系统工作状况，观察有无泄漏。

⑧ 试验紧急停车按钮，检查动作是否准确可靠。

二、双螺杆挤出机操作步骤

视频扫一扫
双螺杆挤出机的操作

1. 开机前检查及准备工作

① 开机前应先检查电器配线是否准确，有无松动现象。检查各热电偶、熔体传感器等检测元件是否良好。检查所有润滑点，并对所有需连接的润滑点再次清洁。启动润滑油泵，检查各润滑油路润滑是否均匀稳定。检查所有进出水管、油管、真空管路是否畅通、无泄漏，各控制阀门是否调节灵便。检查整个机组地脚螺栓是否旋紧，确认主机螺杆、机筒组合构型是否适合于将要进行挤出的材料配方。若不适合，则应重新组合调整。检查主机冷却系统是否正常，有无异样。使用前须将机筒各段冷却管路阀门旋紧关闭。

② 安装机头。安装机头时，先擦除机头表面的防锈油等，仔细检查型腔表面是否有碰伤、划痕、锈斑，进行必要的抛光，然后在流道表面涂上一层硅油。按顺序将机头各部件装配在一起，螺栓的螺纹处涂以高温油脂，然后拧上螺栓和法兰。再将分流板安放在机头法兰之间，以保证压紧分流板而不溢料。上紧机头螺栓，拧紧机头紧固螺栓，安装加热圈和热电偶，注意加热圈要与机头外表面贴紧。

③ 通电将主机预热升温，按工艺要求设定各段温度。当各段温度达到设定值后，继续保温 30min，以便加热螺杆，同时进一步确认各段温控仪表和电磁（或冷却风机）工作是否正常。

④ 按螺杆正常转向用手盘动电机联轴器，螺杆至少转动三转以上，观察两根螺杆与料筒之间及两根螺杆之间在转动过程中有无异常响声和摩擦。若有异常，应抽出螺杆重新组合后装入，检查主机和喂料电机的旋转方向，面对主机出料机头，如果螺杆元件是右旋，则螺杆为顺时针方向旋转。

⑤ 清理储料仓及料斗，确认无杂质异物后，将物料加满储料仓，启动自动上料机，料斗中物料达预定料位后上料机将自动停止上料，对有真空排气作业要求的，应在冷凝罐内加好洁净自来水至规定水位。关闭真空管路及冷凝罐各阀门，检查排气室密封圈是否良好。

⑥ 启动润滑油泵，再次检查系统油压及各支路油流，打开润滑油冷却器的冷却水开关，当气温较低，工作后油箱温升较小时，冷却水也可不开。

2. 开机操作

① 启动主电机，并调整主机转速旋钮（注意开车前首先将调速旋钮设置在零位），逐渐升高主螺杆转速，在不加料的情况下空转转速不高于 40r/min，时间不大于 1min，检查主机空载电流是否稳定。

② 主机转动若无异常，可按下列步骤操作：辅机启动、主机启动、喂料启动。先少量加料，以尽量低的转速开始喂料，待机头有物料排出后再缓慢升高喂料螺杆转速和主机螺杆转速，升速时应先升主机速度，待电流回落平稳后再升速加料，并使喂料机与主机转速相匹配，每次主机加料升速后，均应观察几分钟，无异常后，再升速直至达到工艺要求的工作状态。

③ 待主机运转平稳后，才可启动软水系统水泵，然后缓缓打开需冷却的料筒段截流阀，待数分钟后，观察该段温度变化情况。

④ 在主机进入稳定运转状态后，再启动真空泵（启动前先打开真空泵进水阀，调节控制适宜的工作水量，以真空泵排气口有少量水喷出为准），从排气口观察螺槽中物料塑化充满情况，若正常即可打开真空管路阀门，将真空控制在要求的范围之内。若排气口有"冒料"现象，可通过调节主机与喂料机螺杆转速，或改变螺杆组合构型等来消除。塑料挤出后，根据控制仪表的指示值和对挤出制品的要求，将各环节进行适当调整，直到挤出操作达到正常的状态。

3. 正常停机操作

正常停车时，先将喂料螺杆转速调至零位，按下喂料机停止按钮。

① 关闭真空管路阀门。

② 逐渐降低螺杆转速，尽量排尽机筒内残存物料，对于受热易分解的热敏性物料，停车前应用聚烯烃料或专用清洗料对主机进行清洗，待清洗物料基本排完后将螺杆主机转速调至零位，按下主机停止按钮，同时关闭真空室旁阀门，打开真空室盖。

③ 若不需拉出螺杆进行重新组合，可依次按下主电机冷却风机、油泵、真空泵、水泵的停止按钮，断开电气控制柜上各段加热器电源开关。

④ 关闭切粒机等辅机设备，关闭各外接进水管阀，包括加料段机筒冷却水、油润滑系统冷却上水、真空泵和水槽上水等（主机机筒各软水冷却管路节流阀门不动）。

⑤ 对排气室、机头模面及整个机组表面进行清扫。

4. 紧急停机

遇有紧急情况需要紧急停主机时，可迅速按下电气控制柜红色紧急停车按钮，并将主机及各喂料调速旋钮旋回零位，然后将总电源开关切断。消除故障后，才能再次按正常开车顺序重新开机。

三、双螺杆挤出机操作注意事项

① 物料内不允许有杂物，严禁金属和砂石等硬物混入主机螺杆与机筒内。打开抽气室或机筒盖时，严防有异物落入主机机筒与螺杆内。

② 开机时操作人员不得站在机头前面，要在侧面操作，以免机头喷料，烫伤人体。

③ 为了保证双螺杆挤出机能稳定、正常生产，应检查核实双螺杆和喂料用螺杆的旋向是否符合生产要求。

④ 机筒的各段加热恒温时间要比较长，一般应不少于 2h 加热后开车，先用手扳动联轴器部位，让双螺杆转动几圈，试转时应扳动灵活，无阻滞现象出现。

⑤ 双螺杆驱动电动机启动前，应先启动润滑油泵电动机，调整润滑系统油压至工作压力的 1.5 倍，检查各输油工作系统是否有渗漏现象，一切正常后调节溢流阀，使润滑油系统的工作油压符合设备使用说明书要求。

⑥ 为防止螺杆间摩擦和螺杆与料筒产生摩擦，划伤机筒或螺杆，螺杆低速空运转时间不应超过 2~3min。

⑦ 初生产时强制螺杆加料的料量要少而均匀，注意观察螺杆驱动电动机的电流变化，出现超负荷电流时要减少料量的加入；如果电流指针摆动比较平稳，可逐渐增加机筒料量；出现长时间电流超负荷工作时，应立即停止加料，停车检查故障原因，排除故障后再继续开车生产。

⑧ 双螺杆挤出的塑化螺杆转动、喂料螺杆的强制加料转动及润滑系统的油泵电动机工作为联锁控制，润滑系统油泵不工作，塑化双螺杆电动机就无法启动；双螺杆电动机不工作，喂

料螺杆电动机就无法启动。出现故障紧急停车时，按动紧急停车按钮，则三个传动用电动机同时停止工作，此时注意把喂料电动机、塑化双螺杆电动机和润滑油泵电动机的调速控制旋钮调回零位。关停其他辅机使其停止工作。

⑨ 运转中要注意观察主电机的电流是否稳定，若波动较大或急速上升，应暂时减少供料量，待主电流稳定后再逐渐增加，螺杆在规定的转速（200～500r/min）范围内应可平稳地进行调速。

⑩ 检查减速分配箱和主料筒体内有无异常响声，异常噪声若发生在传动箱内，可能是轴承损坏和润滑不良引起的。若噪声来自机筒内，可能原因是物料中混入异物或设定温度过低，局部加热区温控失灵造成固态过硬物料与机筒过度摩擦，也可能为螺杆组合不合理。如有异常现象，应立即停机排除。

⑪ 检查机器运转中是否有异常振动等现象，各紧固部分有无松动，密切关注润滑系统工作是否正常，检查油位、油温，油温超过50℃，即打开冷却器进出口水阀进行冷却，油温应在20～50℃范围内。

⑫ 检查温控、加热、冷却系统工作是否正常，水冷却、油润滑管道畅通，且无泄漏现象，经常检查机头出条是否稳定均匀，有无断条阻塞、塑化不良或过热变色等现象，机头压力指示是否正常稳定。装有过滤板（网）时，机头压力应小于12.0MPa。过大时则应清理过滤板（网），检查排气室真空度与所用冷凝罐真空度是否接近一致。前者若明显低于后者，则说明该冷凝罐过滤板需要清理或真空管路有堵塞。

⑬ 在机器运转中发现机头漏料时应及时停机检修。

⑭ 装机头时要注意装紧，以免开车挤料时将机头挤出。

⑮ 挤出机停机时，机筒内除烯烃类物料外，对热敏性塑料（如聚氯乙烯）必须将机筒的剩料挤出。停机后应做必要的清理和检修，停机时间长时要做好各部位的防锈工作。

四、螺杆的拆卸清理与安装

1. 螺杆拆卸与清理

有时为了重新调整螺杆组合或者对螺杆进行清理保养，需要将螺杆从挤出机中取出。双螺杆挤出机的螺杆拆卸时首先应尽量排尽主机内的物料，然后停主机和各辅机，断开机头电加热器电源开关，机身各段电加热仍可维持正常工作，然后按以下步骤拆卸螺杆。

① 拆下机头测压测温元件和铸铝（铸铜、铸铁）加热器，戴好加厚石棉手套（防止烫伤），拆下机头组件，趁热清理机头孔内及机头螺杆端部物料。

② 趁热拆下机头，清理机筒及螺杆端部的物料。

③ 松开两套筒联轴器的紧固螺钉或两端旋帽，观察并记住两螺杆尾部花键与联轴器对应的字头标记。

④ 拆下两螺杆头部压紧螺钉（左旋螺纹），换装抽螺杆专用螺栓。注意螺栓的受力面应保持在同一水平面上，以防止螺纹损坏。拉动此螺栓，若螺杆抽出费力，应适当提高温度。抽出螺杆的过程中，应有辅助支撑装置或起吊装置来始终保持螺杆处于水平，以防止螺杆变形。在抽出螺杆的过程中可同时在花键联轴器处撬动螺杆，把两螺杆同步缓缓外抽前移一段后，马上用钢丝刷、铜铲趁热迅速清理这一段螺杆表面上的物料，直至将全部螺杆清理干净。

⑤ 将螺杆抽出后，平放在一木板或两根木枕上，卸下抽螺杆工具，分别趁热拆卸螺杆元件，不允许采用尖利淬硬的工具击打，可用木槌、铜棒沿螺杆元件四周轴向轻轻敲击，若有物料

渗入芯轴表面以致拆卸困难，可将其重新放入筒体中加热，待缝隙中物料软化后即可趁热拆下。

⑥ 拆下的螺杆元件端面和内孔键槽也应及时清理干净，排列整齐，严禁互相碰撞（对暂时不用的螺杆元件应涂抹防锈油脂）。芯轴表面的残余物料也应彻底清理干净。暂时不组装时应将其垂直吊置，以防变形。

⑦ 用布缠绕木棒，清理机筒内腔。

2. 整体式双螺杆的安装

① 两根螺杆的组装构型必须完全相同（仅在采用齿形盘元件时例外），组装时各元件内孔及芯轴表面需薄薄匀涂一层耐高温（350℃）润滑剂，各螺杆元件在芯轴上套装时应使其端面充分靠合，衔接处应平滑无错位。最后上紧螺杆头螺钉（螺钉螺纹上应抹润滑剂）。

② 将两螺杆按工作位置并排放置后，检查两螺杆轴向、径向间隙应均匀一致，然后按螺杆尾部花键与套筒联轴器对应字头位置同时将两螺杆推装入筒体，使螺杆尾部与传动箱齿轮轴端面紧密靠合，上好紧定螺杆或紧固好花键两端旋帽，重新顶紧尾部密封压盖。在装螺杆前可在尾部花键上薄薄匀涂一层润滑剂。

③ 螺杆装好后，应手动盘车使螺杆旋转两周以上，确认无干涉或刮磨等异常现象后，即可安装机头，安装时应对各螺钉螺纹表面均匀抹二硫化钼润滑剂。

④ 恢复对机头加热直至设定温度后，即可按正常程序开车。

3. 组合式双螺杆的安装

① 组合式双螺杆在安装时，首先应在各组合元件内孔及芯轴表面均匀涂上一层薄薄的耐高温（350℃）的浅色润滑剂。

② 将各螺杆元件按要求套装在螺杆芯轴上，各元件端面应充分靠合，衔接处应平滑无错位，然后上紧螺杆头螺钉。

③ 将两根螺杆按工作位置并排放置，检查两根螺杆的轴向间隙是否均匀一致，并且予以调整。

④ 将螺杆尾部花键涂上薄薄一层耐高温润滑油后，再将两根螺杆按螺杆与套筒联轴器对应的字头标记位置推入机筒，使螺杆尾部与传动箱齿轮轴端面紧密靠合，再上好套筒紧定螺钉，如需适当调整齿轮轴相位，可对带传动进行手动盘车，不得贸然启动挤出机。

⑤ 螺杆安装完后，应手动盘车旋转两周以上，确认有无干涉或刮磨等异常现象。

⑥ 螺杆安装无异常后，再安装机头测压测温元件等，注意安装时应对各螺钉螺纹表面均匀抹二硫化钼。

五、双螺杆挤出机的维护与保养

1. 日常维护和保养

① 保持机器各润滑部位油量，要按规定加油，确保设备润滑。

② 对主机和辅机坚持定期检修，而且保持清洁整齐、无杂物。

③ 对设备仪表等工作部位要做到经常性的巡回检查，发现异常现象立即停机检修，确保设备的使用寿命。

④ 开车后，要始终保证料斗底座和螺杆通冷水冷却。

⑤ 停机拆卸机头时，若停机时间较长，要将安装在机头的各零部件上涂抹防锈油。

⑥ 新机器开始运转时，第一年每季度换油一次，以后每半年换油一次（指减速箱等部位），其他各润滑点要经常保持油量。每运转 3000h 后更换一次润滑油，经常清理油过滤器和吸油管，油箱底应定期消除油污沉淀。

⑦ 一年检查一次齿轮箱的齿轮和轴承及油封（如无异常情况也可适当延长检修期）。

⑧ 长期停车时，对机器要有防锈、防污措施。

2. 生产过程中挤出机维护与保养

① 生产中要经常保持挤出机的清洁和良好的润滑状态，平时做好擦拭和润滑工作，同时保护好周围环境的清洁。

② 经常检查各齿轮箱的润滑油液面高度、冷却水是否畅通以及各转动部分的润滑情况，发现异常情况时，及时自行处理或报告相关负责人员处理（减速箱、分配箱应加齿轮油，冷却机箱应加导热油）。

③ 经常检查各种管道过滤网及接头的密封、漏水情况，做好冷却管的防护工作。

④ 加料斗内的原料必须纯洁无杂质，绝对不允许有金属物混入，确保机筒和螺杆不受损伤。在加料时，检查斗内是否有磁力架，若没有必须立即放入磁力架，经常检查和清理附着在磁力架上的金属物。

⑤ 机器不允许空车运转，以避免螺杆与机筒摩擦划伤或螺杆之间相互咬死。

⑥ 每次生产后立即清理模具和机筒内残余的原料及易分解的停料机，若机器长时间不生产时，要在螺杆机箱和模具流道表面涂防锈油，并且在水泵、真空泵内注入防锈剂。

⑦ 如遇电流供应中断，必须将各电位器归零并把驱动和加热停止，电压正常后必须重新加热到设定值经保温后（有的产品必须拆除模具后）方可开机，这样不至于开冷机损坏设备。

⑧ 辅机的水泵、真空泵应定期保养，及时清理水箱（槽）内堵塞的喷嘴以及更换定型箱盖上损坏的密封条。丝杠轴承需定期加油脂润滑，以防生锈。

⑨ 定期放掉气源三联件的积水。

⑩ 及时检查挤出机各紧固件，如加热圈的紧固螺钉、接线端子及机器外部护罩元件等的锁紧工作。

📖 阅读材料

挤出技术发展的"新四化"趋势

挤出成型是高分子聚合物的重要成型方法之一。经过 100 多年的发展，挤出成型制品占塑料制品总量的 1/3 以上。在广泛的生产实践中，国内外学者不断地对挤出成型的理论与技术进行深化与发展；可成型的聚合物种类、产品结构和制品形式也越来越多，例如包覆电缆、PP、PPS 和 ABS 片材，交联聚乙烯管材、铝塑复合管、双向拉伸聚丙烯薄膜和多层共挤复合薄膜等。目前挤出成型设备正在不断创新与发展，并朝着大型化、高效化、精密化、智能化、多元化的方向可持续发展。

1. 国内挤出成型技术进展

国内对挤出成型技术的研究主要有拉伸流变塑化挤出、连续挤出发泡技术、聚合物挤出微压印法以及精密基础技术。其中最有代表性的是华南理工大学瞿金平院士、北京化工大学吴大鸣教授和何亚东教授以及四川大学王琪院士的研究。

华南理工大学瞿金平院士研究团队率先实现了拉伸流场的全域应用，研发了拉伸流变塑化挤出装备（ERE）——叶片挤出机和偏心转子挤出机（如图 5-31 所示），实现了聚合物成型原理和方法由"剪切流变"到"拉伸流变"的革新，在多相多组分、极端流变行为、高黏体系等高分子材料加工成型方面具有独特优势。

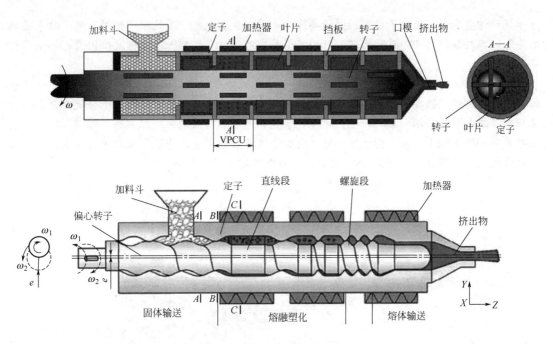

图 5-31　拉伸流变塑化挤出设备

　　北京化工大学何亚东教授等提出了免干燥 PET 反应挤出发泡一体化成型技术,设计了连续挤出发泡成型设备(如图 5-32 所示),使得原料加工前无需经过预结晶干燥,对提高生产效率、降低能耗具有显著优势。

图 5-32　连续挤出发泡成型设备

　　吴大鸣教授团队研发了一种连续热压印工艺——聚合物挤出微压印法,采用三辊压印装置对连续挤出的片材进行表面微结构热压成型,三辊压印装置中至少有一个辊带有微结构阵列。此工艺设备简单,微结构复制精度高,在提高生产效率、降低成本方面等具有独特之处,非常适合大面积微结构的制备。

　　王琪院士等利用芯棒旋转流变仪,在挤出成型过程中对材料施加环向剪切力,促进了材料分子链的伸直变形，产生了偏离轴向的高强度串晶，成功制备了高抗扭结性聚乙烯（PE）医用微导管。高抗扭结性 PE 微管的环向剪切模量最高可达 1018.1MPa，比传统挤出聚乙烯微管提高了 89.3%。

上海金纬公司自主研发的 HDPE/MDPE 供水管及燃气管生产线（如图 5-33 所示）结构独特，管道的刚性、强度、柔性、耐蠕变性、耐环境应力开裂性和热熔接性能十分优异。公司自主研制了二层和三层螺旋模具，生产了双抗管材，内层和外层均采用双抗料（阻燃、抗静电），芯层采用普通 HDPE，共挤层壁厚均匀，减少了双抗料的用量，降低了双抗管的成本。与普通生产线相比，其节能效果提高 35% 左右，生产效率增加了 1 倍多。

图 5-33 HDPE/MDPE 管材生产线

面对口罩核心材料熔喷布的需求井喷，江苏新达科技有限公司使用往复式单螺杆混炼挤出机生产熔喷料（熔指 1500+）。这一技术的诞生打破了传统的双螺杆挤出机生产工艺，聚丙烯原料在机筒内部承受连续的剪切、取向、切割、折叠、拉伸等过程，与过氧化物充分混炼，增加机筒内部的挤压速率、热量及熔体滞留时间，达到机械剪切降解和热降解的目的。

2. 国外挤出成型技术进展

国外研究学者基于挤出成型理论，对螺杆的创新设计以及数据监测技术做了大量研究，为挤出成型技术的发展做了大量贡献。

美国 Maguire Europe 公司推出了 Maguire + Syncro 挤出控制系统，可用于挤出或多层共挤操作单元中。该系统使用数字挤出编码器和转速计量器输出的数据，调整挤出机螺杆每分钟转速和主导轴速度，以确保涂层公差的精确性和最终产品的一致性。在多层挤出中，比率控制可以精确控制多层护层或识别条纹的尺寸。

与传统单螺杆挤出机相比，巴顿菲尔辛辛那提（Battenfeld-cincinati）研发的 OLEX NG 75-40 挤出机采用销钉螺杆，定子与相匹配的销钉螺杆和带有凹槽的衬套结合，极大地改善了工艺技术，减小了轴向压力分布，大大减轻了机器磨损。OLEX NG 75-40 挤出机具有较高的比产量和较低的螺杆速度，提升了生产效率。与传统的单螺杆挤出机相比，其可在比熔体温度低 10℃的条件下进行高效生产，能耗可降低约 10%。

克劳斯玛菲（Krauss Maffei）在德国汉诺威的研发中心展示了一条世界领先的工业规模复合生产线，其由一台造粒机、两台双螺杆挤出机组以及各种辅机构成。与传统的单螺杆和双螺杆挤出机相结合的生产线相比，新的 Edelweiss 复合生产线由两台 ZE 65 Blue Power 双螺杆挤出机组成，最大输出速率为 2000kg/h。该系统基于克劳斯玛菲的 Edelweiss Compounding 技术，能够以每小时几吨的吞吐率实现高质量复合。

聚乙烯管材挤出机由于喘振效应，会造成壁厚变化和炭黑分散不均匀问题。在生产厚壁高密度聚乙烯管时，与目标壁厚的偏差最大为 50%。美国诺信公司（Nordson）推出了新型 Xaloy Nano 螺杆（如图 5-34 所示），在计量段增加了纳米混合器。通过防止固体过早破碎和提高熔化速率，新型 Xaloy Nano 螺杆提高了聚乙烯挤出生产线中的混合和生产能力。纳米混合器可以使炭黑均匀分散。

图 5-34　新型 Xaloy Nano 螺杆

熔喷布是采用高速热空气流对模头喷丝孔挤出的聚合物熔体细流进行牵伸，由此形成超细纤维并收集在凝网帘或滚筒上。在生产熔喷纤维时需要较高压力，保证聚合物穿过模具中的小孔。光滑口径的挤出机将难以在合理的输出速率下产生必要的挤出压力。目前，欧洲挤出机制造商采用开槽机筒来产生较高的挤出压力，美国制造商则倾向于使用更大的长径比，并且增加熔体泵。科倍隆（Coperion）的 ZSK 挤出机采用 zs-eg 侧脱模技术和 Novolen 公司特别定制的螺杆生产熔体黏度极低的聚丙烯（PP）。新的螺杆设计与 zs-eg 技术将优异的分散性能和脱气性能相结合，无论生产速率和熔体黏度如何，都可以确保产品质量。

3. 挤出成型技术发展趋势

据美国塑料工业协会设备统计委员会统计报告，2020 年第三季度单螺杆和双螺杆挤出机出货量分别增长 27.4% 和 17.5%，挤出成型技术在聚合物成型加工中所占的比例越来越大。挤出成型技术的最大机遇在于搭乘"工业 4.0"快车，快速建造"智能工厂"。未来的挤出成型技术发展趋势可能有以下几个方面：

（1）可持续发展推动技术创新　塑料循环经济的关键技术是收集、分类处理以及终端利用，实现可持续化发展。因此将可持续化发展理念贯穿于挤出成型技术生产的整个过程，就必须从产品源头、过程以及回收利用遵循可持续化原则。

奥地利 SML 公司的 Power Cast XL 生产线可采用 80% 使用过的 LLDPE/LDPE 回收料生产高质量拉伸缠绕膜，建立了拉伸缠绕膜领域循环经济的新里程碑。

Hosokawa Alpine 推出了 HX Select 系列挤出机（如图 5-35 所示），新的螺杆和机筒设计可以节省多达 20% 的能量，并显著降低熔体温度，增加气泡稳定性，提高生产率。该挤出机输送效率高、对物料适应性好，可以加工 LLDPE、mLLDPE、回收处理后的 PCR 和生物塑料等。

传统的机械回收法难以对多层复合结构的聚合物复合材料按材料种类分别回收，导致回收料的性能较原材料大幅度下降。塑料废弃物回收再处理面临的最大问题是废物的不纯一性和破坏，以及回收料的性能大幅度下降，只能作为低级聚合物使用。因此如何使用现有技术和新兴技术的几种不同工艺，将使用后的塑料返回其基本化学构件，创建新塑料、化学制品、燃料和其他产品的多功能混合物，是我们需要考虑的问题。

例如，许多塑料产品是由熔点差异很大的多种材料复合而成，因此在回收这些产品时可以考虑利用熔融温度不同使用挤出成型技术来回收复合材料；也可以使用同种聚合物生产单一复合增强复合材料。

图 5-35　HX Select 挤出机

（2）数字化进程加快　数字化挤出对于保持挤出过程一致性、优化过程以及有效地进行故障排除至关重要。建立集成化方案，不仅可以实现生产过程的自动化控制，还可以实时监控机器运行状况，大大减少不必要的停机时间和维护成本。

德国 W&H 公司展示了一种全新的物联网系统——Ruby。通过将数据获取与优化挤出过程联系起来，W&H 在生产效率和质量管制等方面提供多种生产方案。Ruby 未来将作为标准平台提供给生产商，并对挤出和下游工艺进行量身定制扩展。

（3）大型化发展　纵观国外挤出设备的发展趋势，挤出成型机组朝着高效化、大型化、高产量、高性能、低能耗、高度自动化、智能化及机型多样化方向发展。

2019 年中国首台（套）年产 35 万吨聚丙烯挤压造粒机组成功出产，进一步打破了国际少数企业的技术和价格垄断，但是距世界先进水平仍有不小的距离。

日本制钢所（JSW）的无齿轮泵式大型挤压造粒机组产量可达 87×10^4 t/a。这对机组的设计、加工、组装和关键零部件的材料及其热处理要求提出了严峻的考验。以螺杆为例，采用熔体齿轮泵提高了造粒机的生产能力，降低了齿轮箱止推轴承承受的负荷，但是增加了设计制造难度和成本；为此通过增大挤压机的长径比（L/D）来代替齿轮泵提高建压功能，但是长径比增大的同时也需要提高螺杆的结构设计、芯轴设计、组合设计、材料锻造工艺以及冷热加工工艺。

在平面薄膜挤出技术方面，奥地利 SML 公司推出了世界最大的拉伸缠绕膜生产线——新型 Power Cast XL 拉伸缠绕膜生产线（如图 5-36 所示），其配有 8 台挤出机，配有宽度为 5435mm 的 Cloeren Reflex TM 模头，冷辊直径 1600mm，辊宽 5500mm，可生产 13 层结构薄膜。

因此，面对机械设备的大型化，不仅需要建立和完善放大理论，实现挤压成型的理论突破，更需要在材料材质、冷热加工工艺、传动装置等基础技术上实现自主研发。

（4）实现精密化挤出成型技术　医疗器械的精密使用要求加工商对关键工艺因素（例如质量、精度、可重复性、可追溯性和清洁度）进行越来越严格的把控，这对挤出成型设备也提出了严格的要求。

Graham Engineering 研发了美国 Kuhne 三层医用管材生产线，该产品线包括模块化微型挤出机和带有集成 Twin CAT Scope View 高速数据获取系统的 XC300 Navigator。针对精密管材的多层挤出技术，推出了最新一代的 800 系列两层至六层挤出机机头，可进行多层多腔医用管道、燃料管线构造、多层 PEX 管道进行精密平滑挤出，并且可以使用多种材料进行多层定义，还允许聚合物材料和黏合剂的薄层组合达到 0.02mm 或更小。

图 5-36　新型 Power Cast XL 拉伸缠绕膜生产线

同样，精密挤出技术也离不开先进的测量技术。美国蓓达（Beta LaserMike）公司的激光测距仪在全景深范围内可提供业内最高的精度（优于 ±0.03%），其分光测色仪可对产品壁厚和同心度进行高速精确测量、高速公差检查、多层测量（最多 4 层）。

资料来源：https://www.adsalecprj.com

思考题

1. 双螺杆挤出加工有何特点？
2. 双螺杆挤出机如何分类？
3. 双螺杆挤出机的主要参数有哪些？
4. 简述啮合同向旋转双螺杆挤出机的特点及主要应用加工领域。
5. 简述啮合异向旋转双螺杆挤出机的特点及主要应用加工领域。
6. 简述异向平行非共轭双螺杆挤出机的特点及主要应用加工领域。
7. 简述内向异向旋转双螺杆挤出机的特点及主要应用加工领域。
8. 简述输送螺杆元件表示方法。
9. 简述输送螺杆元件种类及主要作用。
10. 简述剪切螺杆元件的种类及作用。
11. 简述剪切螺杆元件的表示方法。
12. 简述混合元件的主要种类及作用。
13. 什么是双螺杆挤出机的分布混合？
14. 什么是双螺杆挤出机的分散混合？
15. 简述双螺杆加料段螺杆元件设计原则。
16. 简述双螺杆压缩段螺杆元件设计原则。
17. 简述双螺杆熔融段螺杆元件设计原则。
18. 简述双螺杆混合段螺杆元件设计原则。

19. 简述双螺杆排气段螺杆元件设计原则。
20. 简述双螺杆熔体输送段螺杆元件设计原则。
21. 双螺杆挤出机用直流电机和交流变频电机各有什么特点？
22. 双螺杆挤出机止推轴承的布置方式有哪几种？各有什么特点？
23. 冷切与热切有何区别？
24. 熔体泵在双螺杆挤出机中有何用途？
25. 双螺杆挤出机的操作步骤如何？

第六章
注塑成型设备

学习目的与要求

根据《注塑模具模流分析及工艺调试》职业技能等级标准中关于注塑设备方面的要求，本章的学习重点为注塑机的分类、结构组成、合模调模机构、注塑系统与座台、安全机构以及注塑机操作、维护保养等方面内容。

通过本章的学习，要求掌握注塑机的基本结构组成及各组成部分的功能、特点；掌握注塑机的工作过程、工作原理及主要技术参数；熟悉注塑机的安装与调试、操作与维护；了解新型注塑机的结构、特点及应用。

能分析注塑机主要参数之间的相互关系和影响；能进行注塑机的操作与维护。

培养良好的职业素养和坚韧、诚信的品德；培养具备安全意识、工匠精神、创新思维；培养热爱劳动的意识。

第一节 概述

注塑成型是将热塑性塑料或热固性塑料先在加热机筒中均匀塑化，然后由螺杆或柱塞推压到闭合的模具型腔中，经冷却（或加热）定型后得到所需的塑料制品的成型过程。注塑成型又称注射模塑，是成型塑料制品的一种重要方法。几乎所有的热塑性塑料及多种热固性塑料都可用此法成型。完成注塑成型过程的设备称为注塑成型设备，简称注塑机。

一、注塑成型的特点

与其他成型方法相比，注塑成型具有如下特点。

① 能一次成型出形状复杂、精密度高和带有嵌件的塑料制品。

② 成型周期（完成一次成型所需要的时间）短。

③ 制品外观质量好，后加工量少。

④ 生产效率高，易于实现自动化。

⑤ 对各种物料的加工适应性强，并能成型填料改性的某些塑料制品。

注塑成型

动画扫一扫

注塑机能成型各种塑料制品，如工业设备上所用的齿轮、轴承、阀件等；医学上所用的一次性注射器、组织培养盘、血液分析试管等；国防、农业、交通、建筑、IT、通信、家电、文教、包装以及日常生活等领域所用的各种制品。

二、注塑成型的过程

物料自加料斗进入机筒后，在加热、剪切、压缩、混合的作用下，被均匀塑化成熔体，并且在螺杆或柱塞的作用下被输送至机筒的前端，由于注嘴的阻挡，均化好的熔体在机筒的前端积聚，当达到所需的注塑容积后，借助螺杆或柱塞施加的推力，经注嘴与模具的浇注系统进入闭合好的模具型腔中。充满型腔的熔体在压力作用下，经冷却（热塑性塑料）或加热（热固性塑料）而定型，最后，开启模具取出制品，从而完成注塑成型过程，即一个成型周期。各种注塑机完成注塑成型的动作过程可能不完全一致，但所要完成的工艺内容即基本过程都是相同的。现以螺杆式注塑机为例予以说明，如图6-1所示。

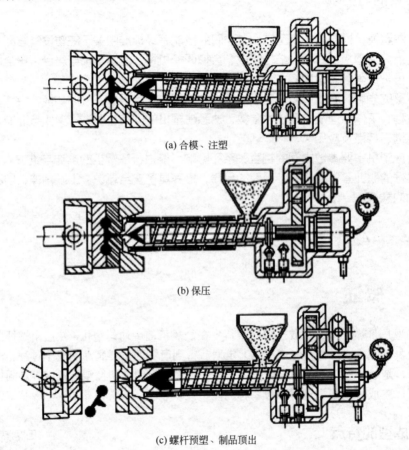

(a) 合模、注塑

(b) 保压

(c) 螺杆预塑、制品顶出

图6-1　注塑成型的基本过程

1. 合模（移模）和锁紧

注塑机的成型周期一般从模具开始闭合时算起，合模动作由合模系统来完成。为了缩短成型周期，合模系统首先以低压快速推动动模板及模具的动模部分进行闭合。为了保护模具不受损坏，当模具的动模与定模快要接触时，合模系统自动切换成低压（即试模压力）慢速。在确认模具内无异物存在或模具内嵌件无松动后，再切换成高压低速将模具锁紧，以保证注塑、保压的顺利进行。

2. 注塑座前移和注塑

在确认模具达到要求的锁紧程度后，注塑座整体移动油缸内通入压力油，带动注塑系统前移，使注嘴与模具主流道衬套紧密贴合，接通注嘴流道型腔的通道，继而液压系统向注塑油缸内提供高压油，推动与注塑油缸活塞杆相连接的螺杆，将螺杆头前端的熔体以一定的速度和压力通过注嘴注入模具的型腔中。此时螺杆头部作用于熔体上的压力称为注塑压力。

3. 保压

当熔体充满模具型腔后，为防止型腔内的熔体反流和因低温模具的冷却作用使型腔内的熔体产生体积收缩，保证制品的致密性、尺寸精度和力学、机械性能，螺杆还需对型腔内的熔体保持一定的压力并进行补缩，直到模具浇口处的熔体冻结封口为止。此时，螺杆作用于熔体上的压力称为保压压力。在保压时，螺杆因补缩而有少量的前移。

4. 制品冷却和预塑化

当保压进行到模具浇口处的熔体冻结封口时，卸去注塑油缸内的油压，使制品在模具型腔内充分冷却定型。

为了缩短成型周期，在制品冷却定型的同时，传动装置驱动注塑螺杆进行预塑化，将机筒中的物料向前输送。在输送过程中，物料被逐渐压实，并在机筒外部加热器的加热和物料与机筒、物料与螺杆、物料与物料之间的剪切热的作用下，被均匀塑化成熔体。由于注嘴的阻挡以及螺杆头部止逆环所起的单向阀的作用，熔体积聚在螺杆头前端并建立起一定的压力，随着螺杆的旋转，螺杆头前端的熔体压力也越来越大，当螺杆头前端的熔体压力达到能够克服注塑油缸活塞后退时的阻力（即背压）时，螺杆开始后退，计量装置开始计量。螺杆一边旋转一边后退，输送至螺杆头前端的熔体逐渐增多，当螺杆头前端熔体达到预定注塑容积时，计量装置触动限位开关，使螺杆停止旋转和后退，计量结束并为下次注塑做好准备。因制品冷却和螺杆预塑化是同时进行的，所以，在一般情况下要求螺杆预塑化时间不超过制品的冷却时间。

5. 注塑座后退

螺杆预塑化计量结束后，为了不使注嘴长时间与冷的模具接触形成冷料而影响下一次注塑和制品的质量，有时需要将注嘴脱离模具主流道衬套，即注塑座后退。此动作进行与否或先后次序，根据所加工物料的性能及工艺条件而定，尤其在试模时经常使用这一动作。

6. 开模和顶出制品

模具型腔内的制品经充分冷却定型后，合模系统打开模具。在注塑机顶出装置和模具的推出机构共同作用下自动顶落制品，并为下一个成型过程做好准备。

根据上述过程，按时间先后顺序可绘制注塑成型循环周期，如图 6-2 所示。

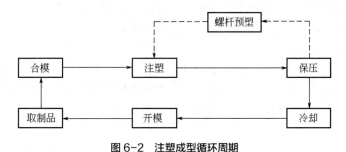

图 6-2　注塑成型循环周期

三、注塑机的结构组成

一台普通型注塑机主要由注塑系统、合模系统、液压传动与电气控制系统等组成，如图 6-3 所示。

图 6-3 注塑机
1—操作控制系统；2—注塑系统；3—安全门；4—合模系统；5—液压系统

1. 注塑系统

注塑系统的作用是将物料均匀地塑化成熔体，并以足够的压力和速度将一定量的熔体注入模具的型腔中。注塑系统主要由塑化装置（螺杆或柱塞、机筒、注嘴、加热器等）、料斗、计量装置、螺杆传动装置、注塑油缸、注塑座整体移动油缸等组成。

2. 合模系统

合模系统的作用是固定模具，实现模具的启闭动作，在注塑和保压时保证模具可靠地锁紧以及脱出制品。合模系统主要由前后定模板、动模板、拉杆、合模油缸（有的分为移模油缸和锁模油缸）、合模装置、调模装置、制品顶出装置和安全保护装置等组成。

3. 液压传动与电气控制系统

液压传动与电气控制系统的作用是保证注塑机按成型过程预定的要求（压力、温度、速度、时间）和动作程序准确有效地工作。液压传动系统主要由各种液压动力元件、液压控制元件和液压执行元件等组成。电气控制系统主要由计算机及接口电路、各种电器、检测元件、仪表及液压驱动放大电路等组成。两者有机地结合对注塑机提供动力和实现控制。

四、注塑机的分类

近年来注塑机发展很快，类型不断增加，分类的方法也较多。至今尚未完全形成统一的分类方法，下面介绍几种常见的分类方法。

微课扫一扫

注塑机的分类

1. 按塑化和注塑方式分

（1）柱塞式注塑机　其物料的预塑和注塑全部都由柱塞来完成，如图 6-4 所示。

（2）螺杆式注塑机　其物料的预塑和注塑全部都由螺杆来完成，如图 6-5 所示。这种注塑机是目前生产量最大、应用最广泛的注塑机。

图 6-4　柱塞式注塑机原理图

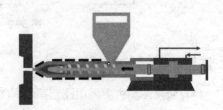

图 6-5　螺杆式注塑机原理图

（3）螺杆预塑-柱塞注射式注塑机　其物料的预塑和注塑分别由螺杆和柱塞来完成。首先物料通过螺杆预塑装置（即挤塑机）进行预塑，熔体经单向阀被挤入注塑机筒内，然后在柱塞的推压作用下，注入模具的型腔中，如图6-6所示。

2. 按注塑机外形特征分

主要根据注塑和合模系统的排列方式进行分类。

（1）立式注塑机　如图6-7所示。它的注塑系统与合模系统的轴线呈垂直排列。其优点是：占地面积小、磨具拆装方便、嵌件易于安放而且不易倾斜或坠落。缺点是：因机身高，稳定性差，加料和维修不方便、制品顶出后不易自动脱落，难于实现全自动操作。所以，立式注塑机主要用于理论注塑容积在63cm³以下、成型多嵌件的制品。

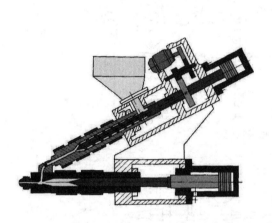

图6-6　螺杆预塑-柱塞注射式注塑机原理图　　　　　图6-7　立式注塑机

（2）卧式注塑机　如图6-8所示，它的注塑系统与合模系统的轴线呈水平排列。与立式注塑机相比具有机身低、稳定性好，便于操作和维修，制品顶出后可自动脱落，易于实现全自动操作，但模具拆装较麻烦，安放嵌件不方便，占地面积大的特点。此种形式的注塑机目前使用最广、产量最大，且适用于各种注塑能力的注塑机，是国内外注塑机的最基本的形式。

（3）角式注塑机　它的注塑系统和合模系统的轴线呈相互垂直排列，如图6-9所示。注塑时，熔体从模具分型面进入型腔。该类注塑机适用于成型中心部位不允许留有浇口痕迹的制品。缺点是制品顶出后不能自动脱落，有碍于全自动操作，占地面积介于立、卧式之间。目前，国内许多小型机械传动的注塑机多属于这一类，而大、中型注塑机一般不采用这种形式。

图6-8　卧式注塑机　　　　　　　　　图6-9　角式注塑机

（4）多模注塑机　它是一种多工位操作的特殊注塑机，根据注塑机注塑能力和用途，可将注塑系统和合模系统进行多种排列，如图 6-10 所示。这类注塑机充分发挥了塑化装置的塑化能力，可缩短成型周期，适用于冷却定型时间长、安放嵌件需要较多成型辅助时间、具有两种或两种以上颜色的塑料制品成型。多模注塑机又分单注塑头多模位式（用一个注塑系统供多个模具）、多注塑头单模位式（用多个注塑系统供单个模具）和多注塑头多模位式（用多个注塑系统供多个模具）。

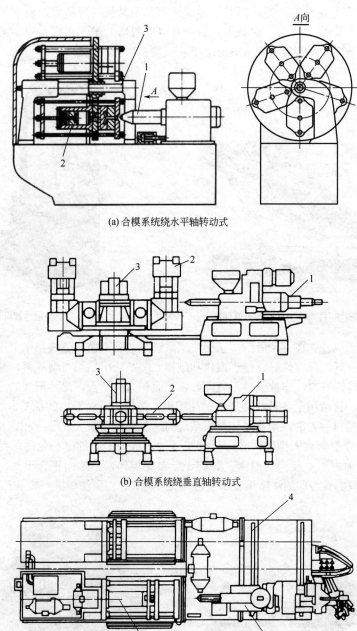

(a) 合模系统绕水平轴转动式

(b) 合模系统绕垂直轴转动式

(c) 注塑系统移动(或摆动)式

图 6-10　多模注塑机的形式

1—注塑系统；2—合模系统；3—转盘轴；4—滑道

3. 按注塑机成型能力分

一台普通注塑机的成型能力主要由合模力和注塑容积来决定。合模力由合模系统产生的最大夹紧力决定，注塑容积以注塑机理论注塑容积来表示。根据注塑机的成型能力可把注塑机分为超小型（合模力在 160kN 以下，理论注塑容积在 16cm³ 以下）、小型（合模力在 160～1000kN，理论注塑容积在 16～630cm³）、中型（合模力在 1250～8000kN，理论注塑容积在 800～3200cm³）、大型（合模力在 10000～25000kN，理论注塑容积在 4000～10000cm³）、超大型（合模力在 32000kN 以上，理论注塑容积在 16000cm³ 以上）。

4. 按合模系统特征分

按合模系统特征可把注塑机分为机械式、液压式和液压-机械式。机械式合模系统即全机械式，指从机构的动作到合模力的产生与保持全由机械传动来完成。液压式合模系统即全液压式，指从机构的动作到合模力的产生与保持全由液压传动来完成。液压-机械式合模系统是液压和机械联合的传动形式，通常以液压力产生初始运动，再通过曲肘机构的运动、力的放大和自锁来达到平稳、快速合模的目的。

第二节 基本参数及型号表示

注塑机基本参数
及型号表示

一、基本参数

注塑机的基本参数能较好地反映注塑制品的大小、注塑机的成型能力以及对被加工物料的种类、品级范围和制品质量的评估，是设计、制造、选择和使用注塑机的依据。

注塑机的基本参数应符合 JB/T 7267 的规定。

1. 注塑系统的基本参数

（1）理论注塑容积　理论注塑容积是指在对空注射条件下，注塑螺杆或柱塞做一次最大注射行程时，注塑系统能注出的最大熔体容积，其单位为 cm³。该参数在一定程度上反映了注塑机的成型能力，是注塑机的一个重要参数。

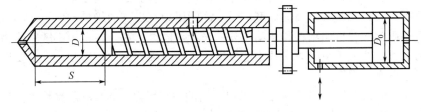

图 6-11　注塑部件的相关尺寸

根据对理论注塑容积的定义，由图 6-11 可知，其值应为：注塑螺杆或柱塞的截面积与其最大注射行程的乘积，即

$$Q_L = \frac{\pi}{4}D^2S \qquad (6-1)$$

式中　Q_L——理论注塑容积，cm³；

　　　D——螺杆或柱塞的直径，cm；

　　　S——螺杆或柱塞的最大注射行程，cm。

实际上，注塑容积是达不到理论值的，因为物料的密度随温度和压力的变化而变化。对于非结晶性物料，密度变化约为 7%；对于结晶性物料，密度变化约为 15%。另外，熔体在压力作用下沿螺槽还产生倒流，以及保压时的补缩等。因此，实际注塑容积应为：

$$Q = aQ_L = \frac{\pi}{4}D^2 Sa \tag{6-2}$$

式中　Q——实际注塑容积，cm^3；

　　　a——射出系数，一般为 0.7～0.9，对热扩散系数小的物料取小值，反之取大值，通常取 a 为 0.8。

影响射出系数的因素很多，主要有被加工物料的性能、螺杆结构参数、模具结构、制品形状、注塑压力、注塑速度、背压的大小等。

中国注塑机的理论注塑容积通常有（cm^3）：16，25，40，63，100，160，200，250，320，400，500，630，800，1000，1250，1600，2000，2500，3200，4000，5000，6300，8000，10000，16000，25000，32000，40000。

在使用注塑机时，成型制品的质量一般为注塑机实际注塑质量的 25%～75%，最低不应小于 10%，否则不仅注塑机的效能得不到充分发挥，而且还会因物料在机筒中停留时间过长产生过热分解。反之，过大则使制品造成有时不能成型等缺陷。

（2）注塑压力　注塑时为了克服熔体流经注嘴、流道和型腔时的流动阻力，螺杆或柱塞对熔体必须施加足够的压力。螺杆或柱塞端面作用于熔体单位面积上的力称为注塑压力。注塑压力不仅是熔体充模的必要条件，同时也直接影响成型制品的质量。如注塑压力对制品的尺寸精度以及制品应力都有影响。因此，对注塑压力的要求，不仅数值要足够，而且要稳定并且可以进行控制。

影响所需注塑压力的因素很多，如物料性能、制品的几何形状和精度、塑化方式、注嘴与模具的结构以及物料与模具的温度等。归纳起来主要有如下三方面。

① 影响物料流动性能的因素，如：熔体流动速率、塑化温度、模具温度和注塑速度等。

② 影响物料流动阻力的因素，如：模具流道与制品的几何形状和尺寸。

③ 制品尺寸精度的要求。

目前，注塑制品大量用于工程结构零件，但是这类制品的结构复杂，形状多样，精度要求较高，所用的物料又具有较高的黏度，所以注塑压力有提高的趋势。但是，注塑压力选得过高，会直接影响注塑机的结构和传动部分的设计，同时，对一些压力不敏感的物料采用提高注塑压力来解决充模不足的方法并不能取得明显的效果。因此，注塑压力主要根据注塑机的结构和用途来确定。

表 6-1 和表 6-2 列举了部分物料在注塑时所需的注塑压力及其与制品流长比 f（熔体自模具浇口流至制品最远距离与制品壁厚之比）之间的关系，若超出此值，一般难以成型。

表 6-1　成型时一般所需注塑压力范围

物料	注塑压力/MPa		
	易流动的厚壁制品	中等流动程度的一般制品	难流动、薄壁、窄浇口的制品
PE	70～100	100～120	120～150
PS	80～100	100～120	120～150
UPVC	100～120	120～150	>150
PMMA	100～120	120～150	>150

物料	注塑压力/MPa		
	易流动的厚壁制品	中等流动程度的一般制品	难流动、薄壁、窄浇口的制品
ABS	80～110	100～130	130～150
PA	90～110	110～140	>140
PC	100～120	120～150	>150
POM	85～100	100～120	120～150
热固性塑料	100～140	140～175	175～230
弹性体	80～100	100～120	120～150

表 6-2　制品流长比与注塑压力的关系

物料名称	流长比 f	注塑压力/MPa	物料名称	流长比 f	注塑压力/MPa
PS	300～260	90	PP	140～100	50
PE	140～100	50		240～200	70
	240～200	70		280～240	120
	280～250	150	PA6	320～200	90
SPVC	280～200	90	PA66	130～90	90
	240～160	70		160～130	130
UPVC	110～70	70	PC	130～90	90
	140～100	90		150～120	120
	160～120	120		160～120	130
	170～130	130	POM	210～110	100

根据目前对注塑压力的使用情况，可作如下分类。

① 流动性好的物料，形状简单的厚壁制品，注塑压力<70～80MPa。

② 熔体黏度较低，制品形状一般，对精度有一般要求的制品，注塑压力为100～120MPa。

③ 熔体黏度中等或较高，制品形状较复杂，有一定的精度要求，注塑压力为140～170MPa。

④ 熔体黏度高，制品形状复杂，厚薄不均，薄壁、长流程，精度要求高，注塑压力为180～220MPa，个别达到400MPa以上。

如图 6-11 所示，当螺杆或柱塞直径和注塑油缸结构一定，注塑压力与注塑油缸工作油的压力之间存在如下关系。

$$p_z = \frac{\frac{\pi}{4}D_0^2 p_0}{\frac{\pi}{4}D^2} = \left(\frac{D_0}{D}\right)^2 p_0 \qquad (6-3)$$

式中　p_z——注塑压力，MPa；

D_0——注塑油缸内径，cm；

D——注塑螺杆或柱塞直径，cm；

p_0——工作油压力，MPa。

由式（6-3）可知，注塑压力的大小可通过注塑油缸工作油的压力调节来控制。

在实际生产中，若注塑压力过大，制品可能产生飞边；制品在型腔内因镶嵌过紧造成脱模困难；制品内应力增大，强制顶出会损伤制品，同时还会影响注塑系统及传动装置的设计。若注塑压力过小，易产生缺料注塑和缩痕，甚至造成根本不能成型等现象。因此，注塑压力应在注塑机允许的范围内进行调节。

（3）注塑速率（注塑速度、注塑时间） 为了防止熔体通过注嘴后产生冷却，得到密度均匀和高精度的制品，熔体必须在短时间内充满型腔，因此，除了熔体必须有足够的注塑压力外，还必须有一定的流速。用来表示熔体充模速度快慢特性的参数有注塑速率、注塑速度和注塑时间。

注塑速率是指在注塑时，单位时间内所能达到的体积流率。

注塑速度是指螺杆或柱塞在注塑时移动速度的计算值。

注塑时间是指螺杆或柱塞在完成一次最大注塑行程时所用的最短时间。注塑速率、注塑速度和注塑时间之间的关系可用下式表示。

$$q_z = \frac{Q}{t_z} \qquad (6\text{-}4)$$

或

$$v_z = \frac{S}{t_z} \qquad (6\text{-}5)$$

式中　p_z ——注塑速率，cm^3/s；

　　　　Q ——理论注塑容积，cm^3；

　　　　t_z ——注塑时间，s；

　　　　v_z ——注塑速度，mm/s；

　　　　S ——螺杆或柱塞的最大注塑行程，mm。

注塑速率和注塑速度与注塑时间成反比，它直接影响制品的质量和生产能力。注塑速率低，熔体充模时间长且不易充满复杂的型腔，制品易形成熔接痕，密度不均、内应力大。合理地选择注塑速率，可以减少模具型腔内熔体的温差，改善压力传递效果，可得到密度均匀、应力小、尺寸精度高的制品，尤其是在成型薄壁、长流程及低发泡制品时。此外，还可采用低温成型，缩短成型周期，如果在注塑不过量的条件下，还可以减小所需的合模力。但是，注塑速率不能过高，否则熔体在高速流经注嘴、浇口等处时，易产生大量的剪切热而降解和变色，并出现吸入气体和排气不良等现象，从而直接影响制品的质量。同时，高速注塑也不易保证注塑与保压压力的撤换，形成过量注塑而使制品出现飞边。

在实际生产中，往往确定的是注塑时间，以方便操作与设定。注塑时间的选择主要根据成型工艺条件、模具结构、物料性能、制品几何形状及壁厚等，通常理论注塑容积与注塑时间的关系见表6-3。

表6-3　理论注塑容积与注塑时间的关系

理论注塑容积/cm^3	63	100	250	500	1000	2000	4000	6300	10000
注塑时间/s	0.80	1.00	1.25	1.50	1.75	2.25	3.00	3.75	5.00

为了提高制品的质量，尤其成型形状复杂的制品，近年来发展了多级注塑，即注塑速度是变化的，其变化规律根据制品的结构形状和物料的性能决定。

（4）塑化能力 塑化能力是指塑化装置在单位时间内可提供熔体的最大能力。一般螺杆的塑化能力与螺杆转速、驱动功率、螺杆结构、物料的性能等因素有关。

注塑螺杆的预塑过程与挤塑螺杆的塑化过程基本相同，因此，其塑化能力可按熔体输送理论进行计算。由于注塑螺杆头部带有止逆环，且螺杆头部的压力值较小，所以在计算塑化能力时，可略去倒流量和漏流量，而采用修正系数加以修正，计算公式如下。

$$G = 3600\rho_{\mathrm{m}}Q_{\mathrm{m}} = 180\pi^2 nk\rho_{\mathrm{m}}D^2 h_3 \cos\phi\sin\phi \tag{6-6}$$

式中　G——理论塑化能力，kg/h；

$\quad\quad Q_{\mathrm{m}}$——熔体输送率，$\mathrm{m^3/s}$；

$\quad\quad n$——螺杆转速，$\mathrm{s^{-1}}$；

$\quad\quad \rho_{\mathrm{m}}$——熔体密度（见表6-4），$\mathrm{kg/m^3}$；

$\quad\quad D$——螺杆直径，m；

$\quad\quad h_3$——均化段螺槽深度，m；

$\quad\quad \phi$——螺杆螺旋角，（°）；

$\quad\quad k$——修正系数，一般取 0.85～0.90。

表6-4　常见物料的熔体密度

物料	熔体温度/℃	熔体密度/（g/cm³）	物料	熔体温度/℃	熔体密度/（g/cm³）
PS	180～280	0.98～0.93	PMMA	210～240	1.09～1.08
LDPE	160～260	0.78～0.73	PA	260～290	1.01
HDPE	260～300	0.73～0.71	POM	200～210	1.17～1.16
PP	250～270	0.75～0.72			

通常情况下，按式（6-6）计算的理论塑化能力与实际塑化能力相比相差一般不超过5%～10%。在实际生产中，注塑机的理论塑化能力应大于实际塑化能力的20%左右。

塑化装置应能在规定的时间内保证能够提供足够量的塑化均匀的熔体。因此，塑化能力应与注塑机成型周期配合协调，否则不能发挥塑化装置的能力。由于螺杆预塑与制品冷却是同时进行的，所以螺杆的塑化能力应满足：

$$G \geqslant 3.6 \times \frac{Q\rho_{\mathrm{m}}}{t} \tag{6-7}$$

式中　G——理论塑化能力；

$\quad\quad Q$——理论注塑容积；

$\quad\quad \rho_{\mathrm{m}}$——熔体密度；

$\quad\quad t$——制品最短冷却时间。

提高螺杆转速、增大驱动功率、改进螺杆的结构形式等都可以提高塑化能力和改进塑化质量。

2. 合模系统的基本参数

（1）合模力　合模力是指注塑机合模系统施于模具上的最大夹紧力，在此力作用下模具不应被熔体顶开。它在一定程度上反映注塑机所能成型制品的大小，是一个重要参数。如图 6-12 所示，当熔体以一定速度和压力注入模具型腔前，为克服流经注嘴、浇口、流道等处的阻

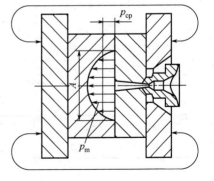

图6-12　注塑时动模板的受力平衡

力将会损失一部分压力，而余下的压力即为模具型腔内的熔体压力，简称型腔压力。在注塑时，为了使模具不被型腔压力形成的胀模力顶开，保证制品成型完整、尺寸精确，合模系统

就必须对模具施加足够的夹紧力，即合模力。因此，合模力应满足下式。

$$F \geq K p_{cp} A \times 10^{-3} \tag{6-8}$$

式中　F——合模力，kN；

　　　K——安全系数，一般取 1～1.2；

　　　p_{cp}——型腔平均压力，MPa；

　　　A——成型制品和浇注系统在模具分型面上的最大投影面积，mm²。

制品在模具分型面上的最大投影面积比较容易确定，但型腔平均压力是一个比较难以确定的数值，因为它受到注塑压力与速度、保压压力与时间、物料性能、模具温度、制品壁厚、制品形状与精度、熔体流动距离以及注嘴和流道形式等因素的影响。在实际生产中，型腔平均压力可参见表 6-5 选择，但结果较粗略，多数情况下，可用反映流道阻力的制品流长比 i 和表示物料流动性的黏度系数 α（表 6-6），通过查图（表）计算法，确定型腔平均压力 p_{cp}。型腔压力 p_m 与流长比 i 的关系见图 6-13。

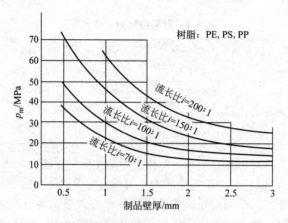

图 6-13　型腔压力 p_m 与流长比 i

表 6-5　型腔平均压力 p_{cp} 与成型制品的关系

成型条件	型腔平均压力/MPa	举例
易于成型制品	25	PE、PP、PS 等壁厚均匀的日用品
一般制品	30	在模具温度较高条件下，成型薄壁容器类制品
加工高黏度和有要求制品	35	ABS、POM 等加工有精度要求的零件
用高黏度物料加工高精度、难充模制品	40～45	高精度机械零件，如塑料齿轮

表 6-6　物料的黏度系数 α

塑料名称	PE、PP、PS	PA	ABS	PMMA	PC
α	1.0	1.2～1.4	1.3～1.4	1.5～1.7	1.7～2.0

合模力的选取很重要。若选用注塑机的合模力不够，在成型时易使制品产生飞边，不能成型薄壁制品；若合模力选用过大，容易压坏模具，并且使制品内应力增大和造成不必要的浪费。因此，合模是保证制品质量的重要条件。近年来，由于改善了塑化机构的效能，改进了合模系统，提高了注塑速度并实现其过程控制，注塑机的合模力有明显的下降。

中国注塑机的合模力通常有（kN）：160，200，250，320，400，500，630，800，1000，1250，1600，2000，2500，3200，4000，5000，6300，8000，10000，12500，16000，20000，25000，32000，40000，50000。

（2）合模系统的基本尺寸　合模系统的基本尺寸直接关系到所能成型制品的范围和模具的安装、定位等。主要包括模板尺寸与拉杆间距、模板间最大开距、动模板最大行程、模具厚度以及调模行程等。

① 模板尺寸与拉杆间距。如图 6-14 所示，模板尺寸为（$H \times L$），拉杆间距指水平方向两拉杆之间的距离与垂直方向两拉杆距离的乘积，即拉杆内侧尺寸（$H_0 \times L_0$），模板尺寸和拉杆间距均为表示模具安装面积的主要参数。注塑机的模板尺寸决定注塑模具的长度和宽度，它应能安装上制品质量不超过注塑机注塑质量的一般制品模具，模板面积大约是注塑机最大成型面积的 4～10 倍，并能用常规方法将模具安装到模板上。可以说模板尺寸限制了注塑机的最大成型面积，拉杆间距限制了模具的尺寸。

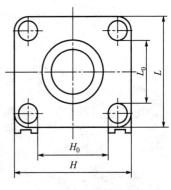

图6-14　模板尺寸

近年来，由于模具结构的复杂化、低压成型方法的使用、注塑机塑化能力的提高以及合模力的下降，模板尺寸有增大的趋势。

② 模板间最大开距 L_{max}。模板间最大开距是用来表示注塑机所能成型制品最大高度的特征参数，它是指开模时，前定模板与动模板之间，包括调模行程在内所能达到的最大距离，如图 6-15 所示。

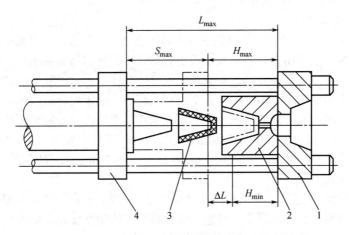

图6-15　模板间的尺寸

1—前定模板；2—模具；3—制品；4—动模板

为使成型后的制品能方便地取出，模板间最大开距一般为

$$L_{max} = (3 \sim 4) h_{max} \tag{6-9}$$

式中　L_{max}——模板间最大开距，mm；

h_{max}——成型制品最大高度，mm。

对于液压式合模系统，模板间最大开距为

$$L_{max} = S_{max} + H_{max} \tag{6-10}$$

式中　S_{max}——动模板最大行程，mm；

　　　　H_{max}——模具最大厚度，mm。

对于液压-机械式合模系统，模板间最大开距为：

$$L_{max}=S_{max}+H_{min}+\Delta L \tag{6-11}$$

式中　H_{min}——模具最小厚度，mm；

　　　　ΔL——调模行程，mm。

③ 动模板最大行程 S_{max}。是指动模板移动距离的最大值。对于液压式合模系统，如图 6-16 所示，动模板行程随安装模具厚度的变化而变化，一般动模板最大行程要大于制品最大高度

图6-16　液压式合模系统的动模板行程

的 2 倍，以便取出制品。对于液压-机械式合模系统，动模板最大行程是固定的。为了缩短成型周期和减少机械磨损的动力损耗，成型时应尽量使用最短的动模板行程。

④ 模具最大厚度 H_{max} 与最小厚度 H_{min}。是指模具闭合后达到规定合模力时动模板与前定模板间的最大距离与最小距离。通常模具厚度选择在 $H_{min}\sim H_{max}$ 的范围内。如果所成型制品的模具厚度小于模具最小厚度，应加垫块（板），否则不能形成所需的合模力，使注塑机不能正常成型。

⑤ 调模行程ΔL。对于液压-机械式合模系统，模具的最大厚度 H_{max} 与最小厚度 H_{min} 之差称为调模行程ΔL。为了成型不同高度的制品，模板间距应能调节，其调节范围通常为最大模具厚度的30%～50%。

3. 注塑机综合性能参数

（1）开合模速度　　开合模速度是反映注塑机工作效率的参数。它直接影响成型周期的长短。为了使动模板开启和闭合平稳以及在顶出制品时不致使塑料制品损坏，防止模具内有异物或因嵌件松动、脱落而损坏模具，要求动模板慢速运行；为了提高生产能力，缩短成型周期，又要求动模板快速运行。因此，在整个成型过程中，动模板的运行速度是变化的，即合模时先快后慢，开模时先慢后快再慢。同时还要求速度变化的位置能够调节，以适应不同结构制品的成型需要。开合模速度的变化由液压与电气控制系统来完成。

目前，中国产注塑机的开合模速度范围：快速为 30～36m/min，有的高达 72～90m/min，慢速为 0.24～3m/min。

（2）空循环时间　　空循环时间是指在没有塑化、注塑、保压与冷却和取出制品等动作的情况下，完成一次动作循环所需要的时间。它由移模、注塑座前移和后退、开模以及动作间的切换时间组成，有的直接用开合模时间来表示。

空循环时间反映机械、液压、电气三部分的性能优劣（如灵敏度、重复性、稳定性等），是表征注塑机综合性能的参数。近年来，由于采用先进的电脑程序控制技术，注塑机各方面的性能更为可靠、准确，空循环时间大为缩短，如有的注塑机的空循环时间仅为0.8s。

二、型号表示

注塑机的型号表示方法各国有所不同，其表示方法通常有以下三种。

1. 实际注塑容积表示法

该法是以实际注塑容积来表示的。由于实际注塑容积是随设计注塑机时选用的注塑压力

及螺杆直径而改变，而且实际注塑容积与加工物料的性能和状态有密切的关系，所以，此种表示法并不能从实际注塑容积的数值大小来比较注塑机的规格大小。中国以前生产的注塑机就是用此法表示的，如 XS-ZY-125，即实际注塑容积为 125cm³ 的预塑式（Y）塑料（S）注射（Z）成型（X）机。

2. 合模力表示法

该法是以注塑机的最大合模力（单位为 t）来表示注塑机的型号。此法表示直观、简单，因为合模力不会受其他取值的影响而改变，可直接反映出注塑机成型制品面积的大小。但并不能直接反映注塑制品体积的大小，所以此法不能表示出注塑机在成型制品时的全部能力及规格的大小，使用起来还不够方便。如 WG-80，表示最大合模力为 80t，制造企业自定代号为 WG 的注塑机。

3. 理论注塑容积与合模力表示法

这是为了统一各国自订的表示法而定出的国际统一型号表示方法。该表示方法用理论注塑容积作分子，合模力作分母（即理论注塑容积/合模力）。具体表示为 SZ-□/□。如 SZ-160/800，即理论注塑容积为 160cm³，合模力为 800kN 的塑料注射成型机（SZ）。

中国注塑机型号是按 GB/T 12783—2000 编制的，表6-7为注塑机的品种代号和规格参数的表示。

表 6-7　注塑机品种代号、规格参数的表示

品种名称	代号	规格参数	备注
立式塑料注射成型机	L（立）	合模力（kN）	卧式螺杆式预塑为基本型不标品种代号
角式塑料注射成型机	J（角）		
柱塞式塑料注射成型机	Z（柱）		
塑料低发泡注射成型机	F（发）		
塑料排气式注射成型机	P（排）		
塑料反应式注射成型机	A（反）		
热固性塑料注射成型机	O（固）		
塑料鞋用注射成型机	E（鞋）	工位数×注射装置数	注射装置数为1不标注
聚氨酯鞋用注射成型机	EJ（鞋聚）		
全塑鞋用注射成型机	EQ（鞋全）		
塑料雨鞋、靴注射成型机	EY（鞋雨）		
塑料鞋底注射成型机	EX（鞋底）		
聚氨酯鞋底注射成型机	EDJ（鞋底聚）		
塑料双色注射成型机	S（双）	合模力（kN）	卧式螺杆式预塑为基本型不标品种代号
塑料混色注射成型机	H（混）		

第三节　注塑系统

注塑系统的作用是完成对物料的预塑化、计量，并以足够的压力和速度将熔体注射到模具的型腔中，注塑结束后能对型腔中的熔体保持压力和补缩，以增加制品的致密度。

一、柱塞式注塑系统

1. 结构组成

柱塞式注塑系统主要由塑化部件（包括柱塞、机筒、注嘴、分流梭）、定量加料装置、注塑油缸、注塑座整体移动油缸等组成，如图6-17所示。

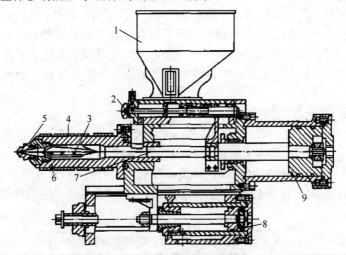

图6-17 柱塞式注塑系统的结构

1—料斗；2—定量加料装置；3—分流梭；4—加热器；5—注嘴；

6—机筒；7—柱塞；8—注塑座移动油缸；9—注塑油缸

2. 工作原理

物料自料斗落入定量加料装置中，当注塑油缸活塞首次推动柱塞前进时，与注塑油缸活塞连接的传动臂推动物料进入机筒的加料口；当柱塞后退时，在加料口处的物料因自重落入机筒中；柱塞再次前进时，一方面将落入机筒内的物料向前推进，另一方面与注塑油缸活塞连接的传动臂又一次推动物料进入机筒的加料口，如此往复，使机筒内的物料依次推至注嘴处。在此过程中，机筒内的物料受到机筒外部加热器以热传导方式传递的热量作用，使其由玻璃态的固体逐步转变为黏流态的熔体，熔体在经过分流梭时，进一步得到均化，最后，在柱塞的推动作用下，以一定的速度和压力被注入模具的型腔中成型。

3. 结构特点

（1）物料塑化不均 物料塑化的热量来自以热传导方式传热的加热器，由于物料的导热性差，加上物料在机筒中的运动呈"层流"状态，因此，靠近机筒壁的物料温度高、塑化快，而机筒中心处的物料温度低、塑化慢。机筒直径越大，则温差越大，塑化越不均匀，有时甚至会出现机筒中心处的物料尚未塑化好，靠近机筒壁处的物料已过热降解的现象。

（2）注塑压力损失大 在注塑时，由于柱塞并不直接作用于熔体，注塑压力只能通过未塑化的物料经分流梭传递给熔体，因此，柱塞注塑时不仅要克服熔体流经机筒、分流梭、注嘴等处的流动阻力而产生的压力损失，而且还要克服将松散的物料压实产生的压力损失，使得注塑压力损失很大，约占注塑压力的50%以上。

（3）充模速度不均，成型过程不稳定 由柱塞式注塑系统的工作过程可知，即使柱塞做等速运动，但熔体的充模速度却是先慢后快，这是由于熔体充模阻力随积聚在机筒中的熔体逐渐减少而降低，它直接影响熔体在模具型腔内的流动状态。另外，每次加料量的不精确，也将导致成型过程和制品质量的不稳定。

（4）塑化能力的提高受限制　柱塞式注塑系统的塑化能力主要取决于柱塞面积和柱塞行程。因此，提高塑化能力主要依靠增大柱塞直径和柱塞行程。然而，由于上述特点，加大机筒内径和长度都会加剧物料塑化不均、成型过程和制品质量的不稳定，因此，限制了其塑化能力的提高。

综上所述，尽管柱塞式注塑系统存在很多缺点，但由于柱塞式注塑系统的结构简单，因此，理论注塑容积在 $100cm^3$ 以下的柱塞式注塑系统仍具有使用价值。

二、螺杆式注塑系统

1. 结构组成

螺杆式注塑系统是目前应用最广泛的一种注塑系统。其结构如图 6-18 所示。它主要由塑化装置（包括螺杆、机筒、注嘴）、料斗、传动装置、注塑油缸、注塑座整体移动油缸等组成。塑化装置和传动装置等安装在注塑座上，注塑座借助于注塑座整体移动油缸的推力，沿注塑座上的导轨（或导杆）往复运动，使注嘴脱离或贴紧模具主流道衬套。同时，为了便于拆换螺杆和清洗机筒，在底座中部设有旋转机构，使注塑座能绕其转轴旋转一个角度。

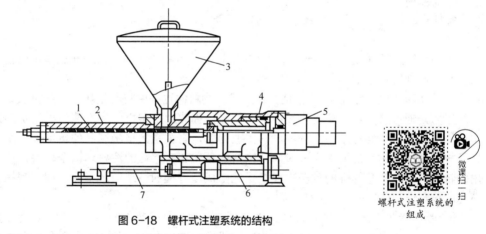

微课扫一扫

螺杆式注塑系统的组成

图 6-18　螺杆式注塑系统的结构

1—螺杆；2—机筒；3—料斗；4—注塑油缸；5—液压马达；6—注塑座移动油缸；7—导杆

2. 工作原理

从料斗落入机筒的物料，在机筒外部加热器的加热和物料与机筒、物料与螺杆、物料与物料之间的剪切热的作用下，螺杆旋转将物料熔融并输送到螺杆头前端。由于注嘴的阻挡以及螺杆头部止逆环所起的单向阀的作用，熔体积聚在螺杆头前端并建立起一定的压力，随着螺杆的旋转，螺杆头前端的熔体压力也越来越大，当螺杆头前端的熔体压力达到能够克服注塑油缸活塞后退时的阻力（即背压）时，螺杆开始后退，计量装置开始计量。螺杆一边旋转一边后退，输送至螺杆头前端的熔体逐渐增多，当螺杆头前端的熔体达到预定注塑容积时，计量装置触动限位开关，使螺杆停止旋转和后退，此时，计量结束并为下一次注塑做好准备。注塑时，液压系统向注塑油缸内提供高压油，推动与注塑油缸活塞杆相连接的螺杆，将螺杆头前端的熔体以一定的速度和压力通过注嘴注入模具的型腔中，随后进行保压补缩。保压补缩结束后，冷却计时器计时，模具型腔内的制品进行冷却，同时预塑动作开始并进入下一个循环。

3. 结构特点

螺杆式注塑系统与柱塞式注塑系统相比具有以下优点。

① 螺杆式注塑系统不仅有外部加热器的加热，而且还有机筒内部摩擦产生的剪切热，因而塑化效率和塑化质量较高；而柱塞式注塑系统主要依靠外部加热器加热，并以热传导的方式传给物料使之塑化，塑化效率和塑化质量较低。

② 注塑时由于螺杆式注塑系统的机筒内没有分流梭，也不存在松散物料的压实，只是克服螺杆头前端熔体的流动阻力，因此注塑压力损失小。在相同的模具型腔压力下，螺杆式注塑系统可以降低注塑压力。

③ 由于螺杆式注塑系统的塑化效果好，从而可以降低机筒温度，这样，不但可以减小物料因过热和滞流而产生的分解现象，而且还可以缩短制品的冷却时间，提高生产效率。

④ 由于螺杆有刮料作用，可以减小熔体的滞流和分解，所以可用于加工热稳定性差的物料（如 PVC 等）。

⑤ 可以对物料直接进行着色，而且便于机筒的清理。

螺杆式注塑系统虽然有以上许多优点，但是它的结构比柱塞式注塑系统复杂，螺杆的设计和制造都比较困难。此外，还需要增设螺杆传动装置和相应的液压传动和电气控制系统。因此，目前一些小型注塑机仍采用柱塞式注塑系统，用于加工熔体流动性好的物料，而中大型注塑机则普遍采用螺杆式注塑系统。

4. 塑化装置

螺杆式塑化装置主要包括螺杆、机筒、注嘴等。

（1）螺杆

① 普通注塑螺杆。与普通挤塑螺杆在结构上基本相似，由于它们在成型中的使用要求不同，所以各自又具有各自的特征。

a. 作用原理方面。挤塑螺杆是在连续推挤物料的过程中将其塑化，并在机头处形成相当高的压力，通过挤塑模具获得连续挤出的制品，因此，挤塑机的生产能力、稳定的挤出量和塑化均匀性是挤塑螺杆应该充分考虑的主要问题，它关系到挤塑制品的质量和产量。而注塑螺杆按注塑成型过程的要求完成对固体物料的预塑和对熔体的注射这两个任务，并无稳定挤出的特殊要求，注塑螺杆的预塑也仅仅是注塑成型过程的一个前道工序，同挤塑螺杆相比，塑化的稳定性和均匀性不是主要问题。

b. 物料受热方面。物料在注塑机中的受热时间长且受热途径多。预塑时，除了类似于挤塑螺杆的塑化受热外，由于预塑后的物料在机筒内的停留时间长，因此受到外部加热器加热的时间长，而注塑时，物料以高速流经注嘴时还要受到强烈剪切产生的剪切热作用。

c. 塑化压力调节方面。在成型过程中挤塑螺杆很难对物料的塑化压力进行调节，而注塑螺杆对物料的塑化压力可以方便地通过背压来进行调节，从而容易对物料的塑化质量实行控制。

d. 螺杆有效工作长度的变化方面。预塑时注塑螺杆边旋转边后退，使得有效工作长度发生变化。而挤塑螺杆要求定温、定压、定量、连续地挤出，挤塑时必须是定位旋转，螺杆有效工作长度不能发生变化。

e. 塑化能力对生产能力的影响方面。挤塑螺杆的塑化能力直接影响生产能力，而注塑螺杆的预塑化时间往往比制品在模具型腔中的冷却时间短，只是注塑成型过程中的一个环节，因此注塑螺杆的塑化能力并不是影响生产能力的主要因素。

f. 螺杆头结构形式方面。如图 6-19 所示，注塑螺杆头与挤塑螺杆头不同，挤塑螺杆头多为圆头或钝头，而注塑螺杆头多为尖头，且头部具有特殊结构。

尖形或头部带有螺纹的螺杆头如图 6-19（a）所示，主要用于加工高黏度、热稳定性差的物料（如 PVC 等），可以防止在注塑时排料不干净而造成滞料分解现象。

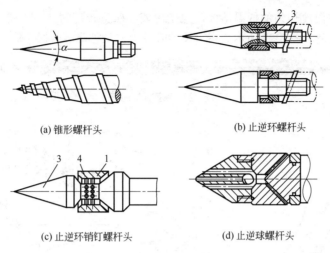

(a) 锥形螺杆头　　　　　　　　　(b) 止逆环螺杆头

(c) 止逆环销钉螺杆头　　　　　　(d) 止逆球螺杆头

图 6-19　注塑用螺杆头的结构形式
1—止逆环；2—环座；3—螺杆头；4—销钉

止逆型螺杆头如图 6-19（b）～（d）所示，对于中、低黏度的物料，为防止在注塑时螺杆头前端压力过高，使部分熔体在压力下沿螺槽回流，造成注塑容积下降、注塑压力损失增加、保压困难和制品质量降低等，通常使用止逆型的螺杆头。图 6-19（b）、（c）所示的止逆环螺杆头，其结构原理是：预塑时，沿螺槽前进的具有一定压力的熔体将止逆环前移，熔体通过止逆环与螺杆间的通道积聚在螺杆头前端；注塑时，在注塑压力的反作用下使止逆环向后移，与环座紧密贴合，压力越高贴合越紧密，切断了止逆环与螺杆间的通道，从而防止熔体的回流。

注塑机配置的螺杆一般只有一根，但基本形式的螺杆头是必备的，如图 6-20 所示。为扩大注塑螺杆的使用范围，降低生产成本，可通过更换螺杆头的办法来适应不同物料的加工。

综上所述，注塑螺杆和挤塑螺杆在结构参数上具有以下几个主要差异。

a．注塑螺杆长径比和压缩比比挤塑螺杆小；

b．注塑螺杆均化段螺槽深度比挤塑螺杆深；

c．注塑螺杆加料段长度和尾部长度比挤塑螺杆长，而均化段长度比挤塑螺杆短；

d．注塑螺杆头部多为尖头并带有特殊结构，而挤塑螺杆头部多为圆头或钝头。

② 新型注塑螺杆。近年来，由于注塑机合模力的下降，普遍要求对原来注塑机的成型能力作相应提高，即在不改变合模力的情况下提高注塑机的注塑容积和塑化能力。但是，在预塑过程中，注塑螺杆既要做旋转运动又要做轴向移动，而且是间

图 6-20　各种注塑螺杆头

歇动作的，很易过早地造成固体床破碎。由熔融理论可知，破碎后的固体碎片被熔体包围，不利于熔融。因此需要对这些固体碎片进行混炼、剪切，加速其熔融。然而，普通注塑螺杆很难完成这一任务，从而限制了塑化能力的提高。

为此，在研制新型挤塑螺杆的基础上，经过移植，制造出了许多能适应加工各种物料的新型注塑螺杆，如图 6-21、图 6-22 所示。它们是在普通注塑螺杆的均化段上增设一些混炼剪切元件，如波状型、销钉型、DIS 型、屏障型、组合型等，以提高对物料的塑化能力。新型注

塑螺杆不仅能获得温度均匀的低温熔体，成型出表面质量较高的制品，同时也降低了能耗，获得较大的经济效益。图 6-23 所示是用于注塑螺杆上的几种混炼剪切元件。

图 6-21　新型注塑螺杆

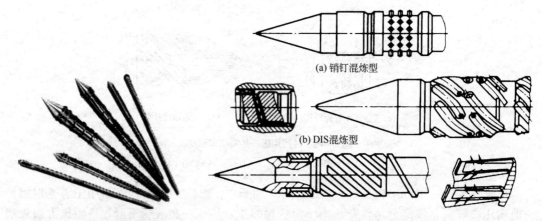

(a) 销钉混炼型

(b) DIS混炼型

图 6-22　各种新型注塑螺杆　　　　图 6-23　注塑螺杆上常用的混炼剪切元件

（2）机筒　机筒是注塑机塑化部件的另一个重要部件。其结构形式与挤塑机的机筒基本相同，大多采用整体式结构。

① 机筒加料口的断面形状。由于注塑机大多采用重力加料，因此加料口的断面形状必须保证加料时物料的输送。为了加大输送能力，加料口应尽量增大进料面积。加料口的断面形状可以是对称型的，也可以是偏置型的，基本形式如图 6-24 所示。图 6-24（a）为对称型加料口，加料口偏小，输送能力较低，但加工制造容易。图 6-24（b）、图 6-24（c）为偏置型加料口，适合于螺杆高速加料，有较好的输送能力，但加工制造较困难。当采用螺旋强制加料装置时，加料口的俯视形状采用对称圆形为好。

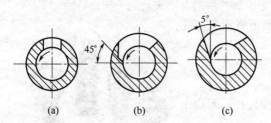

(a)　　　　(b)　　　　(c)

图 6-24　加料口的断面形状

② 机筒的壁厚。要保证在压力下有足够的强度，同时还要具有一定的热容量，以维持温度的稳定。薄的机筒壁虽然质量轻，节省材料，热容量小，升温快，但容易受周围环境温度变化的影响，工艺温度稳定性差。厚的机筒壁不仅结构笨重，而且热容量大，升温慢，在温度调节过程中易产生比较严重的滞后现象。一般机筒外径与内径之比为 2～2.5，其壁厚见表 6-8。

表 6-8　注塑机机筒壁厚（供参考）

螺杆直径/mm	35	42	50	65	85	110	130	150
机筒壁厚/mm	25	29	35	47	47	75	75	90
外径与内径比	2.43	2.38	2.40	2.45	2.11	2.36	2.15	2.20

③ 机筒的加热与冷却。注塑机筒大多采用的是电阻加热（带状加热器、铸铝加热器、陶

瓷加热器），这是由于电阻加热器具有体积小、制造和维修方便等特点。

为了满足成型工艺对温度的要求，需要对机筒的加热进行分段控制。机筒的加热一般分为2～5段，每段长（3～5）D（D为螺杆直径）。温控精度一般不超过5℃，对热稳定性差的物料（如PVC等）最好不大于2℃。机筒加热功率的确定，除了要满足物料塑化需要的功率外，还要保证有足够的升温速率。为使机筒升温速率加快，加热器功率的配置可适当大些，但从减小温度波动的角度来说，加热功率又不宜过大，因为一般电阻加热器都采用开关式控制电路，其热容量较大。加热功率的大小可根据升温时间确定，即小型注塑机的升温时间一般不超过0.5h，中大型注塑机约为1h，过长的升温时间会影响注塑机的生产效率。

由于物料在注塑螺杆预塑中产生的剪切热要比挤塑螺杆小，因此，注塑机的机筒和螺杆通常不设冷却装置，而是靠自然冷却。为了保持良好的加料和输送作用，防止机筒热量传递到传动端，在机筒的加料口处应设置冷却水套。

（3）螺杆与机筒的强度校核

① 螺杆与机筒的选材。注塑螺杆与机筒所处的工作环境和挤塑螺杆与机筒基本相同，不仅受到高温、高压的作用，同时还受到较严重的腐蚀和磨损（特别是加工玻璃纤维增强塑料）。因此，注塑螺杆与机筒的材料选择也相同于挤塑螺杆与机筒，必须选择耐高温、耐磨损、耐腐蚀、高强度的材料，以满足其使用要求。

② 注塑螺杆的强度校核。实际上，注塑螺杆的工作条件要比挤塑螺杆更加恶劣，它不仅要承受预塑时的转矩，还要经受带负载的频繁启动以及承受注塑时的高压，其受力状况如图 6-25 所示。预塑时，螺杆主要承受螺杆头部的轴向力和转矩，其危险断面在螺杆加料段最小根径处，其强度校核如下。

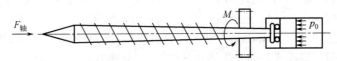

图6-25　注塑螺杆的受力示意图

a. 计算注塑时由轴向力 $F_{轴}$ 引起的压应力 $\sigma_{压}$。

$$\sigma_{压} = \frac{F_{轴}}{A} = \frac{\frac{\pi}{4}D_0^2 p_0}{\frac{\pi}{4}D_s^2} = \left(\frac{D_0}{D_s}\right)^2 p_0 \qquad (6\text{-}12)$$

式中　$\sigma_{压}$——螺杆所受的压应力，MPa；

$F_{轴}$——螺杆所受的轴向力，N；

A——螺杆加料段最小根径处的截面积，cm²；

p_0——注塑时油缸工作油压，MPa；

D_0——注塑油缸内径，mm；

D_s——螺杆危险断面处的根径，mm。

b. 计算预塑时由转矩 M 产生的切应力 τ。

$$\tau = \frac{M_n}{W_n} = \frac{9.55 \times 10^6 \times \frac{P_{max}}{n_{max}}}{\frac{\pi D_s^3}{16}} = 4886 \times \frac{P_{max}}{n_{max} D_s^3} \times 10^4 \qquad (6\text{-}13)$$

式中 τ——螺杆的切应力，MPa；

　　M_n——螺杆承受的转矩，N·mm；

　　W_n——螺杆抗扭截面系数，mm^3；

　　P_{max}——螺杆所需的最大功率，kW；

　　n_{max}——螺杆最大工作转速，r/min。

　　c. 计算相当应力。根据材料力学可知，对塑性材料，相当应力用第三强度理论计算，其强度条件为：

$$\sigma_{r3} = \sqrt{\sigma_{压}^2 + 4\tau^2} \leqslant [\sigma] = \frac{\sigma_s}{n_s} \tag{6-14}$$

式中 σ_{r3}——螺杆所受的相当应力，MPa；

　　$[\sigma]$——材料的许用应力，MPa；

　　σ_s——材料的屈服强度，MPa；

　　n_s——安全系数，通常取 2.8～3。

　　③ 注塑机筒的强度校核。由于注塑机筒的壁厚往往也大于按强度条件计算出来的值，且大多采用的整体式机筒，因此，正如挤塑机机筒那样，可省略其强度校核。

　　(4) 注嘴　注嘴起连接注塑系统和成型模具的桥梁作用，注塑时，机筒内的熔体在螺杆或柱塞的作用下以高压、高速通过注嘴注入模具的型腔。当熔体高速流经注嘴时将产生压力损失，其中一部分压力损失为熔体受到强烈剪切而转变成热能，它使熔体温度进一步升高；另一部分压力损失则转变成速度能，它使熔体高速注入模具的型腔。保压时，还需少量的熔体通过注嘴向型腔内补缩。因此，注嘴的类型与结构会直接影响熔体的压力损失、熔体温度的高低、补缩作用的大小、射程的远近以及产生"流涎"与否等。

　　注嘴的类型很多，按结构可分为直通式注嘴、锁闭式注嘴和特殊用途注嘴三种。

　　① 直通式注嘴。直通式注嘴是指熔体从机筒内到注嘴口的通道始终是敞开的。根据使用要求的不同有以下几种结构。

　　a. 短式直通式注嘴。其结构如图 6-26 所示。这种注嘴结构简单，制造容易，压力损失小。但当注嘴离开模具主流道衬套时，低黏度的物料易从注嘴口流出，产生"流涎"现象（即熔体从注嘴口自然地流出）。另外，因注嘴长度有限，不能安装加热器，熔体容易冷却，因此，这种注嘴主要用于加工热稳定性差的物料（如 PVC 等）。

　　b. 延长型直通式注嘴。其结构如图 6-27 所示。它是短式注嘴的改型，其结构简单，制造容易，由于加长了注嘴的长度，可安装加热器，熔体不易冷却，补缩作用大，射程较远，但"流涎"现象仍未克服。主要用于加工高黏度的物料和成型厚壁制品。

　　c. 远射程直通式注嘴。其结构如图 6-28 所示。它除了能安装加热器外，还扩大了注嘴的贮料室，以防止熔体冷却。这种注嘴的口径小，射程远，"流涎"现象有所克服。主要用于成型形状复杂的薄壁制品。

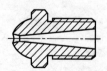 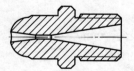 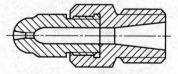

图 6-26　短式直通式注嘴　　　　图 6-27　延长型直通式注嘴　　　　图 6-28　远射程直通式注嘴

　　② 锁闭式注嘴。是指在注塑和保压动作完成以后，为克服熔体的"流涎"现象，对注嘴通道实行暂时关闭的一种注嘴，主要有以下几种结构。

a．弹簧针阀式注嘴。图 6-29、图 6-30 所示为外弹簧针阀式和内弹簧针阀式注嘴，它们都是依靠弹簧力的作用压合针阀芯实现注嘴锁闭的，是目前应用较广的一种注嘴。其结构原理为：预塑时，由于熔体压力不高，作用于针阀芯前端的压力较低，针阀芯在弹簧力的作用下将注嘴口堵死；注塑时，螺杆前进，熔体压力增高，作用于针阀芯前端的压力增大，当其作用力大于弹簧力时，针阀芯便压缩弹簧而后退，注嘴口打开，熔体则通过注嘴注入模具的型腔中；保压时，注嘴口始终保持打开状态以利于补缩；保压补缩结束后，螺杆后退，作用于针阀芯前端的压力降低，针阀芯在弹簧力作用下前进，又将注嘴口关闭。

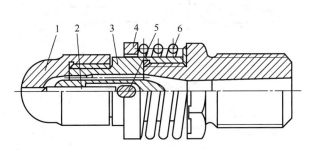

图 6-29　外弹簧针阀式注嘴

1—注嘴头；2—针阀芯；3—阀体；4—挡圈；5—导杆；6—弹簧

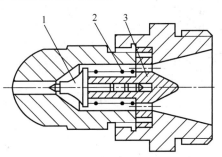

图 6-30　内弹簧针阀式注嘴

1—针阀芯；2—弹簧；3—阀体

　　这种形式的注嘴结构比较复杂，注塑压力损失大，补缩作用小，射程较短，对弹簧的要求较高。

　　b．液控锁闭式注嘴。它是依靠液压控制的小油缸通过杠杆联动机构来控制阀芯启闭的，如图 6-31 所示。这种注嘴使用方便，锁闭可靠，压力损失小，计量准确，但增加了液压系统的复杂性。

　　锁闭式注嘴与直通式注嘴相比，结构复杂，制造困难，压力损失大，补缩作用小，有时可能会引起熔体的滞流分解。主要用于加工低黏度的物料。

　　③ 特殊用途注嘴。除了上述常用的注嘴之外，还有适于特殊场合下使用的注嘴。其结构形式主要有以下几种。

　　a．混色注嘴。图 6-32 所示为混色注嘴，这是为提高混色效果而设计的专用注嘴。这种注嘴的结构特点是熔体流道较长，并在流道中设置了

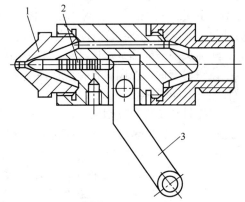

图 6-31　液控锁闭注嘴

1—注嘴头；2—针阀芯；3—操纵杆

双过滤板，以增加剪切混合作用，因而适合于加工热稳定性好的混色物料。

　　b．双流道注嘴。图 6-33 所示为双流道注嘴，可用在夹芯发泡注塑机上，注射两种材料的复合制品。

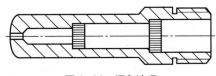

图 6-32　混色注嘴

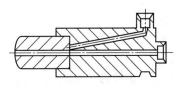

图 6-33　双流道注嘴

c. 热流道注嘴。如图 6-34（a）所示，由于注嘴短，注嘴直接与模具浇口接触，压力损失小，主要用来加工热稳定性好、成型温度范围宽的物料。保温式热流道注嘴如图 6-34（b）所示，它是热流道注嘴的另一种形式。保温头伸入热流道模具的主流道中，形成保温室，利用模具内熔体自身的温度进行保温，防止注嘴流道内熔体过早冷凝，适用于某些高黏度物料的加工。

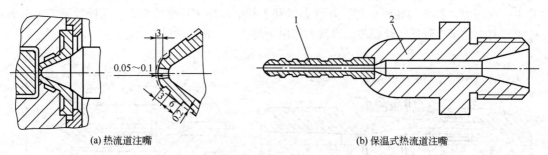

(a) 热流道注嘴　　　　　　　　　　　　　　　　(b) 保温式热流道注嘴

图 6-34　热流道注嘴

1—保温头；2—注嘴体

　　注嘴的形式主要由物料的性能、成型制品的特点和用途来决定。对于黏度高、热稳定性差的物料（如 PVC 等），适宜用流道阻力小、剪切作用小、较大口径的直通式注嘴；对于黏度低、结晶性物料宜用带有加热装置的锁闭式注嘴；对形状复杂的薄壁制品，要用小口径、远射程的注嘴；对于厚壁制品最好采用较大口径、补缩性能好的注嘴。

　　注嘴口径应与螺杆直径成比例，根据实践经验，对于高黏度物料，注嘴口径为螺杆直径的 1/15～1/10；对于中、低黏度的物料，为螺杆直径的 1/20～1/15。注嘴口径要比主流道口径略小（小 0.5～1mm），且两孔应对中，避免产生死角和防止漏料现象，同时也便于将存在注嘴处的冷料连同主流道的物料一同拉出。

　　注嘴头部一般都是球形，很少有平面的。为使注嘴头与模具主流道保持良好的接触，模具主流道衬套的凹面圆弧直径应比注嘴头球面圆弧直径稍大。注嘴头与模具主流道衬套之间的装配关系如图 6-35 所示。

　　注嘴材料常用中碳钢制造，经淬火使其硬度高于模具以延长注嘴的使用寿命。注嘴需单独进行加热，其加热功率一般为 100～300W。

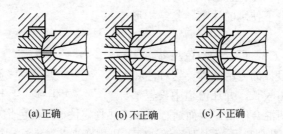

(a) 正确　　　　(b) 不正确　　　　(c) 不正确

图 6-35　注嘴头与模具主流道衬套的配合关系

5. 传动装置

传动装置的作用是为螺杆提供预塑时所需的转矩和转速。作为注塑机的传动装置应满足以下要求。

① 能适应多种物料的加工和带负载的频繁启动。

② 调速方便，并有较大的调速范围。

③ 各部件应有足够的强度，结构简单、紧凑。

④ 具有过载保护功能。

⑤ 启动、停止要及时可靠，保证计量准确。

（1）螺杆的传动形式　注塑螺杆的传动形式目前主要采用液压马达传动。

图 6-36 所示为液压马达传动的形式。在图 6-36（a）中，液压马达通过齿轮油缸来驱动螺杆，由于油缸和螺杆同轴转动而省去了推力轴承。图 6-36（b）所示为双注塑油缸的形式，其螺杆直接与螺杆轴承箱连接，注塑油缸设在注塑座加料口的两旁，采用液压马达直接驱动，无需齿轮箱，不仅结构简单、紧凑，而且体积小、质量轻，对螺杆还有过载保护作用。图 6-36（c）所示为螺杆直接由低速大转矩液压马达驱动，省去了齿轮减速箱，结构更加简单，使螺杆转速的无级调节更方便。

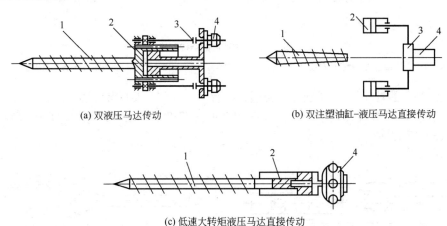

(a) 双液压马达传动　　　　　　　　　　(b) 双注塑油缸-液压马达直接传动

(c) 低速大转矩液压马达直接传动

图 6-36　液压马达传动形式

1—注塑螺杆；2—注塑油缸；3—联轴节、轴承箱；4—液压马达

液压马达传动形式的特点是：传动特性均匀稳定，启动惯性小，对螺杆有过载保护作用；液压元件体积小，质量轻，简化了注塑系统的结构；动力来源获取方便，可在较大范围内实现螺杆的无级调速。

（2）螺杆的转速　在注塑成型过程中，为了适应不同物料的塑化要求和平衡成型循环周期中的预塑时间，经常要对螺杆转速进行调整。通常，加工高黏度、热稳定性差的物料（如 PVC 等），螺杆最高线速度在 15～20m/min 以下；加工一般物料，螺杆线速度在 30～45m/min。对于大型注塑机，螺杆一般采用较低的转速，而小型注塑机则常用较高的转速。

随着注塑机控制性能的提高，注塑螺杆的线速度也有所提高，有的注塑机螺杆的线速度已达到 50～60m/min。

（3）螺杆的驱动功率　注塑螺杆的驱动功率一般参照挤塑螺杆驱动功率的确定方法结合实际使用情况来确定，目前尚无成熟的计算方法。经实验统计表明，注塑螺杆的驱动功率一般比同规格的挤塑螺杆小，这是因为注塑螺杆在预塑时，机筒内的物料已经受了长时间的加热而降低了其黏度，其次是螺杆结构参数的不同所致。

6. 注塑座及其转动装置

注塑座是用来连接和固定塑化装置、注塑油缸和移动油缸等的重要部件，是注塑系统的安装基准。注塑座与其他部件相比，形状较复杂，加工制造精度要求较高。

（1）注塑座　注塑座是一个受力较大且结构复杂的部件，其结构形式可分为整体式和组合式两种。整体式结构如图 6-37（a）所示，它是将油缸支撑座和料斗座作为一个整体，料斗、塑化装置、螺杆传动装置（减速箱）、注塑油缸等均连接在这个整体上。组合式的结构如图 6-37（b）所示，它是以螺杆传动装置的减速箱作为安装基体，料斗、塑化装置和注塑油缸分别通过料斗座和油缸支撑座与减速箱体连接而成。

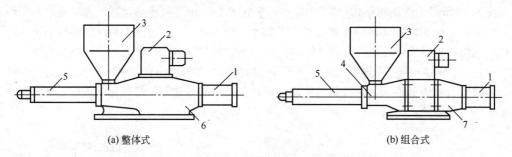

图6-37　注塑座的结构形式

1—注塑油缸；2—螺杆传动装置；3—料斗；4—料斗座；5—塑化装置；6—注塑座；7—油缸支撑座

（2）注塑座的转动　在更换或检修塑化装置时，经常需要拆装注嘴、螺杆。由于机筒前端装有定模板，给拆装带来不便，因此在较多的注塑机上将注塑系统做成可转动结构，如图 6-38（a）所示。

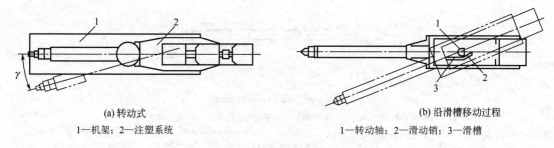

(a) 转动式

1—机架；2—注塑系统

(b) 沿滑槽移动过程

1—转动轴；2—滑动销；3—滑槽

图6-38　注塑座的转动结构

小型注塑机的注塑座靠手动扳转，较大和大型注塑机则需单独设有传动装置（如液压缸之类）自动扳转，也可用移动油缸兼作注塑座转动的动力油缸。注塑座如需回转时，可将滑动销插入滑槽，在注塑座退回的过程中，使落下的滑动销沿滑槽运动，从而迫使注塑座在轴向后移中同时做转动，如图 6-38（b）所示，这样无需另设传动装置。注塑座的转动轴位于注塑座重心的垂线上。

第四节　合模系统

合模系统是注塑机的重要组成部分之一。其主要任务是提供足够的合模力，使其在注塑时，保证成型模具可靠锁紧；在规定时间内以一定的速度闭合和打开模具；顶出模内制品。它的结构和性能直接影响注塑机的生产能力和制品的质量。

一、对合模系统的要求

为了保证合模系统作用的发挥，注塑机合模系统应能达到以下要求。

① 必须有足够大的合模力和系统刚度，保证成型模具在注塑过程中不被熔体压力（型腔压力）胀开，以满足制品精度的要求。

② 应有足够大的模板面积、模板行程和模板间距，以适应不同形状和尺寸的成型模具的安装要求。

③ 应有较高的开合模速度，并能实现变速，在合模时应先快后慢，开模时应先慢后快再慢，既能实现制品的平稳顶出，又能使模板安全运行和提高生产效率。

④ 应有制品顶出、调节模板间距和侧面抽芯等附属装置。

⑤ 应设有调模装置、安全保护装置等。其结构应力求简单紧凑，易于维护。

能满足上述要求的合模系统很多，这里仅将常见的几种类型作一介绍。

二、液压式合模系统

液压式合模系统是利用油液压力与某些辅助机构相配合，实现模具的启闭和锁紧的，当油液压力解除后，合模力也随之消失。目前常见的液压式合模系统的形式有增压式、充液式、充液增压式和二次动作稳压式等。

1. 增压式合模系统

增压式合模系统是利用提高移模油缸内液压油的压力来满足合模力的要求。如图 6-39 所示，其结构由两个油缸组成，一个用于合模，另一个用于提高合模油缸内液压油的压力。

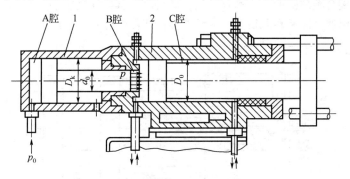

图 6-39　增压式合模系统的结构

1—增压油缸；2—合模油缸

合模时压力油进入移模油缸的右腔（即 B 腔），因油缸直径较小，可以保证动模板快速合模的要求，待模具合拢后，再将压力油切换进入增压油缸左腔（即 A 腔），利用增压活塞两端的承压面积差，使增压活塞向右移动。这时，B 腔内的液压油受到压缩，液压油压力增大，达到合模力的要求。

增压式合模系统的移模速度 v、合模力 F 分别为：

$$v = \frac{Q}{\frac{\pi}{4}D_0^2} \tag{6-15}$$

$$F = \frac{\pi}{4}D_0^2 p_0 M \tag{6-16}$$

$$M = \left(\frac{D_k}{d_0}\right)^2 \tag{6-17}$$

式中 v——移模速度，mm/s；

　　D_0——合模油缸内径，mm；

　　Q——对合模油缸的供油量，mm³/s；

　　F——合模力，N；

　　p_0——工作油压，MPa；

　　M——增压比；

　　D_k——增压油缸内径，mm；

　　d_0——增压活塞杆直径，mm。

　　这种合模系统的结构紧凑，质量轻，但油压提高受液压系统密封性能的限制。一般工作油压在 20～32MPa，高的可达 50MPa 左右，故合模力仍不很高，移模速度受油缸直径的限制也不能很快，主要用于中小型注塑机。

2. 充液式合模系统

　　为了满足注塑机合模系统快速低压合模和慢速高压锁紧的要求，除了采用增压式合模系统外，较多地采用不同直径的油缸来实现。这样，既缩短成型周期，提高生产效率，保护模具，又降低能量消耗。如图 6-40 所示，充液式合模系统由一个大直径活塞式合模油缸和一个小直径柱塞式快速移模油缸组成。合模时，压力油首先从 C 口进入小直径快速移模油缸内，推动合模油缸活塞快速闭模，与此同时，合模油缸左腔产生真空，将充液油箱内大量的液压油经充液阀填充到合模油缸的左腔内。当模具闭合时，合模油缸左端 A 口通入压力油，充液阀关闭，由于合模油缸的活塞面积大，从而能够保证合模力的要求。

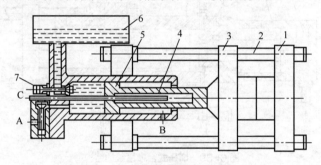

图 6-40　充液式合模系统的结构

1—定模板；2—拉杆；3—动模板；4—移模油缸；5—合模油缸；6—充液箱；7—液控单向阀（充液阀）

　　充液式合模系统的充液油箱可以装在机身的上部或下部，大型注塑机一般都安装在机身上部，有利于靠液压油的重力进行充液，如图 6-41 所示。

图 6-41　充液式合模系统注塑机

充液式合模系统主要有活塞式和柱塞式两种，活塞式主要用于中小型注塑机。柱塞式主要用于中大型注塑机，但这种系统的缸体长，结构笨重，工作时需要液压油的流量多，能耗较大。

3. 充液增压式合模系统

为了满足高速、大合模力的要求，可采用充液式和增压式组合的液压合模系统。如图 6-42 所示。合模时，压力油首先进入两旁的小直径长行程的移模油缸内，带动动模板和合模油缸的活塞做快速移动。同时，合模油缸内形成真空，充液阀打开，合模油缸左腔充油。当模具闭合后，压力油进入增压油缸内，使合模油缸左腔内的油压增大。由于合模油缸的活塞面积大，因此，在高压油的作用下达到大合模力的要求。

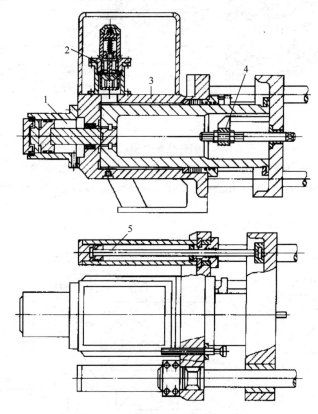

图 6-42 充液增压式合模系统的结构

1—增压油缸；2—充液阀；3—合模油缸；4—顶出装置；5—移模油缸

4. 二次动作稳压式合模系统

上述液压式合模系统虽然在移模速度和合模力上能满足一定的要求，但对于大吨位的注塑机就显得结构笨重。对于合模力很大的注塑机，如何减轻注塑机的质量、简化系统及方便制造则成了亟待解决的问题。目前，在大型注塑机上多采用二次动作稳压式合模系统。它是利用小直径快速移模油缸来满足移模速度的要求，利用机械定位方法，采用大直径短行程的合模（稳压）油缸，来满足大合模力的要求。

（1）液压-闸板式合模系统　图 6-43 所示为液压-闸板式合模系统，其工作原理如图 6-44 所示。它采用了两个不同直径的油缸，分别满足移模速度和合模力的要求。合模时，压力油从 C 口进入小直径的移模油缸 7 的右腔，由于活塞固定在后支撑座上不能移动，压力油便推动移模油缸7前移进行合模，当模板运行到一定位置时，压力油进入齿条油缸，齿条3按箭头方向移动，推动扇形齿轮4和齿轮9，带动闸板1右移，同时，通过扇形齿轮4和齿轮10~13带动闸板2左移将移模油缸抱合定位，卡在移模油缸上的凹槽内，防止在增压时移模油缸后退，然后压力油从A口进入稳压油缸5，由于其油缸直径大，行程短，可迅速达到合模力的要求。

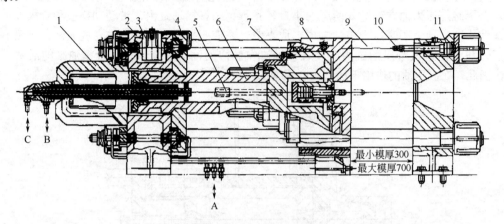

图6-43　液压-闸板式合模系统的结构

1—后支撑座；2—移模油缸支架；3—齿条活塞油缸；4—闸板；5—顶杆；
6—移模油缸；7—顶出油缸；8—稳压油缸；9—拉杆；10—辅助开模装置；11—定模板

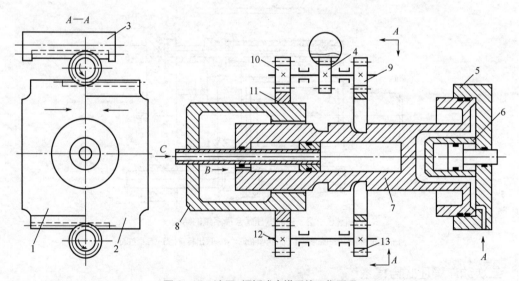

图6-44　液压-闸板式合模系统工作原理

1, 2—闸板；3—齿条；4—扇形齿轮；5—稳压油缸；6—顶出油缸；7—移模油缸；8—后支撑座；9~13—齿轮

　　开模时，稳压油缸5先卸压，合模力随之消失，其次齿条油缸的压力油换向，闸板松开脱离移模油缸7，压力油由B口进入移模油缸7左腔，使动模板后退，模具打开。

　　(2) 液压-抱合螺母式合模系统　图6-45所示为液压-抱合螺母式合模系统，其结构由快速移模油缸、动模板、阳模、阴模、抱合螺母和稳压油缸组成。合模时，压力油进入快速移模油缸1内，推动动模板3快速移模，当确认模具闭合后，抱合机构的两个对开螺母分别抱住四根拉杆上的螺旋槽，使其定位。然后向位于定模板前端拉杆头上的4个油缸组（稳压缸）通入压力油，紧拉四根拉杆使模具锁紧。

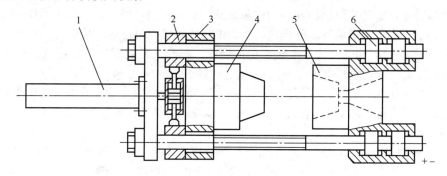

图6-45　液压-抱合螺母式合模系统的结构

1—移模油缸；2—抱合螺母；3—动模板；4—阳模；5—阴模；6—稳压油缸

　　抱合螺母式合模系统制造容易，维修方便，油缸直径不受模板尺寸的限制。但合模油缸多，液压系统比较复杂，主要用于合模力超过 1000kN 的大型注塑机。

　　二次动作稳压式合模系统的形式很多，它们均采用相同的原理实现模具的启闭动作。但在油缸布置、定位机构和调模方式上有所不同。

　　液压式合模系统的优点是定模板与动模板之间的开距大，使成型制品的高度范围大；通过液压系统的控制，动模板可在行程范围内任意停留，使模具的厚度、合模速度和合模力的大小调整方便；运动部件具有自润滑作用，磨损小。

　　液压式合模系统的不足之处主要是液压系统管路复杂且易产生液压油的渗漏，使工作油压不稳定而导致合模力的稳定性差；管路、阀件等的维修工作量大；此外，还需设有如防止超行程等安全装置。

三、液压-机械式合模系统

1. 合模系统的形式

　　液压-机械式合模系统是利用曲肘机构（如图 6-46 所示）或曲肘撑板机构，在油压作用下，使合模系统内产生内应力实现对模具的锁紧。其特点是自锁、节能、速度快，从而实现所需的运动特性和动力特性。

图6-46　曲肘机构

　　根据常用曲肘机构的类型和组成合模系统的曲肘个数，可将液压-机械式分为单曲肘、双曲肘、曲肘撑板等形式。

　　（1）液压-单曲肘合模系统　　如图 6-47 所示，它主要有模板、合模油缸、单曲肘机构、拉杆、调模装置、顶出装置等组成。其工作过程是当压力油从合模油缸上腔进入推动活塞下行，与活塞杆相连的曲肘机构向前伸直推动动模板前移进行合模。当模具闭合后，继续供压力油使油压升高，迫使曲肘机构伸展为一条直线，从而将模具锁紧。此时，即使卸去油的压力，合模力也不会改变或消失。开模时，压力油进入移模油缸下腔，使曲肘机构回屈。由于合模油缸通过一个支点用铰链与机架连接，因此，在开合模过程中油缸可围绕这个支点摆动，以适应曲肘机构运动的需要。

这种合模系统结构简单，外形尺寸小，制造方便，调模较容易。但由于是单曲肘，模板受力不均匀，增力倍数较小（一般为 10 多倍），承载能力受结构的限制，主要用于 1000kN 以下的小型注塑机。

（2）液压-双曲肘合模系统　为了提高注塑机合模力并使注塑机受力均匀，以便能成型较大尺寸的制品，中小型注塑机普遍采用如图 6-48 所示的双曲肘机构。

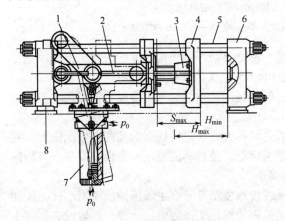

图 6-47　单曲肘式合模系统

1—曲肘；2—顶出杆；3—调距螺母；4—动模板；
5—拉杆；6—前定模板；7—合模油缸；8—后定模板

图 6-48　双曲肘机构

图 6-49 所示为注塑机的双曲肘合模系统。合模时，压力油进入合模油缸左腔，活塞向右移动，曲肘机构向合模方向做平面直线变速运动，将动模板向前推移，使曲肘伸直，将模具合紧。开模时，压力油进入合模油缸右腔，活塞向左运动，带动曲肘机构向开模方向做平面直线变速运动，动模板后退将模具打开。这种合模系统结构紧凑，合模力大，其增力倍数一般为 20～40 倍，机构刚度大，有自锁作用，合模速度分布合理，节省能源。但机构易磨损，构件多，调模较麻烦。这种结构在国内外中小型注塑机上应用广泛。图 6-49 中上半部分为合模锁紧状态，下半部分为开模状态。

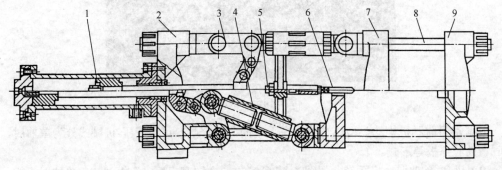

图 6-49　双曲肘合模系统的结构

1—合模油缸；2—后定模板；3—曲肘；4—调距装置；5—顶出装置；6—顶出杆；7—动模板；8—拉杆；9—前定模板

（3）液压-双曲肘撑板式合模系统　为了扩大模板行程，在国内外注塑机上也有采用如图 6-50 所示的双曲肘撑板式合模系统。它利用曲肘和楔块的增力与自锁作用，将模具锁紧。合模时，压力油进入合模油缸左腔，合模油缸活塞推动曲肘座，由十字导向板带动曲肘与撑板沿定模板滑道向前移动，当撑板行至后定模板的滑道末端，曲肘因受向外垂直分力的作用，便沿楔面向外撑开，迫使撑板撑在曲肘座上，将模具锁紧。开模时，压力油进入移模油缸右腔，活塞左行，曲肘带动撑板下行，锁紧状态消除。

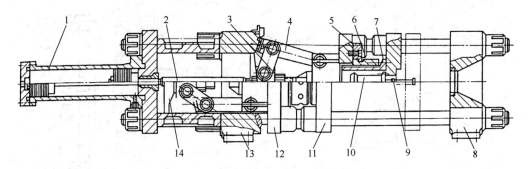

图 6-50　液压-双曲肘撑板式合模系统的结构

1—合模油缸；2—活塞杆；3—曲肘座；4—撑板；5—楔块；6—调节螺母；7—调节螺栓；8—前定模板；9—顶出杆；

10—顶出油缸；11—右动模板；12—左动模板；13—后定模板；14—十字导向板

这种结构模板行程大，曲肘构件少。但对楔块的制造精度和材料要求很高，增力倍数一般为 10 多倍，没有增速作用，合模速度不高。

2. 调模装置

对于液压式合模系统，由于动模板直接与合模油缸的活塞杆相连，使调模行程成为动模板行程的一部分，而动模板的行程是由合模油缸的行程来决定的，因此，模具厚度与合模力的调整可直接通过改变合模油缸的油压来实现，无需再另设调模装置。

对于液压-机械式合模系统，由于曲肘机构的工作位置是固定不变的，即由固定的尺寸链组成，因此动模板行程不能任意调节。然而，为了适应安装不同厚度的模具，调整合模力的大小，扩大注塑机成型制品的范围，就必须单独设有调模装置。

对调模装置的要求是：装置运动灵活、轴向位移量准确并保证其受力均匀；对合模系统具有防松、预紧作用；调模操作方便、安全可靠，并设有调模行程的限位保护等。

目前常见的调模装置有以下几种形式。

（1）螺纹肘杆式调模装置　如图 6-51 所示，此结构通过调节肘杆的长度来实现模具厚度与合模力的调整。使用时松动两端的锁紧螺母 1，调节调距螺母 2（其内螺纹一端为左旋，另一端为右旋），使肘杆的两端发生轴向位移，改变 L 的长度，达到调整的目的。这种形式结构简单、制造容易、调节方便，但螺纹承载能力小，多用于小型注塑机。

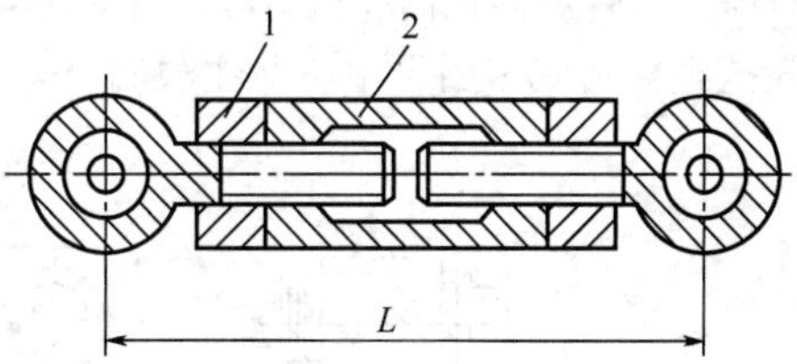

图 6-51　螺纹肘杆式调模装置

1—锁紧螺母；2—调距螺母

（2）动模板间大螺母式调模装置　如图 6-52 所示，该装置由左右两块动模板组成，中间用螺纹形式连接起来。通过调节大螺母 2，使左右动模板间距离 H 发生改变，从而使模具厚度与合模力得到调整。这种形式调节方便，但增加了一块动模板，使注塑机移动部分的质量和长度相应增大，多用于中小型注塑机。

（3）油缸螺母式调模装置　如图 6-53 所示，它通过改变合模油缸位置来实现模具厚度与合模力的调整。合模油缸 1 外径上设有螺纹并与后定模板连接。使用时，转动调节手柄 3，在齿轮 5 的传动下，与合模油缸相连的油缸螺母 2 旋转，使合模油缸带动与其相连的曲肘机构沿拉杆产生轴向位移，从而达到调整的目的。这种形式调整方便，主要适用于中小型注塑机。

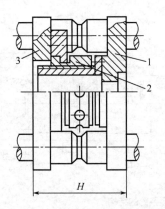

图 6-52　动模板间大螺母式调模装置

1—右动模板；2—大螺母；3—左动模板

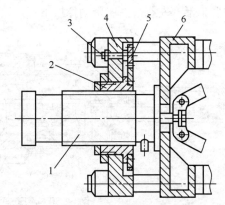

图 6-53　油缸螺母式调模装置

1—合模油缸；2—油缸螺母；3—调节手柄；4—后定模板；

5—齿轮；6—后模板

（4）拉杆螺母式调模装置　拉杆螺母式调模装置形式很多，目前使用较多的是图 6-54（a）所示的大齿轮式调模形式。调模装置安装在后定模板上，通过改变后定模板的固定位置来实现模具厚度与合模力的调整。调模时，大齿轮 3 在主动齿轮 2 的驱动下，带动四只齿轮螺母 4（拉杆螺母）同步旋转，使后定模板 1 与合模机构连同动模板沿拉杆发生轴向位移，调节动模板与前定模板间的距离，从而调整模具厚度与合模力。这种调模装置结构紧凑，减小了轴向尺寸链长度，提高了系统刚性，安装、调整比较方便。但结构比较复杂，要求四只齿轮螺母同步旋转的精度高，即在调整过程中，四只齿轮螺母的调节量必须一致，否则模板会发生歪斜。小型注塑机可用手轮驱动，中大型注塑机通常用液压马达或伺服电动机驱动。图 6-54（b）、图 6-55 所示为链轮式调模装置，调模时，主动链轮 4 通过链条 3 驱动四只链轮螺母 2（拉杆螺母）同步旋转而完成调模动作，其结构与大齿轮式相似。由于链条传动刚性差，因此，链轮式调模形式多用于中小型注塑机。

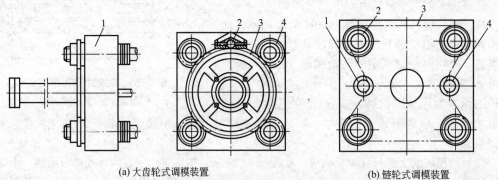

(a) 大齿轮式调模装置　　　　　　　　　　　　　(b) 链轮式调模装置

1—后定模板；2—主动齿轮；3—大齿轮；4—齿轮螺母　　　1—撑紧轮；2—链轮螺母；3—链条；4—主动链轮

图 6-54　拉杆螺母式调模装置

3. 顶出装置

顶出装置的作用是准确而可靠地顶出制品。在各种形式的合模系统上均设有顶出装置，它是注塑机不可缺少的组成部分。为保证制品的顺利顶出，对顶出装置的要求如下。

① 足够的顶出力且顶出力应均匀而便于调节。

② 可控的顶出次数及顶出速度。

③ 足够的顶出行程和行程限位调节机构。

④ 运动平稳、安全可靠、操作方便。

顶出装置一般有机械式、液压式和气动式三种。

（1）机械式顶出装置　机械式顶出装置是利用固定在后定模板或其他非移动件上的顶出杆，在开模时，动模板后退，顶出杆穿过动模板上的孔，与其形成相对运动，从而推动模具中设置的脱模机构而顶出制品，如图6-56所示。

此种形式的顶出力和顶出速度都取决于合模系统的开模力和开模速度，顶出杆长度可根据模具厚度，通过螺纹进行调

图6-55　链轮式调模装置

节，顶出位置随合模系统的特点与制品的大小而定。机械式顶出装置的特点是结构简单，使用较广。但由于顶出制品的动作必须在快速开模转为慢速时才能进行，从而影响注塑机的循环周期。另外，模具中脱模机构的复位需在模具闭合后才能实现，故对要求复位后才能安放嵌件的模具不方便。顶出杆和脱模机构的位置均根据合模系统的特点而定，可放置在模板的中心或两侧。

（2）液压式顶出装置　液压式顶出装置是利用专门设置在动模板上的顶出油缸进行制品的顶出，如图6-57所示。由于顶出力、顶出速度、顶出位置、顶出行程和顶出次数都可根据需要进行调节，使用方便并能自行复位，因此能适应自动化的要求，但结构比较复杂。

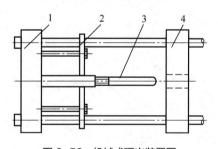

图6-56　机械式顶出装置图

1—后模板；2—支撑板；3—顶出杆；4—动模板

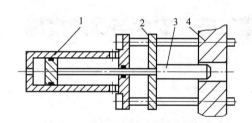

图6-57　液压式顶出装置

1—顶出油缸；2—支撑板；3—顶出杆；4—动模板

一般小型注塑机若无特殊要求，使用机械式顶出简便可靠。中大型注塑机，一般同时设有机械式和液压式两种装置，使用时可根据制品的特点和要求进行选择。

（3）气动式顶出装置　气动式顶出装置是利用压缩空气，通过模具上设置的气道和微小的顶出气孔，直接从模具型腔中吹出制品的方法。此方法结构简单，顶出方便，特别适合不留顶出痕迹的盆形、薄壁制品的快速脱模，但需增设气源和气路，使用范围有限，用得较少。

4. 液压式与液压-机械式合模系统的特点比较

以上介绍了液压式、液压-机械式合模系统的典型结构、工作原理，它们都具有各自的特点，但这些特点都是相对的，也不是不可改变的。如液压式合模系统结构简单，适用于中、高压液压系统，对液压元件的要求较高，否则难以保证注塑机的正常工作。液压-机械式合模系统虽有

增力作用，易于实现快速合模，但没有合理的结构和制造精度的保证，也难以发挥其特点。因此，在中小型注塑机上以液压-机械式合模系统为多，而中大型注塑机上则以液压式，特别是二次动作稳压式为多。表 6-9 对液压式与液压-机械式合模系统的特点做了进一步的比较。

表 6-9　液压式与液压-机械式合模系统的特点比较

形式	液压式	液压-机械式
锁紧原理	油液压力	机构变形预应力锁紧
增力作用	无	有
系统刚性	较弱	较强
注塑机能耗	大	小
速度特性	高速较难	高速较易
所需动力	较大	较小
注塑机维护	容易	不易
合模力调整	容易	不易
开合模行程	大	小而一定
开模力	10%～15%的合模力	大
对模具适应性	不太严格	严格
成型周期	较长	较短
对特殊注塑工艺适应性	好	不好
油路要求	严	一般
全机成本	较高	较低
使用寿命	较长	注塑机制造精度和模具平行度对寿命影响大

第五节　安全与保护措施

注塑机是在高压高速下工作的，自动化水平高，为了保证注塑机安全可靠地运转，保护电器、模具和人身安全，在注塑机上采取了一些安全保护措施。

一、人身安全与保护措施

在注塑机的操作过程中，保证操作人员的人身安全是十分重要的。造成人身不安全的主要因素有：安装模具、取出制品及放置嵌件时的压伤；加热机筒的灼伤；对空注塑时被熔体烫伤；合模系统运动中的挤伤等。

为了保证操作人员的安全，设置了安全门。安全门的保护措施有机械、液压、电器三种形式。电液双重保护安全门如图 6-58 所示，除了电器保护外，在合模的换向回路中增加了一个二位二通行程换向阀。由于压下行程换向阀时控制油路与回油路接通，合模用的电液换向阀仍处于中间停止位置，所以安全门在触及触点开关 3 的同时必须脱离行程换向阀，否则合模系统不能合模。这样即使电器保护失灵，若安全门未关上（行程换向阀被压下），合模系统也不能实现合模动作。

为了保证取出制品过程中的人身安全，应尽量使用机械手，如图 6-59 所示。

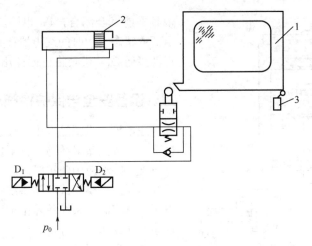

图 6-58 电液双重保护原理图
1—安全门；2—移模油缸；3—触点开关

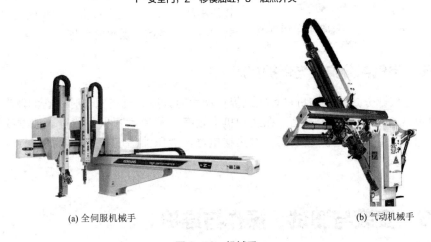

(a) 全伺服机械手　　　　　　　　　(b) 气动机械手

图 6-59 机械手

　　另外，在合模系统的曲肘运动部分还设有防护罩，在靠近操作人员的显著部位设置红色紧急停机按钮，以备紧急事故发生时能迅速停机。

二、模具安全与保护措施

　　模具是注塑制品的主要部件，其结构形状和制造工艺都很复杂，精度高，价格也相当昂贵。随着自动化和精密注塑机的发展，模具的安全保护也得到了很大的重视。

　　现代注塑机通常都可进行全自动生产，模具在启闭过程中不仅速度要有变化，而且当型腔内有残留物或嵌件的安放位置不正确时，是不允许在闭合中升压锁紧的，以免损伤模具。目前对模具的安全保护措施是采用低压试合模，即将合模压力分为二级控制，合模时为低压，其推力仅能推动动模板运动。当模具完全闭合后，才能升压锁紧达到所需的合模力。图 6-60 所示为低压试合模原理，当快速合模合行程开关 L_A 时，电磁铁 D_3 断电，即系统压力由压力控制阀 V_2（低压阀）控制，此时进入低速低压试合模阶段，时间继电器开始计时，若无异常，模具将完全闭合，行程开关 L_B 被压合使 D_3 通电，系统压力由 V_1（高压阀）控制，由低压升为高压，对模具实行锁紧。如果型腔内有残留物或嵌件的安放位置不正确，则

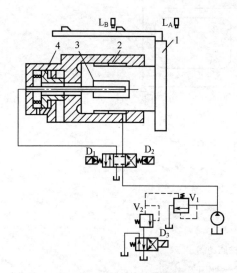

图 6-60　低压试合模原理图

1—动模板；2—合模油缸；3—移模油缸；4—充液阀

模具不能完全闭合，L_B 也不能压合，系统一直处于低压状态。当时间继电器计时到设定时间时，便自动接通 D_1，模具将自行打开，同时鸣笛报警。

三、设备安全与保护措施

注塑机在成型过程中往往会出现一些非正常的情况，造成注塑机故障，甚至损坏注塑机，因此必须设置一些相应的防护措施。如液压式合模系统的超行程保护；螺杆式注塑系统对螺杆的过载保护；液压系统和润滑系统故障指示和报警；注塑机动作程序的连锁和保护等。

在成型过程中，注塑机常发生的事故主要是电器或液压方面的，或者是由电器与液压故障导致的其他事故。因此现代注塑机一般在控制屏上加有电器和液压故障指示及报警装置。

四、液压、电气部分安全与保护措施

液压和电气部分是为注塑机进行控制提供动力的。注塑机在工作时，它们发生故障就会使操作失灵或产生误动作。因此，在注塑机上设有故障指示和报警装置。如过载继电器，连锁式电路，电路中的过流继电器、过热继电器，液压油温度上、下限报警装置，液压安全阀等。

第六节　安装与调试、操作与维护

一、安装

1. 对安装场地的要求

① 安装地面必须平整，地基应有足够的承载能力，应能承受注塑机质量，同时要求能抗振动，尤其对大型注塑机更应注意地面质量，保证在注塑机工作时设备不下沉、不偏斜，不允许产生共振现象。

② 要注意安装位置的四周环境，保证操作方便，采光和通风要好。同时还要考虑到设备的维修、模具的拆装和原料及成品的堆放空间。

③ 车间高度要能允许有模具吊装的空间。

④ 水、气、电等管路，应在铺设地面的同时埋入地基内。

2. 注塑机的安装

① 对中小型注塑机的安装，一般不用地脚螺栓固定，而是采用调整垫铁安装。在安装时，先将各垫铁调整到相同高度，然后用水平尺校正（应以注塑座导轨和合模系统拉杆为基准）水平。

② 对大型注塑机通常要考虑地脚螺栓的安装位置、距离及浇灌深度。在安装时，按说明

书要求，掘地基坑，浇灌混凝土，留出地脚螺栓孔。对于整体式设备，先粗略找正放好紧固螺栓，浇灌地脚孔，混凝土固化后在地脚螺栓两侧加垫铁，校正设备水平。对于分体式设备，一般先安装合模系统（大型注塑机的注塑系统与合模系统可能是分开的），后安装注塑系统。首先把螺栓插入地脚孔中，灌入混凝土，然后把垫铁和楔子放置好后，再拿走辊杠。当混凝土固化后，再校平找正，拧紧地脚螺母。调整之后，一定要使机身结合面完全接触，防止垫铁与楔子滑出来。

③ 机身稳固后，安装合模系统与注塑系统之间的各种管件。液压管路按液压管路图施工，电路及温度控制接线按电气线路图施工。

④ 安装注塑机料斗、自动上料装置等。

二、调试

注塑机在正式开机操作之前，必须经过严格的调试，以确保成型的正常进行及人身安全。

1. 整机性能调试

① 接通控制柜上的主开关，然后将操作方式选择开关置于点动或手动上。按下启动钮后就立刻停机，检查油泵的运转方向是否正确。若发现方向不对，应断电调换电动机的两相电源线，然后再点动运转，观察油泵旋转方向是否正确。

② 注塑机启动应在液压系统无压力的情况下进行，当启动之后再使各泵的溢流系统压力调节到工作压力。在使用过程中，不要轻易改变调整好的各压力控制阀。

③ 在油泵启动之前一定要检查油箱中是否已灌装液压油，以确保油泵正常工作。

④ 检查注油器的液面及润滑部位，要供给足量的润滑油。特别是液压-机械式注塑机的曲肘铰链部位，润滑油的缺乏将可能导致机构卡死。

⑤ 油泵开始工作后，应打开油冷却器，对回油进行冷却，以防止油温过高。待油泵短时间空运转后，关闭安全门。先采用手动合模，并打开压力表，观察压力是否上升。

⑥ 手动操作注塑机空运转几次，检查安全门的作用是否正常，指示灯是否及时亮熄，各控制阀、电磁阀动作是否正确，调速阀、节流阀的控制是否灵敏。

⑦ 将转换开关转至调整位置，检查各动作反应是否灵敏。

⑧ 调节时间继电器和限位开关，并检查其动作是否灵敏与正常。

⑨ 进行半自动和全自动操作试机，空运转几次，检查运转是否正常。

⑩ 检查制品计数装置及总停机装置（按钮）是否正常与可靠。

2. 注塑系统调试

对于结晶性物料，在注塑成型时，注嘴不宜长时间与模具接触，注塑座应进行整体移动（每一成型循环周期中往复移动一次）。对于非结晶性物料，在注塑机刚开始工作时，由于模具温度较低，往往也要求注塑座进行整体移动。注塑座整体移动是靠注塑座移动油缸来完成的，如图6-61所示。根据注塑座整体移动与否，有以下三种预塑加料方式。

（1）固定加料 指螺杆在预塑前和预塑后，注嘴始终同模具接触，注塑座固定不动。这种方式适合加工成型温度范

图6-61 注塑座移动油缸

围较宽的通用塑料，如 PS 等，其特点是可缩短循环周期，提高生产效率。

（2）前加料 指螺杆的预塑是在注塑座整体退回前进行。这种方式主要用在使用直通式注嘴或需要有较高背压进行塑化的场合，以减少注嘴的"流涎"现象，并可避免注嘴和模具长时间接触而产生热量传递，使它们各自具有相对稳定的温度，常用于加工 PA、PC 等物料。

（3）后加料 指螺杆的预塑是在注塑座整体退回后才进行。这种方式使注嘴与模具接触时间最短，适用于加工成型温度范围较窄的物料。

为了使注塑机注塑系统能保持良好的工作状态，在正式投入生产之前，有必要做如下的检查调试。

① 调节注塑座移动行程，使注嘴能顶住模具主流道衬套。要注意应在低压下调节并在模具闭合后进行调整，以保证模具的安全。

② 检查使用的注嘴是否适用于所加工的物料，若不符合应更换类型并能顺利装配到机筒前端。注嘴安装前还应注意其流道是否通畅。

③ 通过限位开关或位移传感器调节螺杆的计量行程和防"流涎"行程，并注意限位开关或传感器是否灵敏和可靠。

④ 调整注塑压力、保压压力。从注塑压力切换到保压压力主要靠时间继电器来调节。

⑤ 调节背压压力、注嘴控制液压缸压力及注塑座油缸压力。这些均通过液压系统相应阀门的调节手柄来进行调试。

⑥ 检查注塑座移动导轨是否整洁和涂有润滑油。

⑦ 螺杆空运转数秒，有无异常刮磨声响，料斗口开合门是否正常。

3. 合模系统调试

合模系统调试的主要目的是确保工作时人身及设备的安全，有足够的合模力以保证模具在熔体的压力作用下不产生开缝现象并能顺利地开合模及顶出制品。故正式成型前有必要对合模系统做如下调试。

① 检查安全门功能。根据安全保护要求，合模系统只能在注塑机两侧安全门都关闭后才能进行工作。而在合模系统开合模工作期间，若打开操作一侧的安全门，合模运动应立即被停止，而进一步打开另一安全门时，油泵通常会停止工作。

② 调整好所有行程开关的位置，使动模板运行顺畅。

③ 模具安装。在安装模具之前，必须清理模具的安装表面及注塑机动、定模板的安装面；检查模具的中心是否与动模板的对中；顶出杆是否过多伸进模具动模板内；在定模板一侧要仔细检查模具的中心凸缘是否完全可靠地进入注塑机前定模板的同心圆内；在低压下将模具闭合，用螺栓固定好模具的模脚。对大型模具的安装，需要在吊车或起重架辅助下进行。

④ 模具安装完毕之后，调节行程滑块，限制动模板的开模行程。

⑤ 调整顶出机构，使之能够将制品从型腔中顶出到预定的位置。

⑥ 调整模具闭合保险装置。有些现代注塑机可以调整得非常精确，如在模具分型面上贴上 0.3mm 厚的油纸（检查完后撕下）时，是不会接通锁模升压微型开关的。然后，调整好模具闭合时的限位开关。

⑦ 调整合模。合模力要根据注塑压力和制品投影面积而定，要认真核查，防止出现不必要的高压。在保证制品质量前提下，应将合模力调到所需要的最小值，这样一是可明显节省电能；二是有利于延长设备及模具的使用寿命。

⑧ 调节开合模运动的速度及压力。一般情况下，高压用于快速运动；慢速合模和开模用低压。调节时，首先把速度调整到预选值，然后再调整压力。

4. 注塑机参数调整

一个合格的注塑制品主要同以下几个方面的因素有关。

① 制品形状的合理设计和物料品种的恰当选择。

② 合理的模具结构与正确的流道设计。

③ 注塑机的结构。

④ 成型条件（注塑压力、成型温度、注塑时间、保压时间及冷却时间等）。

由于物料的种类繁多，制品各不相同，精度要求也相差很大，因此在成型中必须结合实际情况，随时进行调整。

在注塑机上需要进行调整的主要参数如下。

（1）注塑压力　随着被加工物料的黏度、制品结构的复杂程度、壁厚、流道设计的情况及熔体流程等的不同，所需的注塑压力也不同。对于高黏度物料，高精度、薄壁、流程长的制品，注塑压力要高，相反则较低。

在注塑过程中，型腔内熔体的压力是变化的。开始，当螺杆将熔体注入型腔，随着熔体的不断充满压力迅速上升；当型腔完全充满后，因制品冷却收缩，压力有所下降。为了保证制品的密实程度，螺杆对熔体仍需保持一定的压力，并需对制品进行补缩。因此，充模和保压过程对压力的要求是不一样的，如为降低制品内应力和便于脱模，一般用较低的压力进行保压。目前在注塑机上已较普遍使用分级压力控制，这对采用液压传动的注塑机实现起来是很方便的，SZ-2500 型注塑机就是二级压力控制的例子之一。

通常，一般性的塑料制品，注塑压力在 40～130MPa 范围内调整。注塑压力的调整方法有两种，一是更换不同直径的螺杆；二是调节液压油压力，通过液压油路中的压力回路和远程调压阀或溢流阀进行。

（2）合模力　不同的成型面积和型腔压力，要求的合模力也不同。若知道制品的投影面积和选定的型腔压力，就可计算出所需的合模力。

不同的合模系统，其合模力的调整方法不同。对液压式合模系统，只要调整合模时液压油的压力，就可达到合模力的调整。对液压-机械式合模系统，则通过模板间距离的调整，改变机构的弹性变形量，实现合模力的调整。

（3）注塑速度　注塑速度的高低主要取决于熔体的流动性、成型温度范围、制品的壁厚和熔体的流程等。当成型薄壁、长流程、熔体黏度高或有急剧过渡断面的制品、发泡制品及成型温度范围较窄的塑料制品时，应使用较高的注塑速度；对于厚壁或带有嵌件的制品使用较低的注塑速度。

由于制品相对于注塑方向的各横截面积总是不一样的，若用一种注塑速度很难得到质量较好的制品。因此，在注塑过程中要求使用分级注塑速度。对于注塑速度的调整，在使用液压传动的注塑机上，只要在注塑回路中增设调速回路，并与大、小泵的溢流阀配合使用，便能达到多级调速的目的。若用电磁比例流量阀就更方便了，因为它至少有 20%～100%的调节范围。

（4）合模速度　合模系统在闭模过程中模板运行速度要有慢—快—慢的变化过程。有时为了适应不同制品的成型要求，对速度变换的位置和大小也要能进行调整。对速度变换位置的调整，可通过行程开关与液压系统的配合来实现；对合模速度大小的调整，需要在合模油路中增设调速回路，可利用单向节流阀、调速阀或比例流量阀等调速元件来实现。

注塑机参数的调整是很重要的，对于一台先进的注塑机，如不能认真进行调整和操作，是很难成型出合格制品的。

三、操作

1. 操作方式

现代注塑机通常都设有可供选择的四种操作方式，其操作方式有调整、手动、半自动和全自动。

① 调整操作指注塑机所有动作都必须在按住相应按钮开关的情况下慢速进行。放开按钮，动作即行停止，故又称之为点动。这种操作方式适合于拆装模具、螺杆或检修、调整注塑机时用。

② 手动操作指按动相应的按钮，将完成一个相应的动作。这种操作方式多用在试模或试生产阶段或自动生产有困难的一些制品上。

③ 半自动操作指将安全门关闭以后，成型过程中的各个动作按照一定的顺序自动进行，直到打开安全门取出制品为止。这实际上是完成一个注塑过程的自动化，可减轻体力劳动和避免操作错误而造成事故，主要用在不具备自动化生产条件的一些制品上，如人工取出制品或放入嵌件等，是成型中一种最常用的操作方式。

④ 全自动操作指注塑机的全部动作过程全由电器控制，自动地往复循环进行。由于模具顶出并非完全可靠以及其他附属装置的限制关系，实际生产中目前使用还尚少。但这种操作方式可以减轻劳动强度，是实现一人多机或全车间注塑机集中管理，进行自动化生产的必备条件。

2. 操作规程

现代注塑机有多种结构类型，在实际生产中，为了获得合格的制品，均应遵照各自的操作规程。对多数注塑机而言，其操作规程大同小异。

（1）操作前的准备工作

① 操作前必须详细阅读所用注塑机的使用说明书，明白各部位的机械结构与动作过程，了解各有关控制部件与元件的作用，熟悉液压油路图与电气原理图。

② 检查各紧固部位的紧固情况，若有松动，必须立即扳紧。

③ 检查各按钮、电器开关、操作手柄、手轮等有无损坏或失灵现象。开机前，各开关手柄或按钮均应处于"断开"的位置。

④ 检查安全门在轨道上滑动是否灵活，在设定位置是否能触及行程限位开关。

⑤ 检查油箱是否充满液压油。在未注液压油之前，应先将油箱清理整洁，再将规定型号的液压油从滤油器注入油箱内，并使油位达到油标上下线之间。

⑥ 将润滑油注入所有油杯和润滑道上，使其得到润滑。

⑦ 检查各冷却水管接头是否可靠，试通水，检查是否有渗漏现象，若有渗漏水应立即修理，杜绝渗漏现象。

⑧ 检查电源电压是否与电气设备额定电压相符，否则应调整使两者相同。

⑨ 检查注嘴是否堵塞，并调整注嘴和模具的位置。

⑩ 检查各电加热圈是否松动，热电偶与机筒接触是否良好。

⑪ 检查料斗中有无异物并将料斗加满物料。

⑫ 检查注塑机工作台面清洁状况，清除设备调试所用的各种工具杂物，尤其是传动部位及滑动部位必须整洁。

（2）开机及注意事项

① 接通电源，对机筒进行预热，达到物料塑化温度后，恒温 0.5h，使各点温度均匀一

致。冬季应适当延长预热时间。

② 确定注塑机操作方式，根据实际使用需要可采用注塑机调整、手动、半自动和全自动这四种操作方式中的一种。

③ 打开料斗座冷却循环水阀，观察出水量并调节适中；冷却水过小，易造成加料口物料黏结，即"架桥"；反之则带走太多的机筒热量。

④ 观察油箱中的液压油温度，若油温太低，应立即启动油温加热器。

⑤ 空的机筒在加料时，螺杆应慢速旋转，一般不超过30r/min。当确认物料已从注嘴中被挤出时，再把转速调到正常。当机筒中物料处于冷态时绝不可进行预塑，否则会造成螺杆因转矩过大而扭断。

⑥ 采用手动对空注射，观察物料的塑化质量。塑化质量欠佳时，应调节背压，进而改善塑化质量。

⑦ 采用半自动或全自动进行正常的生产操作。

（3）操作中的注意事项

① 在注塑机运转过程中，要采用如图6-62所示的油温控制器来控制液压油的油温，保证液压油经过油冷却器冷却后在适宜的温度范围内。

② 要定时检查注油器的油面及润滑部位的润滑情况，保证供给足量的润滑油，尤其对曲肘式合模系统的曲肘铰联部位，否则可能会因缺乏润滑油导致机构卡死。

③ 对已调整好的各压力控制阀，在设备运行中除非必须，一般不要轻易进行调整。

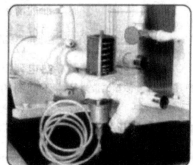

图6-62　油温控制器

④ 在注塑机运转中出现机械运动、液压传动和电气系统异常时，应立即按下停机按钮，保证设备始终处于良好的工作状态。

（4）停机及注意事项

① 把操作方式选择开关转到手动位置，以防止整个循环周期的误动作，确保人身、设备安全。

② 关闭料斗开合门，停止向机筒供料。

③ 注塑座退回，使注嘴脱离模具。

④ 清除机筒中的余料，采用反复的注塑-预塑（仅螺杆旋转，并无物料进入）方式，直到物料不再出现从注嘴"流涎"为止。这时螺杆转速要低，空转时间不要过长。对成型中易分解的物料，如PVC等，应采用PE、PP或螺杆清洗专用料将螺杆、机筒清洗干净。

⑤ 把所有操作开关和按钮置于断开位置，断电、断水。

⑥ 停机后要擦净注塑机各部位，做好注塑机周围的环境卫生。

四、维护

1. 注塑机的日常维护

（1）润滑系统的维护　在操作前，应按照注塑机润滑部位的分布图对规定的润滑点补加润滑油，图6-63为注塑机常见润滑点加油形式。如果注塑机有集中润滑系统，应每天检查油位，并在油位降到规定下限前及时给予补充。注塑机在首次运转前，应从黄油嘴加入黄油，以后每三个月补加一次。

每天应检查油箱油位是否在油位标尺中线，如果油位较低，应及时补充油量使其达到中线，如图 6-64 所示。要注意保持工作油的清洁，严禁水、铁屑、棉纱等杂物混入工作油液，以免造成润滑系统油路堵塞或油质劣化。

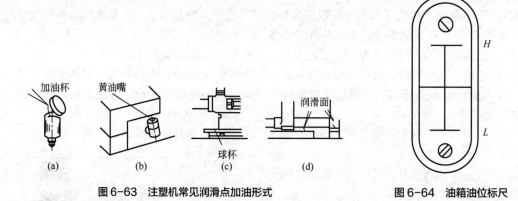

图6-63　注塑机常见润滑点加油形式　　　　图6-64　油箱油位标尺

（2）加热装置的维护　应经常检查加热装置工作是否正常，热电偶接触是否良好。热电偶的连接与安装形式因注塑机型号的安全装置的维护应经常检查各电器开关，尤其是安全门及其限位开关工作是否正常。在安全门打开状态下，用手动操作方式执行合模动作，因模具不同而异，常见的检查内容见表 6-10。

表 6-10　热电偶日常维护检查项目

序号	项目	图形	处理方法
1	折断		检查时发现热电偶齐根折断时应立即更换
2	弯曲		检查时发现热电偶产生不必要的弯曲时，如不影响其测量和操作，尚可使用，如影响其操作则需校直
3	未插到位		当温度测量不准确时可拧开热电偶检查是否插到位，先将热电偶测温探头插到底，然后再将其定位拧紧
4	未拧到位		检查中发现热电偶高出安装面应及时将其安装到位并拧紧
5	导线折断		检查时发现热电偶连接导线折断应立即更换

（3）安全装置的维护　应不进行闭合动作。此外，还应检查限位开关是否固定好，位置是否正确，安全门能否平稳地开、关。若无异常方可将操作方式换为半自动或全自动操作，以确保人身安全。

通常，每日每班应至少检查一次紧急停机按钮，以确保安全。

2. 注塑机机械部分的维护

（1）塑化装置的维护　塑化装置是注塑机的关键装置之一。塑化装置维护得当，不仅有利于提高塑化质量，而且可延长注塑机的使用寿命。下面对塑化装置的拆装与维护加以说明。

注塑机塑化装置一般设有整体转动机构。在拆装注嘴、螺杆和机筒时，首先应将注塑座定位螺栓松开，使其与原来位置偏转一定角度，机筒的轴线应避开合模系统的轴线，以利于注嘴、螺杆和机筒的拆装与维修。

① 注嘴的拆卸与维护。

a. 注嘴的拆卸。如果机筒内有余料，应先加热到塑化温度，采用热稳定性好的聚烯烃树脂或机筒专用清洗料，充分地进行清洗，尽量将剩余熔体排出才可进入拆卸工作。由于注嘴部位的残留料总是不可能全部排出，故应加热注嘴或机筒端部，再进行注嘴的拆卸。

注嘴升温后，用专用锤敲击使之松动，螺栓不宜全部松脱，在松至 2/3 时轻轻敲击，待内部气体放出后，再将注嘴卸下。

注嘴内部的清理应在高温下趁热进行，以便从注嘴孔取出流道中残余料。做法是自注嘴向内部注入脱模剂，即从注嘴螺纹一侧向物料与注嘴内壁间滴渗脱模剂，从而使物料与注嘴内壁脱离，由此从注嘴中取出物料。

b. 注嘴的维护。在成型过程中，注嘴与模具定位套接触部分若出现单侧接触或接触不良时，前端球形面会出现变形，并且口径部分也会出现变形，形成熔体逃逸的沟槽，产生注嘴处漏料，故出现漏料时应及时检查修理。

应定时检查注嘴的螺纹部分完好情况和机筒一侧的密封面情况，若发现磨损或腐蚀严重，应及时更换。

检查注嘴内部通道情况。通过对空注射可以观察射出熔体条的表面质量，而从注嘴内卸出的残余料更能准确地说明注嘴内的流道状况。由此可分析熔体在注嘴内的残留量及温度分布的情况。

② 螺杆的拆卸与维护。目前，一般螺杆头部均带有止逆环。因螺杆种类的不同，螺杆头应能与所配用的螺杆和注嘴相匹配。

a. 螺杆的拆卸。用清洗料将机筒内的物料替换结束后，趁热拧下注嘴和机筒的连接头，然后着手拆卸螺杆。

拆卸镙杆的顺序是先将螺杆尾部与驱动轴相分离。卸下对开法兰，拨动螺杆前移，然后在驱动轴前面垫加木片，将螺杆向前顶。当螺杆头完全暴露在机筒之外后，趁热松开螺杆头的连接螺栓，要注意通常此处螺纹旋向为左旋。在发生咬紧时，不可硬扳，应施加对称力矩使之转动或采用专用扳手敲击使之松动后卸除。

当螺杆头拆下后，应趁热用铜刷迅速清除其表面残留的物料，如果残余料冷却前来不及清理干净，可采用烘箱使其加热到物料软化后，再进行清理，切记不能用火烧烤，以免损伤螺杆头。

螺杆头卸下后，还应卸下止逆环及密封环。要仔细检查止逆环和密封环有无划伤，必要时应重新研磨或更换，以保证密封良好。

在重新组装螺杆头元件时，螺纹连接部分均需涂耐热脂（红丹或二硫化钼）。

拆卸螺杆专用工具见图 6-65。

b. 螺杆的维护。螺杆头卸除后，顶出螺杆或采用专用拆卸螺杆的工具拔出螺杆，如图 6-65 所示。然后用铜丝刷清除附着的物料，可配合使用脱模剂或矿物油，使清理更为快捷和彻底。擦去螺杆表面残留料后，观察螺杆表面的磨损情况。对于小的伤痕可用细砂布或油石等打磨光滑，而大的伤痕则应查明原因，必要时可拍照保存资料。

螺杆温度降至常温后，用非易燃溶剂擦去螺杆上的油迹。然后用千分尺测量外径，分析磨损情况，如果局部磨损严重，可采用堆焊补救。

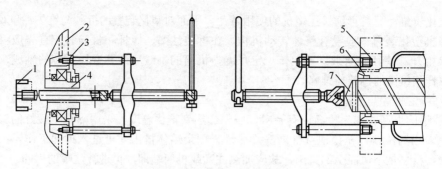

图 6-65 拆卸螺杆专用工具

1—螺杆尾部；2—箱体；3—端盖；4—主轴；5—法兰；6—机筒；7—螺杆

螺杆的维护内容、机筒内孔清洁及刮伤检查方法见表 6-11，供参考。

表 6-11 螺杆的维护内容、机筒内孔清洁及刮伤检查方法

项目	维护和检查内容	注意事项及检查方法
螺杆	止逆环与密封环是否损坏螺棱表面磨损状况 螺槽表面质量（若为镀铬应检查剥落情况）	①不能剥离螺杆上已冷凝的物料，否则易损伤螺纹表面 ②螺杆敲打只能用木槌或铜棒，螺槽及止逆环等元件清理只能用铜丝刷 ③使用溶剂清洗螺杆应采取必要的防护措施，应避免溶剂与皮肤接触 ④安装螺杆头之前，螺纹部分涂的红丹或二硫化钼不可太多，否则在生产中会导致制品带上污迹
机筒	清理机筒并测伤 测定机筒内径	①机筒升温后卸下喷嘴、机筒头部连接体，取出螺杆。用铜丝刷蘸脱模剂刷洗机筒内壁，再用布条绑在长木棒上擦净机筒内孔，用光照法检查内壁清洁及损伤 ②除检查机筒内壁是否清洁和有无刮伤外，还应检查磨损情况。其方法是将机筒降至室温，采用机筒测定仪表，从机筒前端到料斗口周围进行多点测量，距离可取为内径的 3～5 倍。当磨损严重时，可考虑机筒重镗并相应增大螺杆的尺寸

（2）传动装置的维护 注塑机推力轴承箱中的轴承和润滑部位应定时注油和清洗，出现了微小伤痕也应迅速处理。

传动装置的维护需注意以下几点。

① 滑动面、导轨应保持清洁，滑动面须经常注油。

② 定期检查液压马达的排出量。

③ 加强液压用油和润滑油的管理，严禁混用。

④ 检查注塑活塞与推力轴承箱连接部位及推力轴承箱各部位的紧固情况。

⑤ 检查液压油路的各个配管、接头及螺杆连接部分的紧固情况。

（3）合模系统的维护 合模系统工作时处于反复受力、快速运动的状态，故合理地调节使用及定时经常维护，对延长注塑机寿命是十分必要的。

① 对具有相对运动零部件的润滑维护。动模板处于高速运动状态，因此对导杆、拉杆要保证润滑良好。对于液压-机械式合模系统，曲肘之间连接处在运动中应始终处于良好润滑状态，以防止出现咬死或损伤。

在成型停顿或成型结束后，不要长时间使模具处于闭合锁紧状态，以免造成曲肘连接处断油而导致模具难以再打开。

② 动、定模板安装面的维护。注塑机动模板和定模板均具有较高的加工精度及表面光洁要求。对其进行维护是保证注塑机良好工作性能的重要环节。未装模具时，应对模板安装面

涂一层薄油，防止表面氧化锈蚀。对安装的模具，必须仔细检查安装面是否光洁，不可使用表面粗糙且硬质的模具来安装，以保证锁模性能和防止损伤模板。

此外，安装模具时还应注意严格检查所用连接模具与注塑机动、定模板上的紧固螺栓是否相适应，杜绝使用已滑牙或尺寸不适的螺栓，避免拉伤或损坏模板上的安装螺孔。

3. 温控系统的维护

注塑机的加热控制部分是设备控制部分的一个重要方面。因此，为使其能可靠地工作并延长加热元件的使用寿命，其维护是必须充分重视的。

① 机筒加热装置的维护。机筒加热装置常采用带状加热器，虽然注塑机出厂或调整时已安装好，但在使用过程中，因加热膨胀，可能会松动，影响加热效果，因此需要经常检查加热器是否松动。

检查加热器的电流值，可采用操作方便的外测式夹头电流表（或称潜行电流表）。

关闭电源后，检查加热器外观及配线，紧固螺栓及接线柱，然后通电检查热电偶前端感温部分接触是否良好。

② 注嘴加热器的检查。注嘴加热器部分比较狭小，配线多，常有物料和气体从注嘴外漏，环境比较苛刻，所以必须认真检查。

主要检查配线引出部分有无物料粘挂，引线有无被夹住。其次应检查加热器的安装是否正确，表面有无颜色变化的斑点，如果有则说明存在接触不良，应及时检修或更换。

③ 注嘴延长部分的温度控制。注嘴部分的温度对制品质量的影响很大。在使用延长型注嘴时，由于热电偶的位置变化，温度范围也发生变化，对此可采用环形热电偶加以解决。

④ 加热器检修注意事项。加热器和热电偶是配套使用的，所以更换时需选用相同的规格。加热机筒的表面要用砂布打磨干净，使加热器的接触良好。加热器外罩螺栓部分应涂以耐热油脂，但涂层不能厚，否则易滴落。在升温后，应将加热器外罩螺栓再紧固一次，以防受热后松动。

4. 液压系统的维护

注塑机液压系统是为注塑机提供动力和实现各循环动作的顺序与速度而设置的，也是注塑机容易产生故障的部分，因此必须正确地加以维护，以保证动作的准确及延长系统的工作寿命。

（1）液压油的维护　注塑机液压系统的工作介质通常用 L-AN32 或 L-AN46 全损耗系统油或液压系统油。夏季一般采用黏度稍高的液压油，冬季则可用黏度稍低的液压油。液压系统维护的一个最重要的方面，就是保持液压油的清洁，从而延长液压油及液压元件的使用寿命。实践表明：液压油若能被细心维护，则液压系统就很少发生故障。而液压系统一旦出现故障，必然需停机检修，其耗费是较大的。据有关资料统计，液压系统有 70% 以上的故障源于液压油状况不佳，因为液压油被污染后将会导致液压元件工作不正常，最终影响注塑成型过程及制品质量。

液压油污染的途径主要有以下两点。

① 液压油本身降解变质造成的污垢。

② 其他外来杂物生成的污垢（如物料颗粒、水及金属微粒等）。液压油的维护就在于杜绝污染源，并使液压油保持清洁，油量符合要求，同时还应注意液压油在工作过程中温度的变化与控制。

尽管做了认真的维护，但污染物或多或少总是会侵入液压系统，维护可以使污染物降低到较小的程度。因此，液压油维护的另一项工作就是要按要求定期过滤清洁液压油或更换全部液压油。液压油除了采用过滤器过滤外，还可将抽出的液压油放入沉淀槽内静置 24h，使其再生，即通过静置将水及污物从沉淀槽底部放出，留下的液压油通过过滤器再回流至沉淀槽，反复澄清直至静止时无沉淀物为止。如果油质劣化但并不严重，还可考虑是否加入某种添加剂来恢复油质。

（2）密封件的维护　密封件的良好维护对保持液压系统的工作平稳性有直接的影响。密封件除了在工作中的正常磨损外，还由于密封面的伤痕而加速磨损失效，当液压系统压力不稳或波动较大时，应检查密封件是否失效或密封面是否有损伤。若确实如此，则应堆焊或铜焊伤痕处并重新光整该面。如果密封件始终工作不正常，则应考虑检查密封处结构是否存在问题，如液压缸内径欠圆或密封件起着"轴承"作用。

不洁的液压油也是导致密封件损坏的一个原因，因为液压油中的脏物会粘在活动的活塞上而引起密封件损伤。一旦密封失效，则液压油内泄漏显著增加，故在发现液压系统压力不稳时应立即停机检查原因并有针对性地进行修复。

因为设备修理费用往往大于密封件的成本，故应慎重选择并正确使用和维护密封元件。综上所述，导致密封件损坏失效的主要因素可概括如下。

① 原密封件部位结构不正确。

② 密封处金属面不够光洁。

③ 液压工作介质受污染。

④ 不合理的润滑。

（3）油泵的维护　油泵是液压系统中的动力元件，它将电动机输入的机械能转变为液压能，如图 6-66 所示。通过它向液压系统输送具有一定压力和流量的液压油，从而满足执行元件（液压缸或液压马达）驱动负载时所需的能量要求。

图 6-66　电动机与油泵
1—电动机；2—出油管；3—吸油管；4—油泵

油泵的维护主要是保持液压油的清洁。由于油泵需要工作油液的润滑，其正常的磨耗可经小修或更换轴承与活动部件得到解决。下面是针对油泵常见问题的维护措施。

① 油泵不出油。一般仅需打开泵压力一侧上的出油接头就可查明，其可能是由下列之一或同时几个情况出现所致。

a．油箱中油量不足。

b．进油管路或滤油器堵塞。

c．空气进入吸油管路中，可通过不正常的噪声查出。

d．泵轴旋转方向错误，可能因修理时的疏忽使三相电动机的接线错位。

e．油泵轴转速太低，可能因三相电动机接成单相或连接松弛所致。

f．机械故障。这通常会伴随泵的噪声出现，一般的机械故障为轴承磨损、轴破裂、转子损坏、活塞或叶片断裂等。

② 油泵输出非全压及全流量。在一定时间间隔内收集泵的自由流量可以判明这个问题。在油泵输出口上放置一只节流阀和压力表，在规定压力下测定油泵排量，将此数据与泵的额定值相比较，如果数值接近，则问题是出在系统的后续部分，其原因可能是下列情况之一或同时几种情况出现。

　　a. 油泵的内安全阀调定值（如果有的话）太低或动作不正常。

　　b. 使用的液压油黏度偏低而发生过多的内泄漏，或是温度太高而降低了液压油的黏度。

　　c. 油泵内部件破裂、磨损及密封失效。

③ 油泵有异常噪声。这个问题可能由下列情况之一所致。

　　a. 系统有漏气。

　　b. 泵中油量不足所引起的空化作用，应检查液压油进入滤油器的系统。

　　c. 轴密封件损坏导致的漏气。

　　d. 油泵旋向与电动机旋向不符。

　　e. 油泵中安全阀振动，需拆开检查紧固情况。

④ 液压油过热。液压油在循环中可能由以下原因引起过热。

　　a. 换热器不清洁、冷却水不够或进入水温过高。

　　b. 液压油的黏度太高。

　　c. 油箱中油位太低，液压油在冷却器内滞留时间不足也会降低系统的散热性。

　　d. 系统中内泄漏太高，当泵的工作压力超过系统设计条件时，可导致液压元件动作不正常或活塞环磨损造成系统较大的泄漏，当高压高黏度液压油通过系统内小孔或间隙产生内泄漏流动时，油温上升剧烈。

5. 电气控制系统的维护

现代注塑机的各种动作主要由液压系统来执行，而油压则是由电动机带动大小油泵而产生的，油压则是由各种电器元件如转换开关、行程开关、接触器、中间继电器、时间继电器、电磁阀等来控制。此外，还有不同功率的加热器、数字温度控制仪等对温度进行控制，注塑机电气控制系统维护的内容主要有以下几点。

① 长期不开机时，应定时接通电气线路，以免电器元件受潮。

② 定期检查电源电压是否与电气设备电压相符。电网电压波动应在±10%之内。

③ 每次开机前，应检查各操作开关、行程开关、按钮等有无失灵现象。

④ 经常注意检查安全门在导轨上滑动是否能触及行程限位开关。

⑤ 油泵检修后，应进行油泵电动机的试运行。先合上控制柜上所有电器开关，然后采用点动方式启动油泵电动机，验证电动机与油泵的转向是否一致。

⑥ 应经常检查电气控制柜和操作箱上紧急停机按钮的作用。在开机过程中按下按钮，看能否立即停止运转。

⑦ 每次停机后，应将操作选择开关转到手动位置，否则重新开机时注塑机很快启动，将会造成意外事故。

第七节　新型注塑机简介

在注塑成型中，由于不同制品对材料、性能、形状和花色的要求不同，使用普通注塑机很难满足具有特殊要求的制品成型。因此，在发展普通注塑机的同时，研制开发了各种新型注塑机，如电动式注塑机、热固性注塑机、多色注塑机、发泡注塑机、注-吹成型机、注-拉-

吹成型机等，使其发挥更大的效能。

一、电动注塑机

近年来，随着新型塑料材料的涌现和要求使用高精度注塑件范围的扩大，以及绿色环保意识的日渐增强，人们对注塑机的要求越来越高，各类紧密型、节能型、环保型等注塑机不断涌现，产业结构正在迅速转变。目前在相对主流的各种新型注塑机中，最具代表性的为电动注塑机。

所谓电动注塑机是指使用交流伺服电动机，配以滚珠丝杠、齿形皮带以及齿轮等元器件来驱动各个机构的注塑机，其最为突出的特点是采用了功率电子器件和控制技术进行操作运转。这里主要介绍电动式注塑机的基本结构与特点。

1. 新型驱动形式

液压式和液压-机械式注塑机运动过程（如合模、开模、顶出、预塑、注塑、注塑座移动等）的动力均来自于油缸和液压马达的作用，然而在电动注塑机中，油缸和液压马达均被交流伺服电动机配以滚珠丝杠、齿形皮带等新型驱动形式所取代。

这种新型驱动形式的特点是，由于滚珠丝杠与丝杠螺母的接触面积大，因此，不仅提高了承载能力，使传动机构的响应速度加快，而且使控制精度大大提高。

2. 全电动式注塑机

图 6-67 所示为全电动式注塑机，其结构组成如图 6-68 所示。全电动式注塑机注塑系统的组成机构（注塑、预塑、计量和注塑座移动等）以及合模系统的组成机构（开合模、锁模、顶出等）全部采用单独的伺服电动机驱动。为了降低成本，也可将一些对制品质量影响不大且要求控制精度不高的驱动部分采用其他类型的电动机代替，如将调模和注塑座移动的驱动电动机选为普通电动机或变频电动机。

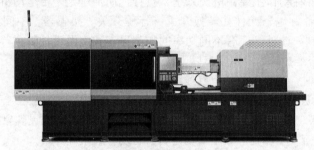

图 6-67　全电动式注塑机

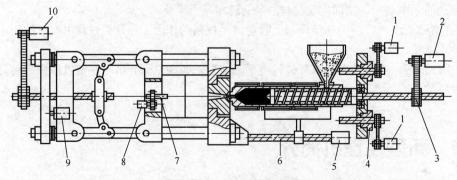

图 6-68　全电动式注塑机的结构

1—注塑伺服电动机；2—预塑伺服电动机；3—齿形皮带；4—丝杠螺母；5—注塑座移动伺服电动机；

6—滚珠丝杠；7—顶出杆；8—顶出变频电动机；9—拉杆调模变频电动机；10—合模伺服电动机

3. 混合式电动注塑机

这类注塑机是集液压传动、曲肘机构与伺服电动机驱动于一体的新型注塑机，它融合了全液压式注塑机的高性能和全电动式的节能优点，分别满足各个机构的驱动要求，以实现高功能化和低成本化。

二、热固性注塑机

热固性塑料与热塑性塑料相比，具有优异的耐热性、耐化学性、突出的电性能和抗热变形性能，具有较高的硬度。在成型过程中，既有物理变化，也有化学变化。

热固性塑料的成型过去常用压制法，这种成型法劳动强度大，生产效率低，制品质量不稳定，远不能满足制品发展的要求。而采用注塑法成型，可实现生产自动化，没有预热和预压工序，成型周期短，因而热固性注塑机发展很快，应用也较为广泛。

1. 热固性注塑机工作原理

由塑料材料学可知，在未成型之前的热固性塑料是一种线型结构的高聚物，在一定温度和压力下首先形成与热塑性塑料同样的黏流态，然后经一定时间的继续加热使之产生交联反应而形成不溶不熔的网状体型结构。

热固性塑料的注射成型，就是将具有线型结构的粉状树脂在机筒中首先进行预热塑化，使之发生物理变化（黏流态）和缓慢的化学反应，然后螺杆在预定的注塑压力下，将熔体注入加热的模具型腔内，再经过一定时间的继续加热完成交联反应而固化成型。

2. 热固性注塑机结构特点

热固性注塑机与热塑性注塑机在结构上大致相同，不同的方面如下。

（1）注塑系统　注塑系统主要由注嘴、螺杆、机筒等组成，如图6-69所示。

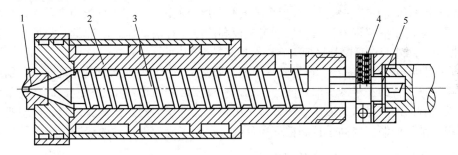

图 6-69　热固性注塑机注塑系统的结构
1—注嘴；2—夹套式机筒；3—螺杆；4—旋转接头；5—连接套

① 螺杆。为了避免物料在机筒内停留时间过长且受到较大的剪切作用而固化，热固性注塑机的螺杆长径比和压缩比都较小（L/D=14～18，e=0.8～1.2），并且采用全长渐变的结构形式；螺杆头采用锥形结构且不设止逆环；注嘴采用直通式。螺杆传动采用液压马达，可进行无级调速和防止螺杆过载而扭断。由于模具温度高，为避免物料在注嘴处固化，在保压阶段，注嘴必须撤离模具主流道衬套。

② 机筒加热与冷却。为使机筒内的物料保持在某一恒定的熔融温度范围，防止物料在机筒内发生大量的化学反应，使熔体呈现出最好的流动特性，接近于固化的临界状态，对热固性塑料的成型温度控制要求十分严格。一般采用恒温控制的水加热系统。

③ 合模系统。热固性注塑机的合模系统有液压式和液压-机械式两种，应用较多是液压式。常采用由合模油缸和增压油缸组成的增压式结构，增压倍数为4。

（2）控制系统　控制系统除了与普通注塑机的要求相同外，在注塑结束后有一个排气动作，它是通过液压控制来实现的。首先使增压油缸瞬间卸压，由于合模力突然减小，使物料在固化过程中的气体立即从模具分型面处排出，而后又使增压油缸的油压恢复，模具再次锁紧。由于此动作过程的时间相当短，一般是不易观察到的。

三、精密注塑机

随着采用工程塑料成型高精度的塑料零件（如塑料齿轮、仪表零件等），用于精密仪器、家用电器、汽车、钟表等行业，为满足降低成本的需要，发展了精密注塑机，主要用于成型对尺寸精度、外观质量要求较高的制品。

1. 工作原理

精密注塑机的工作原理与普通注塑机相同。通过螺杆的旋转、机筒的加热完成对物料的熔融塑化，并以相当高的注塑压力将熔体注入闭合的型腔中，经冷却定型后顶出制品。

2. 结构特点

（1）注塑系统　精密注塑机的注塑系统具有相当高的注塑压力和注塑速度，注塑压力一般在 216～243MPa，甚至高达 400MPa。采用高压高速成型，塑料的收缩率几乎为零，有利于控制制品的精度，提高制品的机械性能，保证熔体快速充模，增加熔体的流动长度，但制品易产生内应力。因此，在结构上为确保上述要求，多选择塑化效率高、均化程度好的螺杆，如带混炼元件的螺杆。螺杆的转速采用无级调速，螺杆头部设有止逆结构，以防止高压下熔体的回流，确保计量精确。一般精密注塑成型的材料多为 POM 以及碳素纤维增强类的工程塑料，所以螺杆采用氮化钢并对其表面进行氮化处理或对螺杆表面喷涂耐磨合金，机筒采用双金属等。

（2）合模系统　精密注塑机的合模系统一般采用全液压式，以便安装模具，保证在高的注塑压力下不会产生溢料现象。动模板、定模板和四根拉杆耐高压、耐冲击，并且具有较高的精度和刚性。此外，设有模具保护措施以保护高精度的模具。

（3）液压与电气控制系统　在精密注塑机上通常是一个电动机带动两个油泵，分别控制注塑和合模油路，目的在于减少油路间的干扰，使液压油的流速和压力稳定，提高液压系统的刚性，保证制品的质量。其液压系统普遍采用带有比例压力阀、比例流量阀、伺服变量泵的比例系统，节省能源，提高了控制精度和灵敏度。为了确保液压油的清洁，选用了高质量的滤油器。

采用微机处理器闭环控制系统确保工艺参数的稳定性，实现对工艺参数多级反馈控制与调节。设置了油温控制器，避免因油温的变化引起液压系统的压力与流量的变化而影响工作的稳定性。对注嘴、机筒的温度采用了 PID 控制，使温控精度保持在 $\pm 0.5℃$。

四、多色注塑机

为了成型多种色彩或多种塑料的复合制品，如录像机磁带盒、电器按钮、塑料花、汽车尾灯、棋子、水杯等而发展了多色注塑机。现以双色注塑机为例，介绍多色注塑机的工作原理、结构特点等。

双色（混色）注塑机具有一个公用的合模系统和一个公用的注嘴，两个机筒和一副模具。注塑时，依靠液压系统和电气控制系统来控制两个柱塞，使两种颜色的熔体依先后次序分别通过注嘴注入型腔，即可得到不同的混色制品。通过分别调整两个柱塞的注塑速度，可得到不同的花色且具有自然过渡色彩的双色制品。

双色（清色）注塑机具有两个独立的注塑系统、两副模具和一个公用的合模系统。两副模具的阳模相同而阴模不同（B 型腔大于 A 型腔），阳模固定在与动模板相连的回转盘上，回转盘有单独的驱动机构，可绕中心轴线旋转 180°。

注塑时，首先阳模与阴模 A 合模，在注塑系统 1 的作用下先行充模保压、冷却定型。打开模具，半成品留在阳模的型芯上，料把自动脱落。然后回转盘带动阳模及半成品转至阴模 B 位置进行合模，在注塑系统 2 的作用下，完成第二种颜色熔体的注塑、保压、冷却定型，开模取出制品，这样就能得到具有明显分色的双色制品。

五、发泡注塑机

发泡注塑成型是将含有发泡剂的物料注入型腔内，得到结构泡沫制品。结构发泡从发泡原理分有化学发泡法和物理发泡法；从发泡制品结构组成分有单组分和多组分；从发泡成型方法分有低压法、中压法、高压法和夹芯结构发泡法。不过目前常用的是化学发泡低压成型法。

1. 低发泡注塑机

含有发泡剂的物料在低发泡注塑机中塑化、计量，并以一定的速度和压力将含有发泡剂的熔体注入型腔的过程与普通注塑机基本相同。通常根据制品的密度确定出熔体体积与型腔容积的比例来决定一次注塑容积的多少，一般只占型腔容积的 75%～85%，故又可称为欠料注塑。由于型腔压力低（约为 2～7MPa），发泡剂立即发泡，熔体体积增大，充满型腔。又因型腔温度低，与型腔表面接触的熔体黏度迅速增大，从而抑制气泡在型腔表面的形成和增长，加之芯部气体压力的作用，形成了一层致密度高的表层，此时芯部并未完全冷却，可充分发泡，获得结构泡沫制品。当制品表面冷却到能承受发泡芯部处的压力时，即可开模取出制品，再将取出的制品浸水冷却，使制品在模内冷却时间缩短。

为使制品各处密度均匀，要求注塑系统具有较高的注塑速度。因此，在低发泡注塑机上采用了带有贮油缸（具有蓄能作用）的高速注塑系统。含有发泡剂的物料在塑化时，总有少量的发泡剂分解，产生的气体将会使螺杆头部的熔体从注嘴口流出，为防止熔体"流涎"，低发泡注塑机选用锁闭式注嘴，并通过控制背压抑制发泡剂分解，螺杆头采用止逆型，使计量和发泡倍率稳定。

2. 夹芯结构发泡注塑机

夹芯注塑是将不同配方的物料，通过两个注塑系统按一定程序注入同一型腔中，使表层和芯层形成不同材料的复合制品。典型的制品有汽车壳体、汽车箱盖，各种建筑隔热、隔音制品等。根据使用要求及经济原则，夹芯注塑是最经济的。夹芯注塑成型方法最典型的有以下两种。

（1）相继注塑法　注塑机带有两个注塑系统，一个锁闭式分配注嘴，成型过程如下。

① 第一阶段：分配注嘴关闭，两个注塑系统进行预塑计量，模具闭合，准备注塑。

② 第二阶段：分配注嘴接通注塑系统，并注入表层料。

③ 第三阶段：分配注嘴关闭注塑系统并接通注塑系统，注入含有发泡剂的芯层料，并控制好温度、注塑速度，将表层料推向型腔的边缘，形成均匀较薄的表层。

④ 第四阶段：模具在保压压力下，再注入一定数量的表层料，挤净模具浇口处的芯层料。

⑤ 第五阶段：型腔完全充满后，关闭分配注嘴，保压一段时间后进行移模发泡，使芯层料成为泡沫结构。

（2）同心流道注塑法　采用此法的注塑机具有一个同心流道注嘴，这种注嘴在注塑时，可连续地从一种物料转换为另一种物料，克服了相继注塑过程中因注塑速度较慢和两种物料在交替时出现瞬间停滞的现象而造成的制品表面缺陷。

图6-70（a）所示为模具闭合等待注塑时的状态；图6-70（b）为注入表层物料，当注塑系统7注入表层料到型腔时，会有少量表层料进入注塑系统5的热流道4中去，这就排除了在注入表层料时而带进作为芯层料的可能。当注塑系统7接近注完表层料而缓慢降速时，注塑系统5就加速注入芯层料，这就排除了两种料在交替时产生瞬间停留，防止了制品表面因料转换而形成的痕迹［图6-70（c）］。当两种料完成转换后，注塑系统7关闭，以防芯层料进入注塑系统7的热流道6中去［图6-70（d）］。当芯层料注完，最后再由注塑系统7把少量的表层料注入主流道2及注塑系统5的热流道4中准备下次注塑［图6-70（e）］。

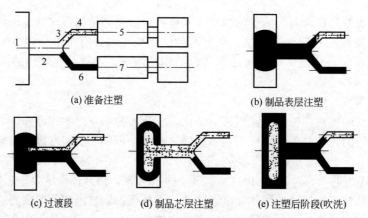

(a) 准备注塑　　　　　　　　　　　(b) 制品表层注塑

(c) 过渡段　　　　　(d) 制品芯层注塑　　　　　(e) 注塑后阶段(吹洗)

图6-70　同心流道注塑法的注塑过程示意图

1—模具；2—主流道；3—连接点；4，6—热流道；5，7—注塑系统

夹芯结构发泡注塑机，其两个机筒可以平行或成微小角度排列。这种注塑机除具有一般发泡注塑机的特点外，还应具备如下要求。

① 两个机筒的注塑容积能进行比例调节与控制。

② 机筒和模具间要设置可控的专用注嘴。

③ 采用数字程序控制，精确实现各步动作及过程控制。

六、气辅注塑机

气体辅助注塑成型，简称气辅注塑（GAM），是一种新的注塑工艺，20 世纪 80 年代末期应用于实际生产。传统注塑工艺不能将厚壁和薄壁结合在一起成型，而且制件残余应力大，易翘曲变形，表面时有缩痕。GAM 是通过把高压气体引入制品的厚壁部位，在注塑制品内部产生中空截面，实现气体保压，消除制品缩痕，而且制品外观表面性能优异，内应力小，轻质高强，并可降低原料成本，是一项新颖塑料成型技术。

GAM 已经成为当前国内外日渐盛行的新型塑料制品成型技术。运用该技术，可成型设计更加复杂的制件，并能够简化模具结构，缩短成型周期。研究表明，与传统注塑工艺相比，应用 GAM，成型中口模压力可降低 20%～30%，挤出胀大率由 10%～28%降到 1%以下。目前这种方法广泛应用于大、中型汽车配件的成型。

1. GAM 过程

GAM 是在注塑过程的同时注入高压氮气，使其在塑料熔体中打通一条气道，高压氮气在设计合理的气道内部平均地传递压力至制品各部位。

GAM 过程如图 6-71 所示。GAM 过程一般分为如下五个阶段。

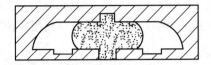

(a) 注入模内一定体积的塑料熔体

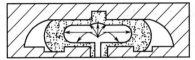

(b) 模塑全过程中在互相贯通的通道

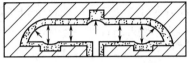

(c) 气体在熔体内膨胀，使型腔内保持低而
不变的气体压力，使各处承受相同的压力

图 6-71 GAM 的注塑过程示意图

（1）注塑阶段　注塑机将定量的熔体注入型腔内，静止几秒钟。熔体的注入量一般为充填量的 50%～80%，不能太少，否则气体易把熔体吹破。

（2）充气阶段　熔体注入型腔后，将一定量的惰性气体（通常是氮气）注入模内，进入熔体中间。由于靠近模具表面部分的熔体温度低、表面张力高，而制品较厚部分的中心处的熔体温度高、黏度低，气体易在制品较厚的部位（如加强筋等）形成空腔，而被气体取代的熔体则被推向模具的腔壁，形成所要成型的制品。

（3）气体保压阶段　当制品内部被气体充填后，气体压力就成为保压压力，该压力使物料始终紧贴模具腔壁表面，大大降低了制品的收缩和变形；同时，冷却也开始进行。

（4）气体回收及降压阶段　随着制品冷却的完成，回收气体，型腔内气体降至大气压力。

（5）脱模阶段　制品从型腔中顶出。

2. GAM 装置

GAM 由气体压力生成装置、气体控制单元、注气装置及气体回收装置等组成。

（1）气体压力生成装置　其作用是提供氮气，并保证充气及保压时所需的气体压力。

（2）气体控制单元　该单元包括气体压力控制阀及数字控制系统。

（3）注气装置　注气装置有两类：一类是主流道式注嘴，即熔体与气体共用一个注嘴，在熔体注塑结束后，注嘴切换到气体通路上，进行注气；另一类是安装在模具上的气体专用注嘴或气针。

（4）气体回收装置　该装置用于回收注塑通路中的氮气。必须注意的是，对于制品气道中的氮气，一般不能回收，因为其中会混入其他气体，如空气、挥发的添加剂、物料分解产生的气体等，以免影响以后成型制品的质量。

3. GAM 的特点

与普通注塑相比，GAM 有如下特点。

（1）注塑压力和合模力较低　气体辅助注塑可大大降低对注塑机的合模力和模具的刚性要求，有利于降低制品内应力，减少制品的收缩及翘曲变形；同时还改善了模具溢料和磨损；解决了薄壁筋部注塑效果不理想以及制品需要特殊的中空形状、机械抽芯无法办到的难题。

（2）提高了制品表面质量　由于气辅注塑型腔压力低，在制品厚壁处形成中空通道，减少了制品壁厚不均匀；在冷却阶段保压压力不变，从而消除了在制品厚壁处引起的表面凹凸不平的现象。

（3）降低了模具设计和制造的难度　气辅注塑因型腔内部有气体通道，使模具只需设一个浇口，不需再设流道，这样不仅可减少回料，改善熔体的温度，消除因多浇口引起的熔接痕，而且降低了模具设计和制造的难度。另外，模具可使用较便宜的钢材制造，延长模具的使用寿命。

（4）可以成型壁厚不均的制品　普通注塑机成型的制品壁厚通常要求均匀一致，而气辅注塑由于可利用气道把压力传递至制品各部位，因此可成型壁厚不均的制品。只要在制品壁厚发生变化的过渡处设计气体通道，便可得到外观与质量均优的制品。

（5）使制品的结构更为合理　一些柱位（螺纹柱）也可按实际上的需要分布，大大提高了制品的设计灵活性，同时也提高了装配件的牢固性，解决了把很多结构部分分开成型后再组装的难题。

（6）减轻制品的质量和缩短成型周期　由于制品的内部有部分因气道形成中空，所以可减轻制品的质量，减少材料消耗；由于大大地减少了冷却时间，从而缩短了成型周期，提高了生产效率；另外还可以在较小的注塑机上成型较大的或形状复杂的制品。

除以上的优点外，不足之处主要有：对于外观要求严格的制品，需进行后处理；在注入气体和不注入气体部分的制品表面会产生不同光泽；不能对一模多腔的模具进行补缩；对壁厚精度要求高的制品，需严格控制模具温度和模具设计；由于增加了供气装置，因而增加了设备的投资。

4. 适用原料

绝大多数用于普通注射的热塑性塑料（如 PE、PP、PS、ABS、PA、PC、POM、PBT 等）都适用于 GAM。一般情况下，熔体黏度低的，所需的气体压力低，易控制；而对于玻璃纤维增强材料，在采用 GAM 时，要考虑到材料对设备的磨损；对于阻燃材料，则要考虑到产生的腐蚀性气体对气体回收的影响等。

5. 成型应用

（1）板形及柜形制品　如塑料家具、电器壳体等，采用 GAM，可在保证制品强度的情况下，减轻制品质量，防止收缩变形，提高制品表面质量。

（2）大型结构部件　如汽车仪表盘、底座等，采用 GAM，可在保证制品刚性、强度及表面质量的前提下，减少制品翘曲变形，降低对注塑机的注塑容积和合模力的要求。

（3）棒形、管形制品　如手柄、把手、方向盘、操纵杆、球拍等，采用 GAM，可在保证制品强度的前提下，减轻制品质量，缩短成型周期。

📚 **阅读材料**

好看又有料，多色多物料注塑工艺来助力

毫无疑问，消费类商品总逃不出"颜值即正义"的"真香定律"。消费者不仅仅满足于手中的电子产品细腻的手感，同时也期待他们能够拥有绝美色彩，从而彰显消费者自身的潮流个性。

不过，在现实情况中，表面析出或者喷霜会过早地破坏电子产品的包覆成型饰面，从而严重地影响产品的颜值和使用感受，市场亟需某种创新技术破解这一难题。

1. 多色多物料是大趋势

不少走在时代潮流前线的塑机企业，通过注塑成型条件的优化，打破功能性与材料美学"鱼

与熊掌不可兼得"的禁锢，让材料显现出众的美学优势成为可能。

富强鑫精密工业股份有限公司（以下简称"富强鑫"）推出的CT-R系列全电式多组分双色注塑机，满足了五金用品、食品包装、光学零件和医疗产业的应用需求。

CT-R系列全电式多组分双色注塑机（图6-72）适合应用于"高精准、高洁净"的多色成型。注塑部分有两组或多组独立料管组同步注塑，大幅缩短成型周期。伺服转盘速度提升30%~50%，定位系统精度达0.005。

图6-72　CT-R系列全电式多组分双色注塑机

其射座配备线轨，使加料基础背压趋近0，有效减少射嘴或热流道熔胶溢流。此外，配备欧洲顶级伺服驱动系统及控制器，射出控制精度达0.01mm。

富强鑫的另外一款多组分双色注塑机FB-R系列转盘式已有37年的历史，锁模力涵盖140~1600t，应用范围广。由伺服电机控制转盘动作，转动时间可缩短50%以上。

伊之密多物料注塑机——ReactPro聚氨酯与注塑一体化成型方案可用于汽车内饰件（仪表板、门板、智能部件）、3C等领域的装饰性表面或功能性表面等注塑成型。

据介绍，ReactPro采用了与德国GK Concept公司共同开发的InPUR "1+2" 模具技术，即两副聚氨酯成型模具分别与一副注塑模具互相交替生产产品，虽然聚氨酯反应时间还需约2min，但成型周期却大大缩短至约1min。对比传统的水平转盘和垂直转盘，InPUR "1+2" 模具技术不需旋转装置，设计更加紧凑，还较大程度地节省了制品批量生产的时间。

伊之密表示，ReactPro聚氨酯与注塑一体化成型方案2.0版本，不只更新了"皮肤"，可同时实现兼具软触感、自修复、耐腐蚀、耐刮擦的产品性能及高光、亚光纹路的视觉效果，方案还采取PU国产材料，让综合成本大幅下降。

海天也推出了天合IA II系列双色机（图6-73），解决双色、多色、多物料产品成型难题。据介绍，海天天合IA II系列具有容模量大、转盘承重可靠、转动平稳及节能高效的特点，并且可根据行业定制专用塑化单元。该双色机适用于计算机/电视液晶屏幕前框双色注射成型以及汽车行业的尾大灯双色、三色、四色注射成型。

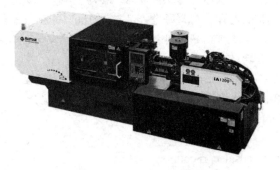

图6-73　海天天合IA II系列

该系列的锁模力达到 1200～18500kN，有 6 种机型适用于多种双色工艺需求，分别为转盘式宽板、转盘式窄板、转盘转轴共享、转轴式、共注射和夹层／混色，配备天隆 MA 伺服节能技术。

2. LSR 成型工艺灵活高效

兼顾美学的同时，产品的功能性不可偏废。近年来，液体硅胶（LSR）成型凭借其出色的物理和化学特性，如安全环保，可完全达到使用级的要求，以及其耐高温、耐低温、电绝缘性、抗撕裂强度、耐候性等优点，广泛应用于汽车、3C、医疗等领域。

克劳斯玛菲（KraussMaffei）面向中国市场推出全电动硅胶机（图 6-74），搭载 SilcoSet 硅胶技术，适用于加工各类硅胶产品，包括安抚奶嘴、采血管密封塞、矿灯透镜、医用硅胶柱、智能家居滑轮、洗盘等 6 个应用。

图 6-74　克劳斯玛菲全电动硅胶机

据介绍，克劳斯玛菲的全电动硅胶机动模板采用框式结构设计，并运行在精密的线形导轨上，保证了模板的平行度和低能耗；合模过程中，对位置控制的高精度与重复性，保证了抽真空过程的顺利完成；全循环控制系统监控调节每个动作环节，提高稳定性；非接触式拉杆设计，无需润滑，非常适合洁净室生产环境。另外，专利的 APC plus 自我调整过程控制能够在考虑材料特性的前提下补偿过程波动，保证注射重量的一致性，最终实现高成品率的加工。

阿博格（ARBURG）也专门按照亚洲市场的需求，研发了 Allrounder 黄金版全电机，它可用于制造工艺复杂的汽车透镜，比如用于轿车的矩阵式大灯。

据了解，Allrounder 黄金版全电机在生产周期 100s 时间内生产出两个高透明液态硅橡胶矩阵透镜，机械手进行嵌件上料，从模腔内取出成品，移动至整列工站进行冷却，进而送入激光站进行灯光测试，二维码信息打印，使得每个产品可以 100% 追溯制造数据。

该注塑机配备的实时真空表可以帮助对模内的真空度进行实时测量和监控，帮助工艺工程师在最短的时间内找到最合理的工艺参数，以达到稳定生产。

值得注意的是，注塑机进料口上方的其貌不扬的小盒子在实际生产过程中起到非常大的作用，本身内部是一个液压阀的结构设计，进料口压力过大，材料就会从泄压阀背面的小孔溢出，提醒加工商对注射单元进行预防性的维护和保养。

资料来源：https://www.adsalecprj.com

1. 与其他成型方法相比，注塑成型具有什么特点？

2. 试述注塑成型过程，并用框图画出一个成型循环周期。

3. 注塑机由哪几部分组成？各部分具有什么作用？

4. 注塑机常见的分类方法有哪些？各自具有什么特点？

5. 注塑机有哪些基本参数？各参数具有什么意义？如何确定（或选择）？

6. 注塑机产品型号的表示方法有哪几种？下列注塑机的型号表示采用的是何种方法，并说明其意义：XZ-ZY125、SZ-160/800、E-120、SZG-1500。

7. 试述柱塞式和螺杆式注塑系统的结构组成、工作原理，并对比两者的结构特点。

8. 注塑螺杆头的结构有哪些？带有止逆结构的螺杆头是如何工作的？

9. 注塑螺杆为什么通常要安装带止逆环结构的螺杆头？

10. 试述注塑螺杆与挤塑螺杆的特征区别。

11. 新型注塑螺杆具有什么特点？

12. 为什么注塑机的机筒和螺杆通常不设冷却装置？

13. 注嘴的作用是什么？其类型有哪些？各有什么特点？分别用于何种场合？

14. 注塑时，注嘴处产生漏料现象的原因可能有哪些？

15. 对螺杆式注塑机的传动装置有哪些要求？主要采用何种传动形式？为什么？

16. 注塑螺杆常见的传动形式有哪几种？哪种更好？为什么？

17. 注塑机的合模系统应能达到哪些要求？它由哪些部件组成？

18. 常见的液压式与液压-机械式合模系统有哪些形式？各自具有什么特点？

19. 液压式与液压-机械式合模系统在合模原理和特点上有什么不同？

20. 为什么液压-机械式合模系统必须单独设有调模装置？对它有什么要求？

21. 调模装置具有什么作用？有哪几种常见形式？各自具有什么特点？

22. 顶出装置有什么作用？对它有什么要求？它有哪几种形式？各自的特点是什么？

23. 液压-机械式合模装置如何调试合模力？

24. 注塑机安全防护的内容有哪些？应采取什么措施？

25. 安装注塑机时主要应注意什么？

26. 注塑机应从哪几方面进行调试？如何调试？

27. 注塑机的加料方式有哪几种？各有什么特点？

28. 注塑机的操作方式有哪几种？各在什么情况下使用？

29. 注塑机安装与调试时应注意哪些问题？

30. 怎样进行注塑机操作与维护？

31. 热固性注塑机与热塑性注塑机的主要区别有哪些？为什么有这些区别？

32. 试分析各种新型注塑机的结构特点。

学习目的与要求

通过本章的学习，要求掌握压延机的基本结构；掌握常用的压延机分类；掌握压延的基本原理；掌握辊筒挠度以及如何补偿；掌握压延机的常规辅机种类。

对常规产品的生产线，能选择对应压延机及其辅机总类；能做压延机安装的准备工作；能辅助安装压延机；能操作压延机及其辅机；能处理压延机的常见的一般性故障。

培养团队合作的意识；诚实守信的品质；热爱劳动的意识；培养爱国和奉献的精神。

第一节　概述

微课扫一扫

压延成型概述

一、压延成型及压延机简介

压延成型是将已经塑化得接近黏流温度的物料通过一系列相向旋转着的辊筒间隙，使物料承受挤压和延展作用，成为具有一定厚度、宽度与表面光洁度的薄片状制品的成型方法。最早应用于橡胶制品的加工，包括橡胶的压片、贴合、压型、贴胶、擦胶及表面修饰等作业。后来用于塑料和复合材料的成型加工，也可用于造纸和金属成型加工。

压延成型在塑料成型中占有相当重要的地位，它的特点是加工能力大、生产速度快、产品品质好、能连续化生产。压延成型生产的薄膜和片材中，软质塑料薄膜厚度为 0.05～0.5mm，硬片厚度为 0.25～0.70mm。生产速度为 10～70m/min，最高速度可达 200m/min。生产速度比其他塑料成型机快，产量及制品精度高，生产连续性好，自动化程度高，先进的压延成型联动装置只需 1～2 人操作。压延成型其不足在于压延机设备结构复杂、体积大、占地面积大、造价高，使项目开工投资大、能源消耗高，操作技术比较难掌握，设备维修难度也较大。

压延生产线通常以压延主机为中心，由供料系统、压延机、压延辅机、供电及电气控制装置、加热冷却系统组成。以聚氯乙烯压延成型为例，对应的压延成型生产过程是：以聚氯乙烯树脂为主要原料，根据制品的性能与用途要求，在主原料中加一定比例的增塑剂、稳定剂、润滑剂、着色剂和填充料等辅助料，按配方的配合比例要求，经计量后，用混合机把各种掺混在一起的主、辅料搅拌混合均匀；然后再经过密炼机或混合型挤出机和开炼机进行混炼，预塑化后再输送到压延机辊筒上；再通过几个高温辊筒，进一步把熔态料塑化、辊压、成型为厚度均匀的薄膜或片类制品坯，将制品坯剥离辊筒后，经表面修饰压光（或压纹）、冷却定型、检测后卷取成为制品。图 7-1 为压延膜（片）机组组成示意图。

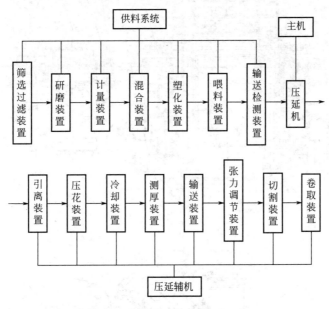

图 7-1　压延膜（片）机组组成示意图

二、压延机的结构及分类

1. 压延机的基本结构

压延机的主要组成包括：传动系统，压延系统（主要由辊筒、制品厚度调整机构、辊筒轴承、机架和机座组成），辊筒的加热系统，润滑系统，电控系统。

为了适应不同塑料性能对压延成型制品的工艺条件要求，压延机被设计出多种类型结构，实际上这些不同结构的压延机其主要零部件是基本相似的，不同之处只在于辊筒的数量和排列方式的不同。三辊压延机如图 7-2 所示，四辊压延机如图 7-3 所示，三辊和四辊压延机的实物图分别如图 7-4、图 7-5 所示。

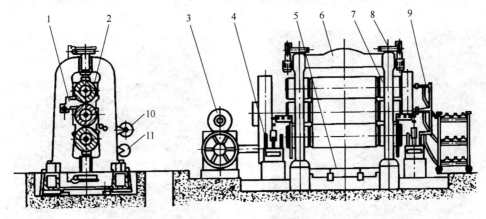

图 7-2　三辊压延机

1—挡料装置；2—辊筒；3—传动装置；4—润滑装置；5—安全装置；6—机架；7—辊筒轴承；

8—辊距调节装置；9—加热冷却装置；10—导开装置；11—卷取装置

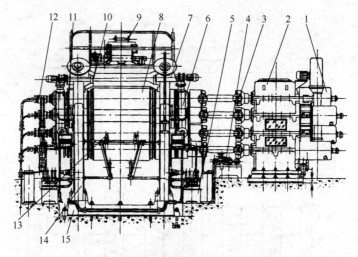

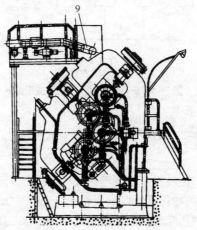

图 7-3 四辊压延机

1—电动机；2—齿轮减速箱；3—联轴器；4—液压系统；5—润滑油箱；6—拉回装置；7—辊筒调距装置；8—辊筒；
9—输送带；10—挡料板；11—轴承座；12—旋转接头；13—切边装置；14—机架；15—机座

图 7-4 三辊压延机实物图

图 7-5 四辊压延机实物图

2．压延机的分类

（1）按辊筒数目分类　按压延辊筒的数目和辊筒的排列形式来分类的，有二辊、三辊、四辊、五辊，甚至六辊。

压延辊是压延机的主要部件，它的排列方式很多，例如：双辊压延机有直立式和斜角式排列，三辊压延机有 I 形、三角形等几种，四辊压延机有 I 形、正 L 形、倒 L 形、正 Z 形、斜 Z（S）形等。图 7-6 所示为常见压延机的分类及排列方式。

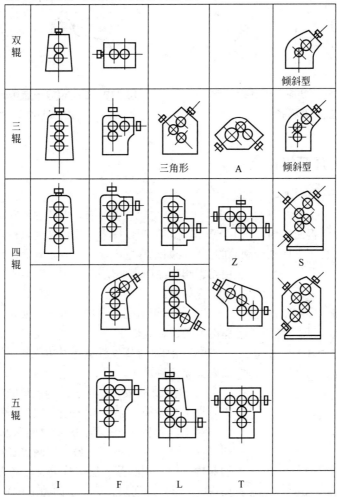

图 7-6　常见压延机的分类及排列方式

（2）按辊筒直径的大小分类　按辊筒直径是否相同可分为同径压延机和异径压延机。以上介绍的压延机各辊筒的直径皆相同，都属同径压延机。所谓异径压延机是指组成压延机各辊筒的直径不相同。做成异径辊筒压延机的目的主要有两个方面，一个是节能，即在较少能量消耗的条件下获得压延的高速化生产，其排列示例如图 7-7 所示；另一个是提高压延制品的精度，其排列示例如图 7-8 所示。

辊筒异径，可使进料角增加，分离力减小，节省能耗，降低材料温升，使高速压延成为可能。等径辊筒形成的最终间隙容易形成两个辊筒偏差的叠加现象，使制品长度方向厚度不均匀，而做成异径后，就容易避免两辊筒间隙叠加，互相抵消，从而提高制品长度方向厚薄的均匀程度。

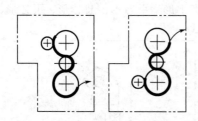

图 7-7　以节能、高速为目的的异径辊
压延机排列形式

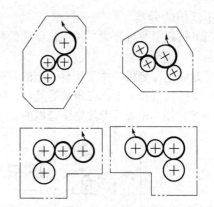

图 7-8　以提高压延制品精度为目的的异径
辊压延机排列形式

三、常见辊排列压延机特点

1. 倒 L 形排列的压延机

对于排列辊筒呈 L 形的压延机，由于上料部位在较低位置，生产时两辊筒之间容易落入工具等异物，造成辊筒辊面损伤，在生产开车前和生产过程中，要特别注意检查和经常观察。这种类型的压延机适合不含增塑剂制品的生产，如硬片生产，不然会因有增塑剂等挥发性气体作用而影响制品的表面质量。当辊筒呈倒 L 形排列时，压延机优点如下。

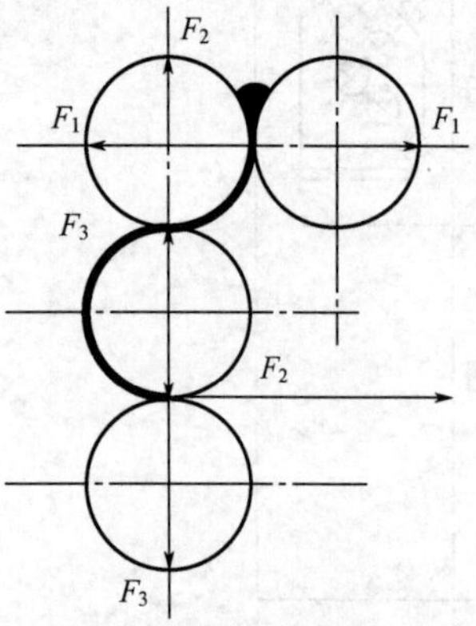

① 生产聚氯乙烯薄膜制品时，质量比较稳定，制品的厚度均匀，误差值小。

② 增塑剂等挥发性气体基本上不会影响制品质量，制品表面无痕迹。

③ 生产比较安全。这是因为上料的位置比较高，工具类异物不容易掉在加料部位的两辊筒之间。

对于四辊压延机，倒 L 形存料区和辊筒受力情况如图 7-9 所示。从上往下，最上层两辊右侧的为 I 辊，左侧为 II 辊，第二层和第三层依次为 III 辊和 IV 辊。在进行压延操作时，第二道间隙和第三道间隙形成的存料量大体相等。所以对 III 辊产生的向下向上负荷的方向相反而大小几乎相等，因此 III 辊大体处于平衡状态，变形很小，这是倒 L 形的一大优点。利用这个受力变形小的特点，III 辊可设计较其他辊筒小些，可减小 III 辊电能消耗，减少辊筒发热，这

图 7-9　倒 L 形存料区和辊筒受力情况

F_1—第一存料区物料对辊筒的反作用力；

F_2—第二存料区物料对辊筒的反作用力；

F_3—第三存料区物料对辊筒的反作用力

也是新式的异径辊压延机在倒 L 形上使用的理由。

2. Z 形压延机或 S 形压延机

所谓 Z 形压延机，实际上是使相邻两个辊筒互为 90°角的一种排列形式。典型的有正 Z 形和斜 Z（S）形两种。如果把水平排列的 Z 形四辊旋转一个角度（可在 15°~45°之间）即为 S 形排列四辊压延机。

该类型的压延机应用比较广泛，它适合于成型软、硬薄膜和片材的生产，对人造革的双面

贴合生产也比较理想。这种排列方式辊筒相互之间的干扰非常小，因为这种设计消除了Ⅱ辊筒与Ⅲ辊筒在使用轴瓦轴承时产生的浮动，提高了制品的精度。Z形排列如图7-10所示。S形，把Z形压延机的水平排列的辊筒变成与水平面成一定角度，即成S形。S形的薄膜引离可以由原来的Ⅳ辊上改为由Ⅲ辊上引离，从而克服由于引离装置位置较远而引起的薄膜较大收缩之弊，操作方便。各辊相互独立、易调整和控制，物料包辊受热时间短、不易分解、上料方便、便于观察存料、所需厂房高度低，是一种具有Z形优点的改进型。其排列如图7-11所示。辊筒排列成Z形或S形压延机的优点如下。

① 压延机生产成型制品时，没有辊筒的浮动，这是因为Ⅰ辊筒、Ⅱ辊筒间和Ⅲ辊筒、Ⅳ辊筒间受力情况比较均匀，力的大小基本一致。

② 制品的厚度均匀，误差变化小，产品质量稳定，这是因为Ⅱ辊筒、Ⅲ辊筒间的间隙均匀稳定，工作中变化较小。

③ 由于熔融物料在4根辊筒上的运行距离接近相等（约占辊筒轴长的1/4），所以在辊面上运行时，温度变化小，这样有利于高速生产软质薄膜。

④ 由于脱辊、引离装置离辊筒较近，薄膜脱辊的收缩变小。

⑤ 供料容易，操作方便，观察辊筒间的工作情况比较容易。

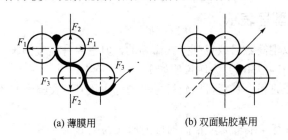

(a) 薄膜用　　　　　　　　　(b) 双面贴胶革用

图7-10　Z形四辊压延机

F_1，F_2，F_3—存料区1、2、3对辊筒的反作用力

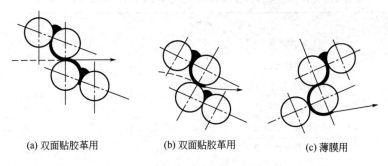

(a) 双面贴胶革用　　　　　(b) 双面贴胶革用　　　　　(c) 薄膜用

图7-11　S形四辊压延机

3. 各类压延机的比较

通过以上叙述，可以看出作为目前应用最广泛的Z形与倒L形，它们之间有许多相同点，但也有不同点。表7-1是三辊、四辊压延机之间的优缺点对比。

表7-1　三辊、四辊压延机优缺点对比

辊型	优缺点
三辊压延机	设备简单，易于维修，投资小，产品质量差，生产速度5～30m/min
四辊压延机	设备复杂，不易维修，投资大，产品质量好，生产速度0～100m/min

不同排列方式四辊压延机特征比较见表 7-2。

表 7-2 不同排列方式四辊压延机的特征比较

排列方式	特征比较
倒 L 形	1. 垂直供料，易于上料 2. 制品厚度均匀 3. 塑化均匀 4. 辊筒装卸比较困难，不便于操作
Z 形	1. 供料方便，易于观察操作情况 2. 各辊筒之间有分离力，相互不干扰 3. 辊筒装卸方便 4. Ⅲ辊筒、Ⅳ辊筒变形较大 5. 物料包辊时间长，制品外观质量好
S 形	1. 操作方便，易于观察压延情况 2. 各辊筒间相互不干扰 3. 占地面积小 4. 物料在辊筒上包辊时间比 Z 形较短 5. Ⅲ辊筒、Ⅳ辊筒变形稍大

四、压延机的规格型号表示

压延机的规格是以辊筒数目或排列方式命名的，但主要是用辊筒长度和直径来表示。以国产压延机的型号（SY-4Γ-1730B）为例说明如下。

① SY 表示塑料压延机，是塑料压延机主机的标注代号，我国生产的压延机主机及辅机的型号编制见表 7-3。

② 4Γ 表示压延机有 4 根辊筒，辊筒的排列形式为倒 L 形。

③ 1730B 表示辊筒的工作面长度为 1730mm，B 为设计顺序号。

表 7-3 国产压延机主机及辅机的型号编制（GB/T 12783—2000）

类别	组别	品种		产品代号		规格参数
		产品名称	代号	基本代号	辅助代号	
塑料机械（塑）	压延成型机械 Y（压）	塑料压延机		SY		辊筒数、排列形式及辊径（mm）、辊面宽度（mm）
		异径辊塑料压延机	Y（异径辊）	SYY		
		塑料压延膜辅机	M（膜）	SYM	F	
		塑料压延钙塑膜辅机	GM（钙塑膜）	SYGM	F	
		塑料压延拉伸拉幅膜辅机	LM（拉幅膜）	SYLM	F	
		塑料压延人造革辅机	RG（人造革）	SYRG	F	
		塑料压延硬片辅机	YP（硬片）	SYYP	F	
		塑料压延透明片辅机	TP（透明片）	SYTP	F	
		塑料压延壁纸辅机	B（壁纸）	SYB	F	
		塑料压延复合膜辅机	FM（复合膜）	SYFM	F	
		塑料压延膜机组	M（膜）	SYM	Z	
		塑料压延钙塑膜机组	GM（钙塑膜）	SYGM	Z	
		塑料压延拉伸拉幅膜机组	LM（拉幅膜）	SYLM	Z	
		塑料压延人造革机组	RG（人造革）	SYRG	Z	

类别	组别	品种		产品代号		规格参数
		产品名称	代号	基本代号	辅助代号	
塑料机械（塑）	压延成型机械Y（压）	塑料压延硬片机组	YP（硬片）	SYYP	Z	辊筒数、排列形式及辊径（mm）、辊面宽度（mm）
		塑料压延透明片机组	TP（透明片）	SYTP	Z	
		塑料压延壁纸机组	B（壁纸）	SYB	Z	
		塑料压延复合膜辅机	FM（复合膜）	SYFM		
		塑料压延复合膜机组			Z	

目前常见塑料压延机的规格见表7-4。

表7-4　常见塑料压延机的规格

用途	辊筒长度/mm	辊筒直径/mm	辊筒长径比 L/D	制品最大宽度/mm
软制塑料制品	1200	450	2.67∶1	950
	1250	500	2.5∶1	1000
	1500	550	2.75∶1	1250
	1700	650	2.62∶1	1400
	1800	700	2.58∶1	1450
	2000	750	2.67∶1	1700
	2100	850	2.63∶1	1800
	2500	915	2.73∶1	220
	2700	800	3.37∶1	2300
硬制塑料制品	800	400	2.0∶1	600
	1000	500	2.0∶1	800
	1200	550	2.18∶1	1000

五、压延机的应用

压延机的选择，应根据原材料、制品质量要求及产量等因素进行综合考虑以确定压延机的类型。不同辊筒数量的压延机应用情况参见表7-5。

表7-5　不同辊筒压延机的应用情况

压延机类型	使用情况
双辊压延机	一般串联使用，用于生产胶料及塑料地板
三辊压延机	用于生产尺寸精度低、表面粗糙的膜片及层压用半成品
四辊压延机	用于生产尺寸精度高、表面光洁的膜片及产量大的制品
五辊、六辊压延机	用于生产聚氯乙烯硬片及实验室用

第二节　压延机

一、压延机工作原理

压延成型过程是借助于辊筒间产生的强大剪切力，使黏流态物料多次受到挤压和延展作用，成为具有一定宽度和厚度的薄层制品的过程。

1. 物料在压延辊筒间隙的压力分布

推动物料流动的动力包括摩擦力和挤压力。

① 物料与辊筒之间的摩擦作用产生的辊筒旋转拉力，它将物料带入辊筒间隙。

② 辊筒间隙对物料的挤压力，它将物料推向前进。

在压延时，物料被摩擦力带入辊缝而流动。由于辊缝是逐渐缩小的，因此当物料向前时，其厚度越来越小，而辊筒对物料的压力越来越大。然后物料快速地流过辊隙，随着物料的流动，压力逐渐下降，至物料离开辊筒时，压力为零，如图 7-12 所示。

压延中物料受辊筒的挤压，受到压力的区域称为钳住区，辊筒开始对物料加压的点称为始钳住点，加压终止点为终钳住点，两辊中心称为中心钳住点，钳住区压力最大处为最大压力钳住点，如图 7-13 所示。

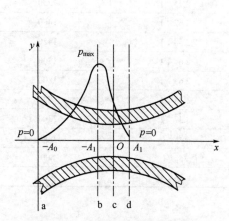

图 7-12　压延时物料所受压力分布

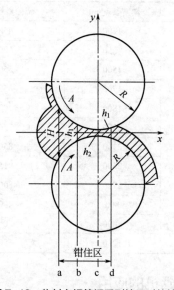

图 7-13　物料在辊筒间受到挤压时的情况

a—始钳住点；b—最大压力钳住点；c—中心钳住点；d—终钳住点

2. 物料在压延过程中压缩和延伸变形

压延机工作时，两个辊筒以不同的表面速度相向旋转，在两辊间的物料，由于与辊筒表面的摩擦和黏附作用，以及物料之间的黏结作用，被拉入两辊筒间隙之间。在辊隙内的物料受到强烈的挤压与剪切，使物料在辊隙内形成楔形断面的料片。

物料能否进入辊隙，取决于物料与辊筒的静摩擦系数和接触角的大小。物料与辊筒的接触角 α 小于其摩擦角时，物料才能在摩擦力的作用下被带入辊隙中。

3. 物料在压延辊筒间的流速分布

在辊隙中的物料主要受到辊筒的压力作用而产生流动，辊筒对物料的压力随辊隙的位置而递变，因而造成物料的流速也随辊隙的位置而递变。等速旋转的两个辊筒之间的物料，其流动不是等速前进的，而是存在一个与压力分布相应的速度分布。两辊间隙中的物料的流动状况和流速分布在两辊轴连线上存在差异，而非等速分布，这样就增加了剪切力和剪切变形，使物料的塑化混炼更好。

4. 物料在压延中的黏弹效应

高聚物是一种黏弹性体，它兼具黏性和弹性两种性质，在加工中除表现出不可逆形变（黏性流动）外，还发生一定的可回复形变（弹性形变）。尤其当温度低、外力作用时间短（作用速度快）时，橡胶的弹性形变表现得更为明显。

材料从弹性形变转为黏性流动需要的时间通常等于材料的最大松弛时间 τ，高分子材料的松弛时间与其结构和外界条件密切相关。因此，在压延加工中，需根据材料的黏弹性质合理选择加工工艺条件，如辊筒速度、温度等。

当辊筒转速很慢时，形变的时间远大于物料的 τ，形变主要反映为黏性流动（因弹性形变在此时间内几乎已完全松弛），高分子材料表现出有良好的流动性，容易进行压延和加工。反之，若辊筒转速很快，则形变时间尺度远小于物料 τ，形变主要反映为弹性（因这时黏性流动产生的形变还很小），物料表现出弹性大、流动性差，难以进行压延加工。为了增加物料在辊筒上的停留时间，在操作上常常采用大直径辊筒或辊筒数目多的压延机压延，这样能减小压延片材的收缩率，取得较好的压延质量。

如图 7-14 所示，使被加工的熔料连续地通过几对辊筒（各辊筒间隙逐一减小，且最后一对辊筒间隙调节得与制品厚度相适应），就实现了将熔料成型为连续的具有一定厚薄尺寸精度的，一定表面质量和一定宽度的膜（片）制品。

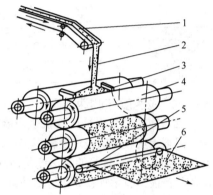

图 7-14　塑料片材压延成型原理
1—供料装置；2—熔融料条；3—挡料装置；
4—辊筒；5—剥离装置；6—物料薄片

5. 压延效应

在压延的片材半成品中，有时会出现一种纵、横方向物理力学性能差异的现象，即沿片材纵向方向（沿着压延方向）的拉伸强度大、伸长率小、收缩率大，而沿片材横向方向（垂直于压延方向）的拉伸强度小、伸长率大、收缩率小，这种纵横方向性能差异的现象就叫作压延效应。

产生这种现象的原因主要是高分子链段以及针状或片状的填料粒子，经压延后产生了取向排列。由于针状（如碳酸钙）和片状（如陶土、滑石粉等）填料粒子是各向异性的，由它们所引起的压延效应一般都难以消除，所以对这种原因导致的压延效应特称为"粒子效应"，其解决办法是避免使用这类材料。由高分子链段取向产生的压延效应，则是因为分子链段取向后不易恢复到原来的自由状态，因此，可以采用提高温度、增加分子链的活动能量的办法来加以解决。

二、压延机主要参数

表征压延机的参数较多，主要有辊筒的数量、辊筒的排列方式、辊筒直径、辊筒长径比、辊筒的线速度和调速范围、速比与驱动功率以及辊筒精度等。

1. 辊筒的数量与排列方式

压延机设备上的辊筒数量和排列方式在前面已经介绍。目前最常见的是三辊压延机、四辊压延机，辊筒排列方式参看图 7-6。

2. 辊筒的长度及直径

D 为辊筒的直径、L 为辊筒长度（单位为 mm），它们是表征压延机规格大小的特征参数，其中长度 L 值为制品的最大幅宽，辊筒的长度越长，制品的宽度越宽。

随着辊筒长度的增加，辊筒的直径也要相应地增加。辊筒的长度与直径往往是维持一定的比例，即所谓的长径比（L/D）。从辊筒的工作强度方面考虑，为保证压延机成型制品的横向截面厚度误差精度要求，在设计确定辊筒长径比时，首先要考虑生产制品的特性条件。一般加工软质塑料（如薄膜）时，$L/D=2.5\sim2.7$，最大不超过 3；加工硬质塑料（如硬片）时，考虑到压延载荷较大，易引起辊筒变形而改变辊隙，长径比取得较小，一般 $L/D=2\sim2.2$。

同时长径比的大小还与制造辊筒的材料有关。制造材料为合金钢或铸钢时，比值可以取大一些；制造材料是冷硬铸铁时，比值要取小一些。长径比取得小，对提高制品精度有利，但会增加单位产量的功率消耗。由于对压延制品的精度要求越来越高，为减小变形，长径比可以适当小些。

辊筒直径增加，虽然转速不增加，但是线速度会增大，可以提高产量，同时提高制品质量，对保证达到生产薄膜的厚度公差要求有利。

国产压延机辊筒规格与长径比可参考表 7-6。

表 7-6　国产压延机辊筒规格与长径比

辊筒规格 $D×L$/mm	160×360	230×630	360×1000	450×1250	560×1500	650×1750	700×1800	750×2000	850×2240
长径比	2.25	2.74	2.78	2.78	2.68	2.69	2.57	2.67	2.64

3. 辊筒线速度与调速范围

辊筒线速度是表征压延机生产能力的重要参数，调速范围则是指压延辊筒的无级变速范围，习惯上用辊筒的线速度范围来表示。例如，$\phi700$mm×1800mm 四辊压延机，其调速范围是 $7\sim70$m/min。辊筒的线速度是由这台压延机的生产能力来决定的，辊筒的线速度增加，制品的生产能力就增加；如果降低线速度，则相应制品的生产能力也随之减小。由此可以看出生产能力与线速度是成正比关系。其生产能力计算方法见下式：

$$Q=60\rho veb\alpha\gamma$$

式中　Q——生产能力，kg/h；

ρ——超前系数，取 1.1 左右（物料速度与辊筒速度之比）；

v——辊筒线速度，m/min；

e——制品的厚度，m；

b——制品的宽度，m；

γ——物料的密度，kg/m³；

α——压延系数，根据生产条件定（一般固定加工某单一物料时，α 取 0.92；如果经常更换物料，因为换料时不出成品，α 可取 $0.7\sim0.8$）。

为了增加产量，达到压延机的设计生产能力，希望压延机辊筒能够在较高的速度条件下运转，但是在实际生产中要考虑生产安全和电动机启动条件。例如，因为生产初期操作工需要有一个操作调整过程，以保证操作工的人身安全和设备安全，所以应放慢辊筒的线速度。调速范围宽一些，这样可以满足一台压延机生产多品种制品的工艺要求。

在实际生产中，四辊压延机的最高速度与最低速度的比值在 10∶1 左右，也有超过 10∶1 的。如果驱动辊筒的电动机是整流子电动机，它的速度比值是 3∶1。

4. 辊筒的速比

辊筒的速比是指两只辊筒的线速度之比。四辊压延机一般以Ⅲ辊筒的线速度为标准，为便于对物料产生剪切，补充塑化，并使物料顺序贴在下一只辊筒上，以保证压延的正常进行，其他 3 只辊要对Ⅲ辊筒维持一定的速度差。

速比的选择应根据压延制品的用料性能及工艺条件要求来确定，一般为 $1\sim1.5$。例如，生产厚片时，由于用料量较大，要想使原料充分塑化并进行较好的混炼，压延机辊筒的速度一般要放慢一些。速度低于 25m/min 时，辊筒速比（在 1.2 左右）要大些；而生产较薄的软质薄膜时，由于原料少，塑化容易，辊筒速度在 40m/min 以上，这时原料不需要有较大的剪切作用，辊筒的速比应小些（在 1.1 左右）。

不同的压延机速比范围也不一样。

① 用三辊压延机生产软质聚氯乙烯薄膜时，速比范围如下：

Ⅰ辊筒：Ⅱ辊筒=1：（1.05～1.10）

Ⅱ辊筒：Ⅲ辊筒=1：1

② 用四辊压延机生产聚氯乙烯薄膜时，速比范围如下：

Ⅰ辊筒：Ⅱ辊筒=1：（1.45～1.50）

Ⅱ辊筒：Ⅲ辊筒=1：（1.1～1.25）

Ⅲ辊筒：Ⅳ辊筒=（1.2～1.3）：1

由于四辊压延机的 4 只辊筒分别由 4 个直流电动机带动，其速比可以根据需要任意调节。

5. 驱动功率

驱动功率是表征压延机经济技术水平的重要参数。目前，驱动功率还没有简便精确的计算公式，主要以实测数据为依据，运用类比法确定。

下面介绍两个近似公式：

（1）按辊筒线速度计算

$$N=745nv$$

式中　N——电动机功率，W；

　　　n——辊筒的数目；

　　　v——辊筒的线速度，m/min。

（2）按辊筒工作部分长度计算

$$N=745knb$$

式中　N——电动机功率，W；

　　　n——辊筒的数目；

　　　b——辊筒的有效长度，cm；

　　　k——计算系数（见表 7-7）。

表 7-7　计算系数 k 值

辊筒规格 /mm	辊筒最大速度 /（m/min）	k 值	
		三辊压延机	四辊压延机
$\phi 230\times 630$	9	0.54	0.54
$\phi 350\times 1100$	21		0.13
$\phi 450\times 1200$	27	0.21	
$\phi 550\times 1600$	50	0.31	0.34
$\phi 610\times 1730$	54	0.33	0.32
$\phi 700\times 1800$	60	0.50	0.48

以上两种方法的共同缺点是没有考虑被加工物料的性质和工艺条件，所以计算结果难免出入较大。把两者综合起来，用 $N=745kvb$ 来计算，对确定功率有一定的参考价值。

6. 压延机的精度

压延机的参数除前面提到的五个外，还有一个重要参数，即压延机的精度。因为压延机连续不断生产制品，压延速度较高（有时每分钟近百米），生产的制品若比要求的厚 0.001mm，那长时间累积起来的物料的损耗也十分惊人。同时它所加工制品的厚度较小，通常在 0.5mm 以下，制品允许的公差范围一般为±（0.01～0.05）mm（随制品的厚度和用途变化），所以压延机要能保证生产加工时的精密程度。由以上可看出压延机是重型而精密的机械。

以 SY-4Γ-1730 型塑料四辊压延机为例，压延机说明书中应给出的主要技术参数如下。

① 辊筒直径为 610mm。

② 辊筒线速度为 0～54.758m/min。

③ 辊筒间速比调节范围，Ⅰ辊筒∶Ⅱ辊筒∶Ⅲ辊筒∶Ⅳ辊筒=1.000∶1.275∶1.388∶1.461。

④ 压延制品最小厚度为 0.10mm。

⑤ 压延制品最大宽度为 1450mm。

⑥ 制品厚度偏差≤±0.02mm。

⑦ 辊筒工作面最高温度为 190℃。

⑧ 主电机数量为 4 台；Ⅰ辊筒、Ⅳ辊筒功率为 75kW，Ⅱ辊筒、Ⅲ辊筒功率为 100kW。

⑨ 辊距调节速度 v_{min}=0.37mm/min，v_{max}=1.5mm/min。

⑩ 辊距调节行程Ⅰ辊筒、Ⅳ辊筒为 50mm，Ⅱ辊筒、Ⅲ辊筒为 30mm。

⑪ 轴交叉调节速度为 v=2.5mm/min。

⑫ 轴交叉最大值为 0.5mm。

⑬ 减速箱传动比为 1∶40.247。

⑭ 辊距调节电动机功率为 1.5kW，1500r/min。

⑮ 轴交叉调节电动机功率为 0.75kW，1500r/min。

⑯ 挡料板调节电动机功率为 0.4kW，1500r/min。

⑰ 润滑油循环用电动机功率为 1.5kW，1000r/min。

⑱ 减速箱内润滑油用电机功率为 2.2kW，1000r/min。

⑲ 液压装置用电动机功率为 1.5kW，1000r/min。

GB/T 13578—2010 中规定的橡胶塑料压延机的主要参数见表 7-8。

表 7-8　压延机规格系列与基本参数

辊筒尺寸		辊筒个数	辊筒线速度/（m/min）≤	制品最小厚度/mm	制品厚度偏差/mm	用途
直径/mm	辊面宽度/mm					
230	630	2	10	0.50	±0.02	供胶鞋行业压延胶鞋鞋底、鞋面沿条等
		3	10	0.20	±0.02	供压力车胎胎面、胶管、胶带和胶片等
		4	10	0.10	±0.01	供压延软塑料
				0.20	±0.02	供压延橡胶
				0.50		供压延硬塑料或橡胶钢丝帘布
360	800	2	35	0.80	±0.03	供压延橡胶
	900 或 1120	3	20	0.20	±0.02	供胶布的擦胶或贴胶
		4	20	0.14	±0.01	供压延软塑料
				0.20	±0.02	供压延橡胶
				0.50		供压延硬塑料

辊筒尺寸		辊筒个数	辊筒线速度/(m/min) ≤	制品最小厚度/mm	制品厚度偏差/mm	用途
直径/mm	辊面宽度/mm					
360	900或1120	4	12	0.50	±0.02	供压延橡胶钢丝帘布
		5	30	0.50	±0.02	供压延塑料
400	1300	2	40	0.50	±0.03	供压延胶片
	700或920	2	40	0.20	±0.02	
		3				
		4				
	1000	5	50	0.50	±0.02	供压延塑料
450	600	2	45	0.20	±0.02	供压延磁性胶片
	1000	4				供压延橡胶钢丝帘布
	1200	3	40	0.10	±0.01	供压延软塑料
				0.20	±0.02	供压延橡胶
		4	40	0.20	±0.02	供压延胶片
	1430	4	70	0.10	±0.01	供压延塑料
	1350	5	40	0.50	±0.02	供压延硬塑料
500	1300	4	50	0.20	±0.02	供压延橡胶钢丝帘布
550	1000	2	20	0.40	±0.02	供压延磁性胶片
	1300	4	50	0.20		供压延橡胶钢丝帘布；EVA热熔膜
	1500	3	50			用于帘布贴胶擦胶
	（1600）	5	60	0.50		供压延塑料
	（1700）	3	50	0.20	±0.02	供压延胶片
		4	70	0.10	±0.01	供压延塑料
			60	0.20	±0.02	供压延胶片
（570）	1730	4	60	0.10	±0.01	供压延塑料
		5	60	0.10	±0.01	供压延塑料
610	1400	2	40	0.20	±0.02	供压延胶片
	1500	2	30	0.50	±0.03	供压延橡胶板材
	1500	3	50	0.10	±0.01	供压延塑料
	1500	4	50	0.20	±0.02	供压延橡胶钢丝帘布
	1730	3	50	0.20	±0.02	供压延橡胶
				0.10	±0.01	供压延软塑料
			30	0.50	±0.02	供压延硬塑料
		4	60	0.20	±0.02	供压延橡胶
				0.10	±0.01	供压延软塑料
			40	0.50	±0.02	供压延硬塑料
	1800	3	50	0.20	±0.02	供压延橡胶

辊筒尺寸		辊筒个数	辊筒线速度/(m/min) ≤	制品最小厚度/mm	制品厚度偏差/mm	用途
直径/mm	辊面宽度/mm					
610	1800	5	60	0.50	±0.01	供压延塑料
	（1830）	4	60	0.10	±0.01	供压延塑料
	2030	4	60	0.10	±0.01	供压延塑料
	2500	4	60	0.10	±0.01	供压延塑料
（610*/570）	2360	4	60	0.10	±0.01	供压延软塑料
	1900		60	0.10	±0.01	供压延软塑料
660	2000	4	70	0.50	±0.01	供压延塑料
	2300	4	70	0.10	±0.01	供压延软塑料
	2500	5	70	0.10	±0.01	供压延软塑料
700	1800	3	60	0.20	±o.02	供压延橡胶
			60	0.10	±0.01	供压延塑料
			70	0.10	±0.01	供压延塑料
700	1800	4	70	0.20	±0.02	供压延橡胶
			70	0.10	±0.01	供压延软塑料
			50	0.50	±0.02	供压延硬塑料
750	2000 或 2400	2	70	0.20	±0.02	供压延橡胶
		3	70	0.20	±0.02	供压延橡胶
		4	70	0.20	±0.02	供压延橡胶
			70	0.10	±0.01	供压延软塑料
800	2500	3	60	0.20	±0，02	供压延橡胶
		4	60	0.20	±0.02	供压延橡胶
			70	0.10	±0.01	供压延软塑料
850	3400	4	70	0.10	±0.01	供压延软塑料
960	4000	4	70	0.10	±0.01	供压延软塑料

注：1. 塑料压延机辊面宽度允许按 GB/T 321—2005 中优先数系 R40 系列变化。

2. 标准中涉及的速度等参数均以设定标准时现有产品为基础标定，如遇特殊要求或在现有标准上修改的产品可以等比参考标准产品。

3. 括号内的尺寸不是优选系列。

4. 标"*"的是异径辊压延机。

三、压延机的传动系统

压延机是高精度大型设备，功率消耗大，要求传动平稳，传动速度要求能在很大范围内进行调节，自动化程度高，所以对压延机传动系统有较高的要求。

1. 压延机传动系统的形式

塑料压延机的传动系统，按速比齿轮的传动方式，可分为开式齿轮传动、闭式齿轮传动等形式；按驱动电动机的数量，又可分为单电动机传动和多电动机传动两种形式。

2. 各种传动形式的特点

（1）单电动机开式齿轮传动形式　由电动机通过减速器带动大小驱动齿轮，进而通过设在辊筒一端或两端的速比齿轮来驱动辊筒旋转，采用切换牙嵌式离合器或者用拨键的方法改变速度比。图7-15为四辊压延机单电动机开式齿轮传动系统结构示意图。其特点是：制造成本低，节省占地面积，重量较轻，各辊筒的功率分配比较合理，可以降低主电动机所需的功率；但速比变换较麻烦，操作也不方便，装设辊筒轴交叉及预负荷等挠度补偿装置比较困难，开式的速比齿轮润滑情况比较差，使用寿命受到一定影响。

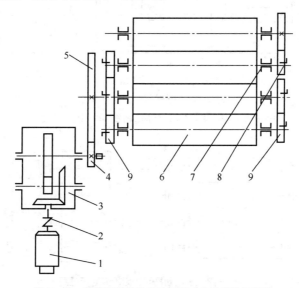

图 7-15　四辊压延机单电动机开式齿轮传动示意图

1—电动机；2—联轴器；3—齿轮减速机；4—小驱动齿轮；5—大驱动齿轮；6—辊筒；7—轴承；8—拨键；9—速比齿轮

（2）单电动机闭式齿轮传动形式　电动机通过减速器带动与辊筒相连接的万向联轴器驱动辊筒旋转。其所有的传动齿轮和速比齿轮都安装在一个密闭的传动箱体内。图7-16为四辊压延机单电动机闭式齿轮传动系统结构示意图。这种传动装置传动平稳，压延质量高，便于装设辊筒挠度补偿装置，在密闭状态下的速比齿轮润滑情况较好，寿命长且各辊筒的功率分配比较合理，可以减小主电动机的功率。但机械结构比较复杂，制造成本较高。由于速比齿轮是安装在齿轮箱内部的，不能随时随地任意改变速比，因此，采用这种传动方式的压延机辊筒的速比是固定的、预先设定好的，对压延工艺的变化适应性较差。

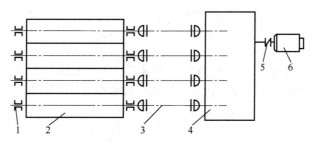

图 7-16　单电动机闭式齿轮传动系统结构示意图

1—轴承；2—辊筒；3—万向联轴器；4—齿轮减速机；5—弹性联轴器；6—电动机

新的单电机采用直流电动机通过单独齿轮箱和万向联轴节的传动形式（图 7-17）。传动齿轮与辊筒间用万向联轴节连接，传动系统的误差对制品精度不会带来影响。直流电动机调速范围稍宽，能够满足压延成型工艺要求，这种传动方式应用较多。

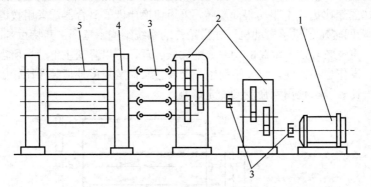

图 7-17　新式压延机传动方式

1—电动机；2—减速器；3—万向联轴节；4—机体；5—辊筒

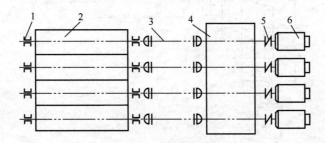

图 7-18　多电动机闭式齿轮传动示意图

1—轴承；2—辊筒；3—万向联轴器；4—齿轮减速机；5—弹性联轴器；6—电动机

（3）多电动机闭式齿轮传动形式　在减速机内部设置有几组各自相互独立的减速齿轮组。每个辊筒的一端装有万向联轴器，分别通过一台电动机经对应的齿轮组进行传动。图 7-18 所示为多电动机闭式齿轮传动。采用这种传动形式时辊筒间的速比可通过调节电动机的转速来灵活调节，其速比可在 0.5～1 之间任意变动，对压延工艺的变化适应性较好且传动平稳，还便于装设辊筒挠度补偿装置，提高压延精度。因此，新型压延机的传动系统多采用多电动机闭式齿轮传动，但要解决各辊筒功率分配的合理性。此外，各台主电动机的总功率较大，且结构较复杂，成本高。

四、辊筒

1. 辊筒的主要类型

辊筒是压延机的核心部件，辊筒与轴承、轴承壳、密封装置、润滑管路及辊筒内换热装置形成一个压延系统的辊筒组合。图 7-19 表示四辊压延机中一条辊筒组合图，此辊组合装有回拉装置。材质有铸造和锻造两种，按辊筒的加热方式、工艺和产品要求，可以采用中空辊或者钻孔辊的结构形式。

（1）中空辊　如图 7-20（a）所示，中空辊是在工作面部分轴心有中空空间，加热介质由轴头部通入传热介质给辊筒壁，然后再经回流管道流出辊筒外。此种结构成本低，但由于辊筒壁厚较大，升温和降温速度慢，热量消耗较多，故大多用在压延机Ⅰ、Ⅱ辊筒，用来处理投料再混炼和减薄进入Ⅲ、Ⅳ辊筒间胶料厚度，此种安排成本低，多用于普通压延制品。

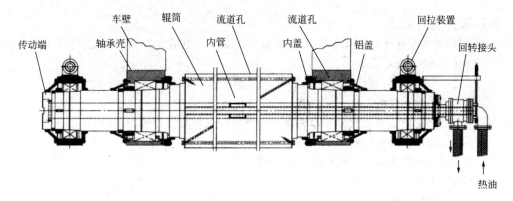

图 7-19　压延机辊筒组合图

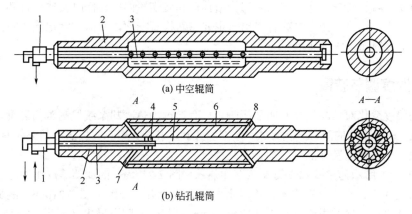

图 7-20　压延机辊筒

1—分配器；2—辊筒；3—小管；4—塞子；5—中心镗孔；6—纵向孔；7，8—倾斜径向孔

（2）钻孔辊　如图 7-20（b）所示，钻孔辊是在辊筒工作部分圆周上、辊壁下面钻了圈圆孔，每三个圆孔为一流道。钻孔辊的优点是辊筒传热面积大，传热介质离辊面近，变温快，辊面温度均匀，辊面误差小。缺点是加工费用高，孔内易结炭。钻孔辊结构一般用在Ⅲ、Ⅳ辊筒，易于控制产品均匀度和质量。

2. 辊筒的基本要求

辊筒是压延成型机的主要部件，其与物料直接接触并对它施压和加热，制品的质量在很大程度上受辊筒的控制。压延机辊筒的结构和开炼机辊筒的结构大致相同，但由于压延机的辊筒是压延制品的成型面，而且压延的均是薄制品，因此对压延辊筒有一定的要求。

① 辊筒必须具有足够的刚度与强度（工作面硬度达到肖氏 HS 65～75 以上，辊颈 HS 37～48），以确保在对物料的挤压作用时，辊筒的弯曲变形不超过许用值。

② 辊筒表面应有足够的硬度，同时应有较好的耐磨性、耐腐蚀性及抗剥落能力。

③ 辊筒的工作表面应有较高的加工精度，粗糙度 $Ra>0.1～0.125$，以保证压延制品的尺寸精确和表面粗糙度。现在压延机辊面粗糙度能到 13 级，即 0.025，一般均需达到 12 级，即 0.05。

④ 辊筒的材料应具有良好的导热性，辊筒工作表面部分的壁厚应均匀一致。

⑤ 辊筒的结构与几何形状应确保在连续运转中，沿辊筒工作表面全长温度分布均匀一致，并且有最大的传热面积。

因此，压延机辊筒材料一般采用冷硬铸铁和合金冷硬铸铁。铸钢与锻钢表面需磷化处理，复合材料表面硬化处理以增加冷硬层硬度、机械强度、耐磨性和耐热性。

3．生产操作注意事项

压延制品的外观质量取决于辊筒工作面表面光洁度（粗糙度），所以在生产操作过程中对压延辊表面的保护尤为重要。

① 禁止用金属物品接触辊面。

② 禁止用手触摸辊面。

③ 停车前一定要调整辊距到手册要求，不准辊间无料时打开辊距。

④ 不准工作服口袋中装有金属物品。

⑤ 生产过程中注意传送带物料中有无异物。

⑥ 机台附近要保持无杂物。

4．维修保养注意事项

检修前做好辊轮防护工作，防止金属物料掉落和碰伤轮面；检修时要放好拆卸零件，螺钉等必须专人清点，检修后如丢失或有多出一定要重新检查一次，并需文字记载；同样禁止用手触摸辊面，必要时戴上干净手套。

五、辊筒温度调节装置

辊筒的温度变化对制品精度有明显影响，只有通过加热冷却系统控制辊筒温度，才能确保制品的精度。根据辊筒的两种结构形式，即空腔式和多孔式，相应的加热冷却系统有蒸汽加热、电蒸汽加热、电加热以及导热介质加热等几种。

图 7-21（a）所示为空腔式辊筒及蒸汽加热法，图 7-21（a）的加热蒸汽由中心管外边沿箭头 2 所指方向引入，充满辊筒内腔，冷凝水由中心管箭头 1 排出。图 7-21（b）的加热蒸汽由中心管箭头 2 引入，通过中心管上小孔喷出，冷凝水从辊筒腔内排出（箭头 1）。

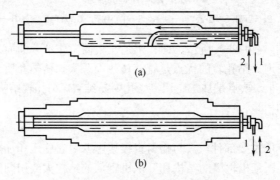

(a)

(b)

图 7-21　空腔式辊筒及蒸汽加热法

采用这种加热方法，辊筒高速运转时，辊筒间隙中的熔料间产生过高的剪切摩擦热，无法迅速逸散，因此，不能满足高速精密压延成型的要求。但由于其具有设备结构简单，加工制造和维修方便等特点，多用于中小型低速压延机上。

电-蒸汽加热法，是在充满软化水的辊筒内腔中安放两个电极 N_1 和 N_2，如图 7-22 所示，通过滑环从外部引入电流来加热软化水，使其汽化，来加热辊筒。为了增加导电性，水中加有电解质。为防止辊筒在高速转动下过热而设置了水冷却装置。冷却水通过旋转接头引入辊筒以调节温度。这种方法在没有蒸汽源或蒸汽源压力不足以维持高温的情况下，显示出独特的优越性，但因电流的引入和绝缘较困难，且温度沿辊面全长分布不均而不常采用。

钻孔式辊筒通常采用导热介质进行加热和冷却，如图 7-23 所示。这种辊筒的传热面积为空腔式辊筒的 2～2.5 倍。由于传热面积大，而且导热介质以很高的速度由接近辊筒外表面的许多

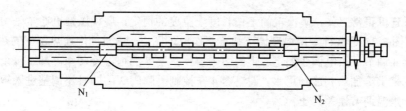

图 7-22　空腔式辊筒电-蒸汽加热法

孔道进入辊筒，因此，辊筒表面对温度反应灵敏。导热介质加热方法使辊筒工作表面温度在全长方向的温差在±1℃内。由于没有像空腔式辊筒两端轴颈肩部处那样加热不到的死角，故较好地解决了辊筒表面温度不均匀对制品精度的影响，确保了压延制品的精度。但由于钻孔，辊筒刚度有所下降，同时这种结构比较复杂，加工制造有一定的难度，造价较高，因此，一般在大、中型精密压延机上使用。

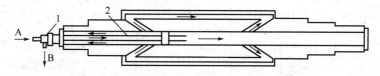

图 7-23　钻孔式辊筒及导热介质加热冷却方法

A—过热水进入口；B—过热水排出口

1—旋转接头；2—进回水输送隔离装置

导热介质通常采用油或过热水。油加热多用于加热温度要求较高的塑料压延机上。图 7-24 为采用过热水加热和冷却辊筒的循环系统。

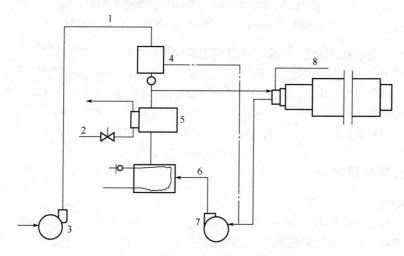

图 7-24　辊筒过热水循环系统工作原理图

1—补水；2—冷却水；3—给水泵；4—补蓄器；5—冷却器；6—电加热器；7—热水泵；8—旋转接头

每个辊筒由一个独立的循环回路供应过热水，且完全自动控制。需要加热时，电加热器自动开启进行加热，同时冷却器自动冷却；需要散热时，电加热器停止加热，而开启冷却器进行冷却。冷却水量的大小也完全自动调节。漏损的过热水由给水泵通过补偿器预热自动供给。由于过热水的工作压力一般为 0.1～0.3MPa，因此不会汽化。为避免水垢在辊筒内部和管路系统中沉积而影响传热，作导热介质的水必须经过软化处理。

为使压延机正常工作，确保辊筒工作长度上温度的恒定，现代压延机通常采用专用的温度调节装置。图 7-25 是这种专用温度调节装置工作原理图之一。辊筒用换热器 1 的热水加热，水温由调温器 4 调节，热电偶 3 测定。辊筒由来自换热器 7 的恒温冷却水冷却。每个辊筒均有单独的水泵 5 来供给加热和冷却用水。调温器 4 在控制隔膜阀 2 的同时还调整进入辊筒的热水和冷水流量。水温调节误差为±3℃。

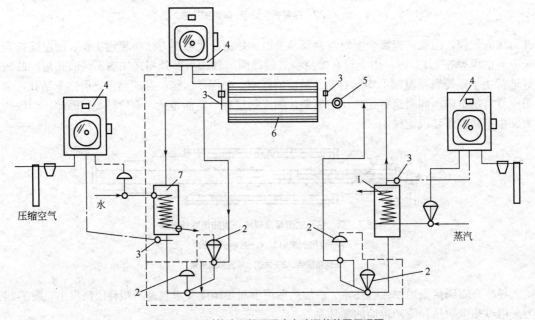

图 7-25　过热水和辊面温度自动调节装置原理图

1，7—换热器；2—隔膜阀；3—热电偶；4—调温器；5—泵；6—辊筒

测量旋转辊筒本身的温度，通常采用结构不同的接触式热电偶或无触点放射式温度计。一般采用弓形热电偶，贴靠在辊筒上。这种测量方法的缺点是热电偶与辊筒因摩擦而生热。由于辊温精确测量难度较大，所以，温度的调整一般根据辊筒排水温度进行。目前，采用低压高热效应的热油加热循环系统，辊面温度可超过 200℃，温差只有±1℃，用于压延透明硬片制品。热油循环系统代替锅炉供蒸汽，加热已成为发展趋势。

六、辊筒挠度及其补偿

1. 辊筒的挠度

在生产中压延机辊筒由于横压力的作用会产生一定的弯曲变形，其变形量即称为辊筒的挠度，辊筒的挠度会引起压延机辊筒之间的辊隙发生变化，如图 7-26 所示。

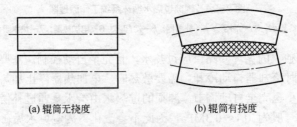

(a) 辊筒无挠度　　　　　　(b) 辊筒有挠度

图 7-26　辊筒的挠度引起辊隙的变化

2. 影响辊筒挠度的因素

（1）辊筒的排列形式　压延机辊筒有多种排列形式，不同排列形式的辊筒所受横压力的大小、方向也有所不同，因此其辊筒挠度也会有所不同。

（2）辊筒的轴向位置　压延机工作时，通常辊筒在轴向不同位置所受横压力的大小是不同的，横压力的最大值一般在辊筒轴向中点处。因此，辊筒在轴向中点处的挠度最大，因而使辊筒辊隙中间大而两端小，压延成型的制品幅宽方向厚度不一，呈现中间厚两端薄的现象，影响制品的尺寸精度。

（3）辊筒材料的弹性模量　在辊筒结构、尺寸、受力大小都相同的情况下，辊筒材料的弹性模量越大，辊筒的挠度就越小。

3. 辊筒挠度补偿

辊筒挠度补偿的方法主要有中高度法、轴交叉法、反弯曲法三种。

（1）中高度法　把辊筒工作表面加工成中部直径大、两端直径小的腰鼓形，以补偿辊筒挠度的方法称为中高度法。其辊筒工作部分中间半径与两端半径之差值，称为辊筒的中高度，如图 7-27 所示，h 即为辊筒的中高度。

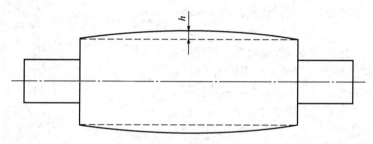

图 7-27　辊筒的中高度

通常辊筒中高度的补偿曲线是采用圆弧、椭圆、抛物线来近似补偿的，h 一般为 0.02～0.1mm，最大不大于 0.2mm。由于压延机各辊筒工作过程中受力情况不同，因此各辊筒中高度补偿也有所不同。

由于中高度曲线与辊筒挠度曲线并非完全相同，加之在生产过程中辊筒的挠度曲线是随横压力的变化而变化的，因此，中高度法通常应与其他补性方法配合使用，而不宜单独采用。中高度与其他补偿方法配合使用时，中高度值 h 取 0.02～0.06mm。

（2）轴交叉法　轴交叉法是指将相邻两辊筒中的一个辊筒绕两辊筒轴线中点旋转一个微小的角度，使辊的轴线成空间交叉状态，形成"中间小两端大"的辊隙，用来补偿挠度，如图 7-28 所示。与中高度法相比，由于其交叉量随时可调，因此在挠度补偿上具有较好的灵活性和适应性。轴交叉后辊筒中部间隙无变化，越靠近辊筒两端间隙的增量越大。轴交叉后辊筒间隙的变化情况如图 7-29 所示。

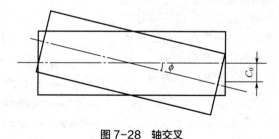

图 7-28　轴交叉

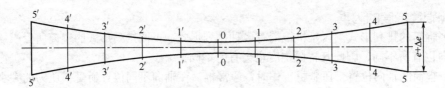

图 7-29　轴交叉后辊筒间隙变化

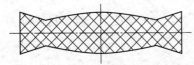

图 7-30　轴交叉补偿后制品断面形状

由于辊筒的挠度曲线是轴线中部变形量大、两端小，若与轴交叉曲线叠加起来，则可使辊筒弯曲变形造成的制品中间厚两边薄的状况，变为中部和两端厚，靠近中部两侧薄的"三高两低"状况，从而提高制品幅宽方向厚度的均匀程度。轴交叉补偿后制品断面形状如图 7-30 所示。

由于轴交叉后制品仍存在"三高两低"现象，且轴交叉量越大，"三高两低"现象越明显。因此，轴交叉角 ϕ 不宜太大，一般为 $0.5°\sim2°$。

轴交叉量的调节靠轴交叉装置来完成。轴交叉装置主要有球形偏心轮式、双斜块式、液压式等三种形式。

图 7-31 所示为轴交叉装置。电动机 1 经过行星摆线针轮减速器 2、蜗杆和蜗轮 3 使蜗轮轴 4 转动，在调整螺母 5 内为螺杆 6，并在其上面装有弧面支座 7，弧面支座 7 紧紧压合轴承体弧面块 8。由于蜗轮轴 4 与调整螺母 5 转动，螺杆 6 则上、下运动，因而带动辊筒轴承 9 及辊筒 10 偏移，使之与另一平行辊筒产生轴向交叉。辊筒轴承 9 靠油压缸 11 和柱塞 12、压杆 13 来平衡。

（3）反弯曲法　反弯曲法也叫预应力法，是在辊筒轴承外侧两端施以外加负荷，使辊筒产生微扭弯曲，以补偿辊筒挠度的一种方法。用这种方法使辊筒产生的弯曲方向正好与辊筒工作负荷引起的变形方向相反，从而可以抵消一部分形变，达到挠度补偿的目的。

由于反弯曲补偿曲线比较接近辊筒在负载工作下的实际挠度曲线，因此反弯曲法产生的挠度补偿效果要比中高度法和轴交叉法好。但是，由于反弯曲法对挠度的补偿作用范围非常小，挠度补偿值通常不超过 0.075mm，因此一般反弯曲法不单独使用，仅用于精密压延机在压延高精度制品时，做最后精密微调。因为过大的外加负荷和应力集中，使辊筒轴承磨损加重，难以保证正常的工作寿命。

七、预负荷装置

预负荷装置，又称拉回装置或零间隙装置，是

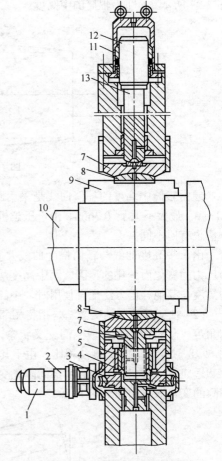

图 7-31　压延机轴交叉装置

1—电动机；2—行星摆线针轮减速器；3—蜗轮；

4—蜗轮轴；5—调整螺母；6—螺杆；7—弧面支座；

8—弧面块；9—辊筒轴承；10—辊筒；11—油压缸；

12—柱塞；13—压杆

压延机中设置的一种为消除辊筒浮动,在辊筒的轴承外侧两端施以外加负荷,使辊筒保持在预定位置运转的装置。

通常压延机辊筒的轴颈与轴瓦、辊距调节装置等之间必须保留合理的间隙,以防止因温度升高而产生膨胀,使轴颈与轴瓦、辊距调节装置等发生挤压,影响传动,同时适当的间隙还可容纳润滑油,对其进行润滑,保证辊筒能良好运转。但间隙的存在使压延机工作时,在辊筒负荷发生变化的情况下,会引起轴颈在该间隙范围内产生跳动,因此使辊隙发生变化,甚至还可能在辊间缺料时使辊筒发生碰撞。通常在每个辊筒轴承体的外侧装一个较小的辅助轴承体,用预负荷装置对这个辅助轴承体施以足够的外力(液压或机械)以消除间隙,防止辊筒抖动。预负荷装置可将辊筒固定在工作位置上,防止辊筒在轴承间隙内浮动,从而可保护辊筒,还能提高压延制品的精度。

图 7-32 所示为单液压缸预负荷装置,当往液压缸内通入压力油时,活塞及活塞杆带动轴承体及辊筒移动,使辊筒得到预负荷。预负荷装置在辊筒工作前即应启动,保证辊筒达到预先指定的位置。

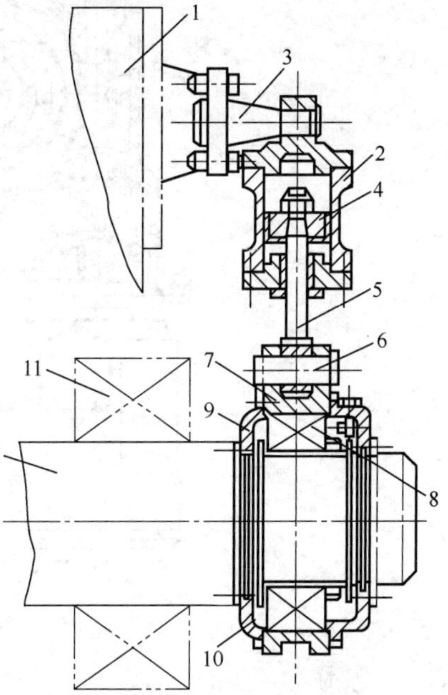

图 7-32　单液压缸预负荷装置

1—机架;2—油压缸;3—支承轴;4—活塞;

5—活塞杆;6—销轴;7—外壳;8—滚动轴承;

9—上压盖;10—下压盖;11—主轴承;12—辊筒轴颈

八、辊距调节装置

压延机辊距的调节是通过专设的辊距调节装置来进行的。该调节装置在压延机上成对出现,位于压延机左右机架上并与辊筒轴承体相连接。一般压延机有 n 个辊筒,即有 $n-1$ 对辊距的调节装置。

调距装置设在左右机架需要移动辊距的部位,与两端辊筒轴承体相连。其结构根据驱动形式分为手动、电动和液压传动三种。手动调距装置结构简单,但操作不方便,目前仅在小型压延机中使用。液压调距装置,特点是调节速度快,效率较高,但结构复杂,制造困难。电动调距装置是应用最广泛的结构。

电动调距装置一般又分为整体式和单独式两种。全部调距装置只用一台电机和一台减速器传动的为整体传动。每个调距端配用一套电机和减速装置的为单独传动,整体传动调距装置操作复杂,使用不方便,精度不高,现已很少采用。图 7-33 所示是用两级蜗杆蜗轮减速器的单独电机调距装置。

压延机辊距的调节装置一般都设有快速粗调和慢速细调两级调节,粗调用于空车时较大范围的快速调节,细调用于生产中调节。也有的设有第三速度以满足自动微调。通常快速为 2~5mm/min,慢速为 1~2mm/min,微调速度为 0.3~0.5mm/min。

九、辊筒轴承及其润滑

1. 辊筒轴承

塑料压延设备中轴承是确定旋转轴与其他零件相对运动位置、起支承或导向作用的零部件,如用于压延机辊筒轴颈与机架支承部位的连接。轴承的主要功能是支承机械旋转体,用以降低设备在传动过程中的机械载荷摩擦系数。

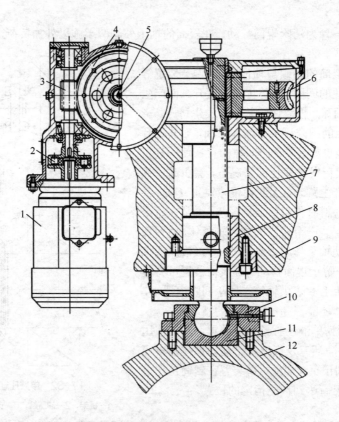

图 7-33 两级蜗杆蜗轮传动的调距装置

1—双向双速电动机；2—弹性联轴节；3—蜗杆；4，6—蜗轮；5—蜗杆轴；7—调距螺杆；
8—调距螺母；9—机架；10—压盖；11—止推轴承；12—辊筒轴承

压延机是在高温、重载、低速条件下工作，要求其辊筒轴承承载能力大、摩擦系数小，所用材料导热能力强、制造精度高、拆装方便。承载能力大，可以适应对辊筒横压力作用大的硬质物料成型；另外，其摩擦系数小，可以减小辊筒的运行阻力，从而减少动力消耗；轴承所用材料导热能力强，可以很快将摩擦产生的热量和从辊筒轴颈传导过来的热量散发出去，防止过热现象的发生；制造精度高，可以提高压延制品的厚度精度；拆装方便，为轴承的日常维护保养创造了有利条件。轴承分滑动轴承与滚动轴承两种。

2. 辊筒轴承润滑

辊筒轴承的润滑对于保证轴承的正常工作有着重大的意义。在压延机轴承润滑过程中除了保证轴承有足够的润滑油来维持湿润滑，减少因转动产生的摩擦热外，还需降低辊筒本身传给轴承部位的热量。由润滑油将热量带出轴承外，冷却后再压回轴承，轴承体温度一般控制在 80℃左右，这样才能保证轴承不会烧坏和不破坏润滑油品质。

辊筒轴承直接影响压延机工作状况，使用过程中应注意以下几方面的问题：

① 在向轴颈上装配双列滚子轴承时，轴承内圈必须热装到轴颈上，并施加适当的轴向压力直至冷却。冷却后，两端轴承内圈应和辊筒工作表面一起精磨，以使二者的旋转中心在同一条直线上。其他轴承的安装也需要进行热装，可不与辊面一起研磨。

② 根据工作温度及热膨胀量大小，合理确定滚动轴承内、外圈与滚动体之间的游隙，使辊筒及轴承受热膨胀后应当留有适宜的游隙，并且辊筒两端的轴承游隙应基本一致。

③ 必须保证良好的润滑条件，润滑油必须清洁，油量适中，润滑油的温度应不超过规定

的数值。

④ 保证辊筒两端轴颈工作温度基本一致，尤其是加热端温度不要过高，以免两端轴承受热膨胀量不一致，影响轴承游隙量，进而影响压延质量。

⑤ 在安装滚动轴承时，切不可用蛮力撞击轴承，以免损坏轴承内、外圈或滚动体；在拆卸滚动轴承时，应使用手动液压泵，向辊筒轴颈端面处的注油孔打入高压油，使轴承内圈胀大后再行拆卸，同时高压油还兼有润滑轴承与轴颈接触面的作用。

第三节　压延辅机

不同制品的压延生产线所用辅机装置有所不同，具有代表性的塑料薄膜压延成型生产线主要由树脂储存装置、计量装置、高速混合机、密炼机、挤出机、压延机、引离装置、压花装置、冷却装置、测厚装置、张力调节装置、自动切割、卷取装置等组成，如图 7-34 所示。

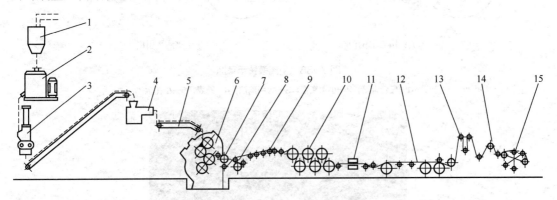

图 7-34　塑料薄膜压延成型联动装置

1—计量装置；2—高速混合机；3—密炼机；4—挤出机；5—供料带；6—压延机；7—引离装置；8—压花装置；9—缓冷装置；
10—冷却定型装置；11—自动测厚装置；12—输送带；13—张力调节装置；14—切割装置；15—卷取装置

一、引离装置

引离设备又称解脱或牵引，是将压延成型的塑料制品从转动辊筒上均匀、连续地引离出来，并以一定的速度将薄膜向后牵引输送的装置。通常由引离辊、升降机构、导向同步机构、传动系统和温控管路等组成。一般小型三辊压延机不设置此类装置，薄膜靠压花辊或冷却辊直接引离出来，而四辊压延机则设此装置，其作用除了从压延机辊筒上均匀、无褶皱地剥离已成型的薄膜外，还对薄膜进行一定程度的拉伸。

目前有的压延机在引离辊之前安装一些小解脱辊，是为了减少薄膜从压延辊上引离时拉伸而设置，它们与大引离辊的距离是可调节的。

引离辊与最后一只压延辊筒的距离为 70～150mm，一般位置要比压延辊筒的位置低一些。否则由于包辊面大，就要增加引离速度，对薄膜的热拉伸就会增加，对制品质量不利。另外，有的压延机在大引离辊之后安装一些小托辊，托住引离出来的薄膜。

一般引离速度要大于压延速度。最简单的装置如图 7-35 所示。引离装置实物图见图 7-36。

（1）引离辊　引离辊主要有中空式和夹套式两种结构形式，其结构如图 7-37 所示。由于需要从机架外侧向引离辊导入温控介质，因此为了方便引离辊筒的安装与检修，通常将引离辊的轴颈加装一段接轴,使其从机架中间穿出去,将温控介质通过接轴引入辊筒,实现温度的调节。接轴与轴颈之间以细牙螺纹相连接,并在接缝处装有纯铜垫,以增加其连接强度和防止温控介质的泄油。辊筒加热端轴颈的内部是中空的,可通温控管路。引离辊的表面一般要进行镀硬铬处理,镀铬后一般还应进行消光、表面研磨处理或者抛光成镜面。也有的辊筒表面要喷涂一层聚四氟乙烯树脂,以防止薄膜黏附在引离辊表面上,有时在实际工作时引离辊包上布,以吸收凝聚的增塑剂。

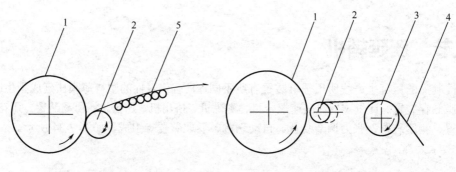

(a) 大引离后小托辊　　　　　　　　　　(b) 小引离后大引离

图 7-35　引离装置示意图

1—压延辊筒;2—小引离辊;3—大引离辊;4—薄膜;5—小托辊

图 7-36　引离装置实物图

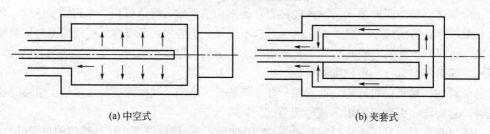

(a) 中空式　　　　　　　　　　　　　　(b) 夹套式

图 7-37　引离辊内部流道示意图

　　中空式辊筒结构简单、制造容易、质量轻、成本低,但温控介质在其中的流动速度较慢,且各处并不均匀,温控介质在内部存量比较大,加热、冷却速度较慢,温度惯性比较大。夹套式辊筒温控介质在夹层中流动速度较快,对温度控制的反应比较灵敏,辊筒内部温控介质存量较小,但结构复杂、制造工艺较烦琐、重量大、造价较高。

引离辊温度和速度是影响薄膜解脱的主要因素。生产薄膜时一般引离速度比主机压延速度高25%～30%。引离辊一般采用小直径的辊筒，工作时引离辊的转速较高。由于辊筒在生产过程中不可避免地会产生偏重现象，使辊筒在离心力的作用下引起辊面线速度产生周期性脉动，同时还会对传动系统和轴承等产生冲击，缩短其使用寿命。因此，通常对于引离辊应采取一定的措施（如提高制造精度、做动平衡试验等），最大限度地减小辊筒的偏重，以保证引离装置能够高速、稳定地正常运行，进而提高制品的质量，同时也可以降低偏心力对设备造成的损害。

（2）升降机构　采用多辊引离装置时，由于引离辊的相互间隙很小，只有3～5mm，因此将薄膜从主机辊筒引到引离辊上是非常困难的。为了引离操作方便，通常将奇数号引离辊做成可上下升降的。当需要引膜时将其降下，薄膜从上、下两排辊筒间穿过，之后再将其升起，使各引离辊保持在一个平面内的工作状态。通常情况下，引离辊的升降机构采用液压式或机械式结构，如果引离辊的数量较少、重量较轻，则也可采用气动式结构。

（3）导向同步机构　导向同步机构是保持引离辊在引膜过程中操作平稳性的一个专门机构。导向同步机构主要有齿轮齿条导轨式、丝杆螺母导轨式等结构形式。

二、压花装置

所谓压花即在薄膜（或片材）表面压制上所需的凹凸花纹，压花装置是对由引离来的未冷薄膜、片材的表面进行压花的装置。压花装置一般由橡胶辊、刻花钢辊、液压装置及传动机构等组成。压花装置的两辊内部均通水冷却，内部由旋转接头通入定温（20～70℃）的水进行冷却，压花所需压力为0.5～0.8MPa。压花装置一般以驱动橡胶辊或压花辊来带动另一辊，为变速方便，通常用直流电机单独驱动。

图7-38是压花装置示意图，压花装置由压花辊和橡胶辊组成，其配置有直立式、水平式和倾斜式等。按照功能的不同可分为单面压花装置和双面压花装置。根据生产工艺流程的要求、压花装置与前后设备的相互关系、橡胶辊和钢辊的更换频繁程度等条件不同，生产中压花装置的结构形式也有所变化。

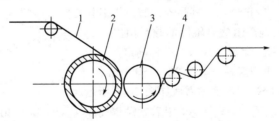

图7-38　压花装置示意图

1—PVC薄膜；2—橡胶辊；3—压花辊；4—导辊

橡胶辊和刻花钢辊也可以有中空式和夹套式两种结构形式。压花胶辊是在钢制辊筒的表面覆盖一层能够耐高温的硅橡胶（或三元乙丙橡胶，一般视工艺需求而定），厚度一般在15～25mm之间，邵氏硬度一般在50～70，硬度太高会使压出的花纹不清晰。如果橡胶辊有老化现象（如胶层有裂纹、脱层、发黏等），则应及时进行更换。

压花钢辊的结构与胶辊相似，但是表面没有覆盖橡胶，一般由厚钢管经机械雕刻或电子雕刻成型，得到特定的图案花纹，为防锈和保证薄膜表面质量，表面往往电镀。这样，在左、右液压缸的作用下，当钢辊与胶辊压合时，就在从二者之间通过的薄膜表面压上了特定的花纹，随后进入冷却装置，进行冷却定型。压花胶辊和钢辊一般要求做动平衡试验，使胶辊和钢辊之

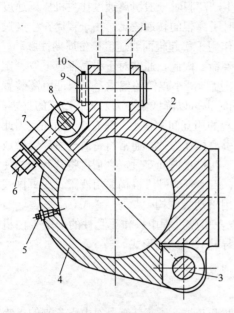

图 7-39　快换轴承体结构

1—液压缸；2—固定半轴承体；3—转轴；4—活动半
轴承体；5—油杯；6—锁紧螺母；7—锁紧螺栓；
8，9—销轴；10—开口销

间的线压力保持恒定，避免在高速运转条件下，因辊筒偏心力的影响而导致压花的深浅不均。

为了适应换辊的需要，通常胶辊和钢辊两端的轴承体都设计成可快速更换的结构，如图 7-39 所示。松开锁紧螺栓，沿轴承体的剖分面将其打开，可取出或装入辊筒，滚动轴承是装在辊筒上的，换辊时不需要拆卸而随辊筒一起更换。这种方法简便且灵活，也节省操作时间，特别适用于频繁更换花纹种类的情况。同时，由液压缸带动的辊筒的轴承体安装在一个固定的滑槽里，通过燕尾槽或 T 形槽来达到导向和定位的目的。

三、冷却装置

压延制品从剥离压延机辊筒起即开始逐渐降温，但经剥离辊、压花装置后，在卷取前必须经过冷却定型。冷却装置通常由多个表面镀铬的金属辊筒组成。为了获得表面质量较高的制品，辊筒的外层通常用钢板卷成或用无缝钢管制成（大冷却辊筒一般用钢板卷成，小冷却辊筒一般采用无缝钢管直接制造），经过表面加工后再进行镀铬、表面研磨或镜面抛光处理，以期获得好的辊面质量，保证制品具有很高的表面质量。同时，为了减少辊筒偏重带来的不利影响，冷却辊筒也要做静平衡或动平衡。由于压延辅机的生产线速度都很高，因此一般采用做动平衡的方法，使薄膜在冷却时不会受到过大的附加拉伸力，使膜宽和厚度保持均匀，也可降低传动系统的故障率。

常见排列方法如图 7-40 所示。制品冷却装置由多只卧式排列的表面磨砂的辊筒组成。辊筒的数目由生产速度、制品厚度、辊筒直径、室温、冷却效率等确定，一般由 3～12 个辊筒组成，辊筒直径一般为 200～800mm。

为提高冷却效率，冷却辊筒通常做成如图 7-41 所示的夹套螺旋式，冷却水从辊轴一端进入，沿着紧贴辊筒表面的夹套螺旋槽前进，从另一端引出。若为进一步提高冷却能力，可增大夹套螺槽升角，采用双头或三头螺旋，如图 7-42 所示。为使冷却水充满冷却辊的夹套螺旋槽，冷却水的出水管应高出冷却辊的上表面。

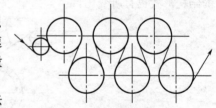

图 7-40　冷却辊筒排列方式

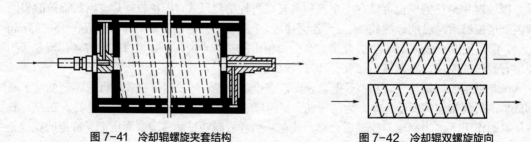

图 7-41　冷却辊螺旋夹套结构　　　图 7-42　冷却辊双螺旋旋向

四、测厚装置

人工测量压延片材或薄膜厚度时测量频繁，误差较大，不能及时纠正，易造成质量不稳定和浪费。现代压延联动装置中设置了自动测厚装置。厚度尺寸是压延成型评定制品质量的主要数据之一，这对保证产品质量十分重要。现在压延机成型制品的厚度检测有多种仪器，例如机械接触式测厚、放射线同位素法测厚和电感应法测厚等。在压延机联动装置中普遍应用的有电感应测厚仪和同位素测厚仪。测厚仪通常安装在压延机和冷却机之间，沿压延产品幅宽两端各设一套实时测试，或沿垂直压延方向来回扫描检测。

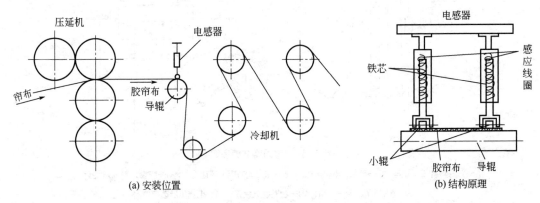

图 7-43　电感应测厚仪安装位置及结构原理

图 7-43 是生产胶帘布时电感应测厚仪安装位置及结构原理。电感应测厚仪由可转动的小辊、铁芯及感应线圈等组成，胶布从小辊与导辊之间通过，随着胶布厚度的变化，小辊产生微量的上、下移动，使电感电流变化，电流信号经过放大后，由指示仪反映厚度的变化。使用时，设定标准厚度，把厚度仪调整为零。当厚度有偏差时，指示仪的指针产生偏摆，根据指针的读数，可调整胶片厚度，这种电感应测厚仪测量精度可达±0.005mm。

放射线同位素测厚仪，其工作方式如图 7-44 所示，利用放射性同位素的 β 射线具有穿透橡胶、塑料和纺织物的能力，射线透过的强度与被测物厚度按一定关系衰减的原理而设计。检测时，当厚度一定时，穿透量也一定，当厚度变化时，穿过制品的射线强度会随制品的厚度变化而变化。这种测厚仪可测制品厚度为 0.10～2.10mm，测量精度误差为±0.005mm。

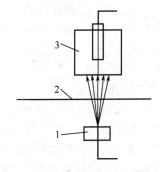

图 7-44　β 射线工作方式
1—β 射线源；2—被测制品；3—β 射线接收器

五、张力控制装置

在压延制品生产中采用中心卷取方式时，为了适应其生产的连续性和高速化，保证卷取速度与压延生产速度相吻合及卷取时制品表面的平整，必须使用张力调节装置。

图 7-45 所示为张力调节装置的原理图。该装置由张力调节辊、与调节辊固结的链条以及和链条相连接的电位器等组成。张力调节辊借助于制品的张力在支架长槽内浮动。当薄膜的压延速度与卷取速度相等时，张力调节辊应浮在长槽的中间位置（张力的大小通过设在张力辊两端的重锤重量来调节）。如果薄膜的压延速度大于卷取速度，薄膜的张力将减小，张力辊在自重

和重锤重力的作用下将向下移动，在下降过程中，通过链条链轮带动电位器以调节卷取电机，使卷取电机的转速增加，从而使卷取速度加快，张力增大，同时，张力辊上升回到中间位置，使卷取工作正常进行。

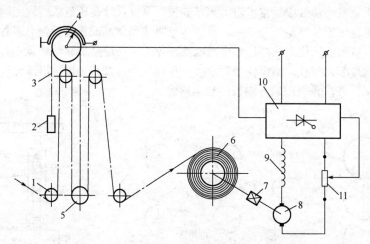

图 7-45　张力调节原理图

1—导辊；2—重锤；3—链条；4—电位器；5—张力调节辊（浮动辊）；6—膜卷；7—联轴器；
8—卷取电机；9—电阻；10—触发整流装置；11—电流负反馈电位器

六、切边装置

切边装置的作用是得到符合制品要求的宽度尺寸，切掉制品幅宽多余的边料。通过切边装置的距离调整，来保证制品宽度在公差范围内。切边装置可设在压延机最后一个辊筒的工作面两端，也可设在冷却定型辊筒之后。切边装置有多种类型，常用的有固定直板刀式和旋转圆盘刀式。

1. 固定直板刀式

固定直板刀式切边装置的切边刀片安装在一个导向套上，导向套可以在支承轴上做左、右滑动。支承轴的两端用滚动轴承支承，并装有手轮。工作时松开紧定螺钉，转动手轮使刀片的刃部向下运动，穿透制品将制品划开。将刀片与制品平面调整到一定角度后，将紧定螺钉锁紧，使支承轴不被制品带动旋转，保持现有的圆周状态，进行连续工作。在支承轴上安装有刻度尺，可以通过读取尺上的分度值来获得切边后制品的宽度尺寸。该切边装置结构如图 7-46 所示。裁下来的边料是连续带状的，在进行回收时需要使用边料回收装置。边料回收时，电动机带动牵引辊转动，与带手柄的压紧辊形成一个牵引系统。压下手柄，使压紧辊和牵引辊分离，将带状边料导入辊缝中，松开手柄，依靠压紧辊的压力压紧边料，将其向生产线以外指定的地点输送。如果输送的距离较长，则通常要采用两台或两台以上的边料回收装置；为了防止边料在辊缝中打滑并增加牵引力，有时还在牵引辊上刻上纹路。牵引电动机通常采用交流变频电动机并与压延机联动，使牵引速度与薄膜速度保持同步。固定直板刀式切边装置结构简单、制造容易、使用方便，不需要额外的动力源，多用来裁切薄膜或较厚的软片。

2. 旋转圆盘刀式切边装置

旋转圆盘刀式切边装置是通过一对相互啮合、带有动源的圆盘刀片，组成一个类似剪刀一样的结构，利用其与旋转刀套间产生的剪切作用，将制品裁切开来。这种切割装置结构比较复杂，通常自带专门的机构进行边料回收，需通过电动机来拖动切刀工作，造价较高。一般用于裁切较厚、较硬的片材，如人造革、硬片等制品。

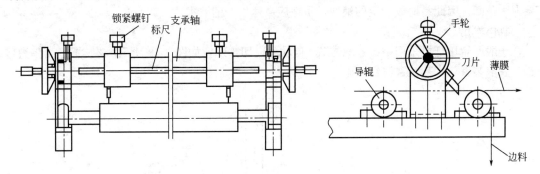

锁紧螺钉　标尺　支承轴　手轮　刀片　薄膜　导辊　边料

图 7-46　固定直板刀式切边装置结构示意图

七、卷取装置

卷取装置的作用是把经冷却定型的塑料制品连续地收卷成捆。卷取装置按照其工作方式可以分为表面摩擦卷取和中心卷取两种。表面摩擦卷取是卷取心轴（或薄膜卷）依靠与其接触的卷取辊筒间的摩擦力的作用而旋转，并将薄膜卷绕到心轴上的卷取方法。中心卷取则是依靠电动机通过减速器直接驱动卷取心轴旋转，从而将膜（片）卷绕到心轴上的一种卷取方法。

一般地，表面摩擦卷取通常用于卷取较软的薄膜或人造革等制品，而中心卷取则多用来卷取较硬的薄膜或片材等制品。

1. 摩擦卷取

表面摩擦卷取可以分为单辊表面摩擦卷取和多辊表面摩擦卷取。

单辊筒摩擦卷取示意如图 7-47（a）所示，膜（片）料卷放在辊筒表面上进行卷取。

双辊筒摩擦卷取如图 7-47（b）所示，将膜（片）卷放到两辊之间进行卷取并切割。以上两种方式只能用在低速压延机上。

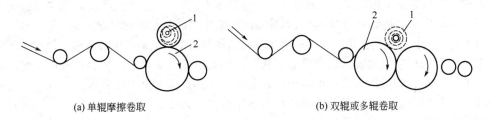

(a) 单辊摩擦卷取　　　　　　　(b) 双辊或多辊卷取

图 7-47　摩擦卷取示意图

1—料卷；2—托辊

表面摩擦卷取装置主要由导辊、卷取辊筒、调距装置、移动电动机和移动减速器、卷取电动机和卷取减速器、传动齿轮、车轮及制动装置等组成。

单辊表面摩擦卷取装置操作简单，更换卷取心轴方便，可半自动或全自动操作，可自动裁断，减小了高速运转或幅宽较大制品的切割斜度。该装置卷取时，由于料卷重量的逐渐增大，会使料卷形成外紧内松的现象，容易将内层制品压皱；且生产中如果某个控制环节出现差错，就会造成卷取中断，影响工作效率，还会造成一定的浪费。这种卷取装置一般只用于卷取较薄的膜制品。

多辊表面摩擦卷取装置结构简单，运转可靠，操作方便，调整比较容易，可以卷取软膜和人造革等软片。辊筒数量较多，占地面积较大，自动化程度较低，操作人员劳动强度较大，需要人工裁断，因此易造成一定的浪费，不适应高速生产的要求。

2. 中心卷取

一般四辊压延机采用中心卷取方式。自动卷取切割示意如图 7-48 所示，该装置是由张力装置、卷取装置、切割装置等组成。

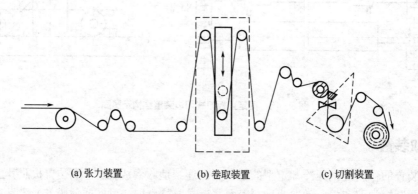

(a) 张力装置　　　　　　(b) 卷取装置　　　　　　(c) 切割装置

图 7-48　自动卷取切割示意图

（1）张力装置　薄膜在卷取时，在卷轴速度不变的情况下，随着料卷直径的增大，薄膜越卷张力越大，导致最后无法卷取。而张力装置就是为平衡张力，根据薄膜的厚度在浮动辊两端加有一定质量的砝码，使薄膜始终保持一定的张力，从而使之在平整无张力的状态下卷取。

（2）切割装置　切割时由压缩空气通过阀门控制切刀切割，切割后借助于管芯高速旋转，由毛刷把膜刷到新管芯上进行卷取。

（3）卷取装置　它由机架与两头（或三头）的卷芯和导辊组成。每一个卷芯由一台直流电动机控制，可以调节旋转速度。

在中心卷取装置工作过程中，通过各种传感器或人工发出的控制信号，可以实现自动或半自动的翻转动作和切割裁断动作，并可以使裁断的断头通过人工或自动方式卷入新的卷取心轴上，并且在张力控制机构的调控下，能够实现对制品的恒张力卷取。中心卷取装置的工艺适应性比较好，既可以卷取薄膜，也可以卷取软片、半硬质或硬质片材。该装置操作方便，可以采用半自动或全自动操作方式；但结构比较复杂，尤其是多工位中心卷取，制造成本较高，且在全自动控制状态下，如果某个控制环节出现差错，就会影响卷取作业的连续性和导致物料的浪费。

第四节　压延机的安装、操作与维护

一、压延机的安装与调试

1. 压延机的安装

（1）安装步骤

① 基础的准备。首先按设备随机配备的基础图灌好混凝土，并留出地脚螺栓孔及排水用地沟、电缆沟等。基础深度应根据使用单位当地的具体地质情况而定，适当增加或减少。基础

干固后，清理干净表面和各孔、沟处；检查地脚螺栓孔的大小、深度和相互之间的位置是否正确；标明基础的纵横中心线，并将地脚螺栓放入相应孔内。

② 底座的安装。在底座上划好横向与纵向中心线，在地脚螺栓孔附近放好楔形斜铁（最好使用带调整螺栓的可调垫铁），然后放上机体底座和传动底座，并将地脚螺栓穿进底座上各自对应的安装孔中，装好垫圈和螺母等紧固件，但不要拧紧。仔细调整，使底座上预先画好的中心线与基础的中心线相重合。略微拧紧地脚螺栓，仔细调整可调垫铁，进行找正，使底座上安装机架和传动装置的大平面达到水平。在水平找正的过程中，各地脚螺栓的拧紧力应均匀，且不可用拧紧与放松地脚螺栓的办法找正。当采用非可调模型垫铁时，应在找好水平后，用点焊将垫铁位置固定。

底座水平找好后，即可在地脚螺栓孔内及调整垫铁周围灌注混凝土并捣实，待其自然干固后，才能进行下一步的安装工作。

③ 机架的安装。在安装机架时，根据压延机结构，首先将调距装置、轴交叉装置、预负荷与反弯曲装置的部分零部件安装到机架上，再将左、右机架分别装在底座上，并将左、右机架和横梁（或拉杆）初步固定，然后对机架进行找正。找正时应先找好两机架内侧加工面的平行度（使用千分尺等工具），然后再用专用工具（标准轴或大平尺及水准仪等）检查安装固定辊筒轴承的机架滑道开口（对三辊压延机一般为中辊或Ⅱ辊，对四辊压延机为中辊或Ⅲ辊）偏差，其轴承体支承面（D面）在同一水平面上，且滑道开口中心线对准。两机架还需与底座垂直。

④ 辊筒的安装。在安装前应先将辊筒清洗干净，去除防锈油污及其他杂物。辊筒轴颈的清洗可用干净棉纱与合适的橡胶溶剂油进行。轴承的清洗工作应特别仔细。在清洗轴承时，可以选用120号航空汽油清洗，用干净棉纱擦干备用。再将固定辊筒轴承装在两机架的滑道开口支承面上，并检查轴承体与滑道开口滑槽两侧是否留有适当的间隙。

在固定辊筒的轴颈上涂以红丹，并装入轴承体内转动1~2周；取下固定辊筒，检查轴颈与轴瓦的接触率，沿轴线方向应不少于70%，若达不到，则必须给予适当修理或延长磨合期。机架与固定辊筒找正后，拧紧机架与底座的连接螺钉，然后固定好调整垫铁，将底座四周与基础之间灌满混凝土。

吊装各辊筒。吊装辊筒应从安装下辊筒开始，而后为中辊、上辊和侧辊，依次将各辊筒及两端轴承装入机架内。当下、中辊装好后，应再次检查中辊的水平度是否符合要求，并检查压延机中心线的高度。

各辊筒装好后，应检查轴承体与机架窗口两侧滑槽配合的总间隙，以及辊筒轴颈端面与轴衬端面的最小轴向总间隙。辊筒吊装就位后，再分别安装好辊筒两端的其他部件，如调距装置、轴交叉装置、预负荷装置或速比齿轮等。

⑤ 安装传动装置。传动装置的安装在主体部分装好后才能进行。对于单电动机开式齿轮传动的压延机，首先将速比齿轮及大齿轮按照先后顺序安装在辊筒端部，再将电动机和减速器安装在传动装置底座上，并将减速器输出轴所带小驱动齿轮与大驱动齿轮啮合。检验速比齿轮及大、小驱动齿轮之间的啮合间隙及齿面接触率。

将减速器输入轴、电动机输出轴用联轴器连接到一起，并按照要求进行找正，轴向间隙、两轴线的平行偏差量和偏差角度应符合所选用联轴器的允许偏差值。

使用闭式减速器传动时，压延机所有传动齿轮都安装在组合式减速器内。由于每个辊筒都连接有单独的万向联轴器，而万向联轴器对安装精度没有特殊要求，因此，只要将减速器的出轴与辊筒轴颈对正、保持平行，再用万向联轴器连接即可。

⑥ 安装温控系统。将安装温控装置的地点清理干净，将温控系统按照安装图布置在指定

的位置上，并按照使用要求将它连接好；接通上、下水管道；安装好连接温控系统与蒸气源或油源的管路；将旋转接头安装到辊筒端部，在两者连接处装好密封垫（通常采用纯铜或聚四氟乙烯材料制成），以防温控介质泄漏。

⑦ 安装各种管路及其他附件。上述安装工作完成后，再安装稀油润滑系统、干油润滑系统、液压系统、挡料板及其他附属装置。各种管路所用管子和各种管件、阀门等在安装之前应进行清洗，除去其中的杂物，并用压缩空气吹干后才能装到设备上。各种阀在安装前，应仔细检查阀芯和阀座有无损坏，接触面研磨是否符合密封要求，必要时可利用油石等工具进行手工研磨。各管接头在安装之前，应检查有无损坏及影响密封性能的缺角。使用密封圈密封的接头，应检查密封圈有无损坏。各管路安装完成后应进行密封试验，若有渗漏、泄漏，及时查找，分析原因并做补救，结束后应再次检查确认无渗漏等问题。管路安装的最后是将温控系统与主机旋转接头用专用管路连接起来，并在旋转接头部位使用不锈钢金属软管进行柔性连接。同时，将通温控介质的管路用由隔热材料制成的保温层包裹起来，目的是减少热量的损失、降低能耗及安全防护。

⑧ 安装辊距测量装置、轴交叉量显示装置以及其他附属装置等。

（2）技术要求

① 底座上的中心线与基础的中心线相重合时，允许偏差为±1mm。

② 当压延主机使用滑动轴承时，底座上安装机架与传动装置的大平面的水平度允许误差值在辊筒的轴向方向上应≤0.02mm/1000mm，当压延主机采用滚动轴承时底座水平度偏差应≤0.04mm/1000mm；在径向方向上应≤0.03mm/1000mm。

③ 两机架内侧加工面（主要是装辊筒轴承的滑道开口附近）的平行度允许偏差应≤0.1mm/1000mm。

④ 两机架与底座在开口两侧加工面处测量的垂直度允许误差应≤0.05mm/1000mm。

⑤ 轴承体支承面应在同一水平面上，且滑道开口中心线对准。其水平度允许偏差为0.02mm/1000mm（采用滚动轴承时，其允许偏差放宽至0.04mm/1000mm）。两机架滑道开口侧面应在同一平面内，偏差为≤0.05mm/1000mm。

2. 生产前调试

塑料压延机是压延成型的主要设备，目前塑料压延机辊筒数目已由三辊发展到五辊，设备的结构更为复杂，精度愈来愈高，自动化程度明显提高，制造造价愈加昂贵，在生产前需要对塑料压延机进行调试。

（1）空车运转试验　塑料压延机安装完毕应进行试运转。在不加热无负载情况下运转2～3天，辊筒速度应由低速逐步提高到接近最高速度的3/4，连续空运转不少于2h。

空运转试验应检查下列项目：

① 检查辊筒工作表面相对轴颈的径向跳动。

② 检查润滑系统有无泄漏现象。

③ 检查主电机空运转的功率。

④ 检查轴承体温升。

⑤ 检查压延机空运转时的噪声。

（2）负荷运转试验　塑料压延机负荷运转试验必须在空运转试验合格后方可进行，连续负荷运转不少于2h。

负荷运转试验应检查下列项目：

① 检查主要技术性能参数。

② 检查主电机功率。

③ 检查辊筒轴承的回油温度。

④ 检查辊筒工作表面的温差。

3. 调试要点

（1）空载试运转　空载试运转方法和验收要求参照 GB/T 13578 橡胶塑料压延机中规定的试验方法和检验规则执行。试运转前的准备工作及注意事项如下。

① 设备运转必须在基础牢固后进行。

② 检查各控制阀门，管路应畅通无泄漏，各仪表应正确无误。

③ 运转前必须按说明书将各润滑点灌注润滑油，辊筒轴承润滑油需提前加热至 60℃，润滑泵开动 10～15min，检查各润滑点回油量是否正常，一般每个轴承的回油量为 0.5～1.5L/min。

④ 运转前需将辊距调到 4～5mm，将挡料板调至高于辊面 6.5mm。

⑤ 启动液压系统，按规定调节各部分压力值，检查各部位有无泄漏，压力是否正常。

⑥ 对过热水或导热油循环加热装置，需要单独进行加热循环试验，达到各部分正常后方可与辊筒连接。

⑦ 启动摆动供料装置，检查运转与摆动是否正常。

（2）冷空运转　冷空运转必须在总装配检验合格后方可进行，在不加热条件下，辊筒速度由低速逐步提高到接近最高速度的 3/4，连续空运转时间不少于 2h。冷空运转中应检查下列项目。

① 在低速运转中测量辊筒工作表面径向跳动：普通压延机不大于 0.02mm，精密压延机不大于 0.01mm。

② 运转平稳，无异常声音和振动，主电动机功率不得大于额定功率的 15%。

③ 侧辊筒轴承温度不得有骤升现象，温升不超过 20℃。

④ 压延机在高速运转时，经紧急制动后，辊筒继续转动行程不得大于辊筒周长的 1/4。

⑤ 润滑系统、液压系统运行正常，无泄漏现象。

⑥ 减速器及电动机轴承的温升不大于 10℃。

⑦ 噪声声压级不得大于 85dB（A）。

（3）热空运转　热空运转一般在辊筒线速度为 10m/min 以下进行。其升温速度在 100℃以下时为 0.5～1℃/min；当温度高于 100℃时为 0.25～0.5℃/min。达到工艺温度需保温 1h 后检查。普通压延机的运转时间需 8h 以上，精密压延机的运转时间需 24h 以上。热空运转中应检查下列项目。

① 检查辊面温差，中空式辊筒为 ±5℃，圆周钻孔式辊筒为 ±2℃。

② 检查各轴承回油温度，各轴承回油温度应不超过 100℃。

③ 检查加热冷却系统各仪表是否正确、灵敏，有无渗漏现象。

其他与冷空运转相同。

（4）负荷运转　在上述空运转正常后方可投入物料进行负荷运转。新设备的运转不能在高速、满负荷下进行，应在 30%～50% 的额定电流下用软料进行低速负荷磨合，磨合时间一般在 10～20h，各方面正常后才可正式满负荷运转。满负荷运转中应检查下列项目。

① 运转平稳，无异常声音和振动。

② 辊筒轴承的回油温度不超过 110℃。

③ 减速器轴承温升不大于 40℃，最高温度不大于 65℃。

④ 主电动机电流不得大于额定电流。

⑤ 按产品说明书检查的各项主要参数及技术指标应达到设计要求。

（5）压延机停机前工作及注意事项

① 停机前，必须先放大辊距，清除余料，提起挡料板。

② 在降低线速度的同时缓慢降温，当辊温降至 60℃时才能停机。

③ 停机前在低速运转时将辊筒轴交叉值退回到零位。

④ 停机后润滑仍需继续运转 10min，使全部润滑油流回油箱。

4. 辅机调试要点

各单机空运转工作线速度应由低速逐步提高到接近高速的 3/4，运转时间 2h 以上。整机生产线联动运转时间不少于 2h。运转中应检查下列项目。

① 空载运转平稳，无异常声音和振动，空载电流不大于额定电流。

② 紧急制动机构灵敏可靠，高速运转中连续检查数次，动作准确无误。

③ 液压系统运行正常并无泄漏现象。

④ 引离装置、压花装置接通气源（液压）做升降动作数次，升降平稳无异常现象。

⑤ 旋转接头无泄漏现象。

⑥ 自动切割卷取装置通电试验（先手动，后自动），各动作程序衔接正确无误、平稳，位置准确。

⑦ 减速器及电动机轴承温升不大于 40℃，最高温度不大于 60℃。

⑧ 辅机各联络信号灵敏准确。

⑨ 噪声声压级不大于 85dB（A）。

⑩ 在空载联动运转正常后，配合压延机转入负荷运转，其负荷运转应按设备说明书进行，各主要性能参数应符合说明书要求，各单机工作速度应协调。

⑪ 传动装置运转平稳，无异常声音。

⑫ 制品卷取平整，切割动作灵敏、准确可靠。

二、压延机的操作

1. 压延机的安全操作

（1）压延机操作前检查

① 检查紧急停机安全装置是否灵敏可靠，电气联络信号是否正常。

② 检查各润滑部位，发现油量不足应及时添加，预先对润滑油加热至 80～100℃。

③ 先启动润滑系统、液压系统，确认压力、温度和流量正常后方可启动压延机。

④ 检查金属探测器是否正常，喂料输送带和辊筒间是否有异物。

⑤ 投料前，引离辊应预先加热。

⑥ 旋转接头应保持内部清洁，如有泄漏及时维修更换。

（2）压延机生产操作及注意事项

① 启动压延机应从低速逐渐提高到正常工作速度。

② 辊筒的加热、冷却应从低速运行中进行。

③ 调小辊距（小于 1mm），辊间要留有物料，以免碰辊。

④ 使用辊筒轴交叉装置时，如需调距，应两端同步进行，以免辊筒偏斜受损。

⑤ 正常停机时，不得使用紧急停车装置，以免降低电动机的使用寿命。

⑥ 压延机工作时严禁用手或金属物品接触辊筒的工作表面。

⑦ 操作人员不得带有钢笔和手表等金属物品，以免操作不慎掉入辊隙中导致辊筒工作表面的破坏。

（3）剥离牵引装置生产操作注意事项

① 牵引部位在压花辊和压延机辊筒之间，工人在这里操作，前后都有转动零件，操作时注意安全。

② 开车前要试验牵引部位紧急停车按钮，工作是否准确可靠，检查工作环境四周的传动零件安全罩是否安装牢固。

③ 开车前要检查试验剥离辊转动和升降移动是否灵活，发现故障，应排除后再开车生产。

④ 如有薄膜运行缠绕辊的现象发生，要立即停车，排除故障；检查辊是否变形弯曲，必要时拆卸辊，在平台上检验、校直；弯曲严重者应更换新辊。

⑤ 要经常检查、清理辊面上润滑剂挥发凝结污垢，严重时应卸辊，用溶液浸泡清理。

⑥ 平时拆卸辊时，重物不许放在辊上，不许用铁器敲击辊的工作面，不许用任何工具划伤辊的工作面。

（4）压花装置生产操作注意事项　压花装置生产操作注意事项参照剥离牵引装置注意事项。关于安全生产和影响产品质量的几个问题如下：

① 引膜时压花辊要抬高，与胶辊有一定的距离。

② 引膜后，压花辊落下，调整压花辊压力至制品表面花纹图案清晰为止。

③ 在修饰压花后，若制品表面出现局部不光泽的现象可能是由于温度不均匀所致，应调整牵引辊的温度。

④ 制品表面出现花纹局部不清或深浅不均匀，有可能是压花辊表面有局部受压伤痕或表面局部有脱掉铬层现象，应及时维修。

⑤ 制品表面出现横纹，有可能是传动链条磨损严重导致传动不平稳、抖动所致，此时应进行更换、维修，也可能是压缩空气压力不稳定所致，此时需要调整并稳定气压。

⑥ 应检查橡胶辊工作面是否有划伤或局部磨损严重部位，如有应及时更换；如果该辊工作表面老化变硬，应及时修磨，去掉老化硬层，否则会影响制品表面质量。

（5）冷却装置生产操作注意事项　在冷却辊的安装、操作和设备维护上提出以下注意事项：

① 安装时应保证各辊中心线的相互平行、中心距接近相等。

② 为保证各转动零件的良好润滑，开车前应检查各转动轴部位的润滑情况，并及时加注润滑油（脂）。

③ 开车前穿好引布带，低速启动电动机，将制品在第一冷辊前与引布带牢固连接，引导制品进入，通过冷却辊组。

④ 根据冷却辊面温度，适当调节冷却水流量。

⑤ 若出现冷却辊转动不平稳、抖动或有阻滞现象，应调整送带的松紧程度。

⑥ 若需要长期停产，应排净辊体内冷却水。

（6）切边装置生产操作注意事项

① 在压延机辊筒工作面两端安装切边刀时，注意切刀一定要用黄铜合金材料制造；也可用竹片切边，以避免划伤辊筒的工作面。

② 对于冷却辊筒后面的切边装置，在刀具调整安装时，注意圆盘切刀与转动底刀的工作配合间隙，两端刀端面间隙过大，制品易出现毛边，间隙过小，刀具磨损较快。

③ 为了调整刀具时操作的方便灵活，应经常清理刀具移动用零件及垫块部位油污，适当加少量润滑油。

④ 注意观察传动带的松紧程度，必要时适当调整，防止工作时打滑。

（7）卷取装置生产操作注意事项　制品卷成捆后，捆边要齐，卷取的制品应平整无褶皱现象，一捆制品的卷取张力要比较均匀。

为了达到上述要求，操作工应注意下列几点：

① 接班前所做的工作同密炼机相同。

② 卷取时若发现制品产生褶皱或捆边不齐，可适当调整展平辊的位置，增大制品与展平辊的包角。

③ 若出现卷取转动不稳定、有阻滞现象时，应检查轴承部位、传动链条松紧程度，链轮及装配固定链等部位，找出故障部位，进行维修。

④ 在卷取轴换位时，若换向架转动不正常，则应检查蜗杆、蜗轮、减速箱内轴承是否磨损严重，传动部位润滑是否良好，传动链条是否过松，工作时是否抖动等。

2. 四辊压延机的操作规程

（1）开机

① 先清除设备上一切杂物，各润滑油部位加润滑油（脂），辊筒用润滑油加热升温；当润滑油升温至80℃时，启动润滑油循环油泵；调整油压至0.2~0.4MPa，使左右轴承润滑油流量均匀，流量为6~8L/min。

② 启动减速箱中润滑油泵，检查润滑油供应是否到位，并进行适当调整修正，高速部位润滑油流量要控制在3~5L/min；低速部位控制在0.4~0.6L/min。

③ 启动液压系统循环油泵，排除油缸空气，调整油压，拉回油缸系统油压为3.5MPa，轴交叉系统油压为5MPa，各润滑部位供油10min后，低速启动辊筒电机，调整各辊筒速比，试验紧急停车按钮及刹车装置，按动紧急停车按钮，辊筒继续运转应不超过3/4圆周。

④ 对加热介质进行加热。

⑤ 查看主电机电流是否正常（主电机功率应不超过额定功率的15%），检查各传动部位运转声音是否异常，各传动件和辊筒运转是否平稳。

⑥ 启动导热介质循环泵，辊筒升温，升温速度以每小时30℃左右为宜，不宜太快。

⑦ 调辊距到接近生产用间隙，辊筒上料。

⑧ 辊筒上料先少加料，量要均匀，先在Ⅰ、Ⅱ辊中加料供料正常后，根据熔料包辊情况，适当微调各辊的温差及速比直至熔料包辊运行正常。按制品厚度尺寸精度要求，微调辊距。如果制品厚度小于0.20mm，可采用轴交叉装置，酌情调整辊筒反弯曲装置和预负荷装置。调整各辅助装置，使制品的厚度尺寸精度控制在要求公差内。一切调整正常后，压延制品生产连续进行。

（2）停机

① 生产任务完成，停止计量上料，并降低辊速至最低。

② 辊筒间熔料接近没有时，快速调节Ⅰ辊筒、Ⅱ辊筒辊间距；然后继续快速调大Ⅱ辊筒、Ⅲ辊筒及Ⅲ辊筒、Ⅳ辊筒间距离，调后辊距应不小于3mm。

③ 关闭辊筒反弯曲和预负荷装置油缸压力，使辊筒恢复原状，然后调整轴交叉回零位。

④ 停止导热介质加热，辊筒开始降温；当辊温降至80℃时，停止辊筒转动电动机。

⑤ 清除辊面上残余熔料。

⑥ 电动机停止10min后，停止导热介质循环泵。

⑦ 停止液压系统循环油泵，停止润滑油循环油泵。

⑧ 清除杂物和油污，若停机时间较长，应在辊面上涂防锈油。

⑨ 关冷却水循环泵。

⑩ 切断设备供电总电源。

三、压延机的维护与保养

1. 生产操作的日常保养

① 开机前的保养要求。

② 接班人员应认真查阅交班记录上的设备温控装置运转情况。

③ 检查所有电气联络信号及安全装置，应灵敏可靠。

④ 检查各润滑部位，发现不足及时添加。

⑤ 根据环境温度将液压、润滑油调整到要求温度。

⑥ 启动压延机主机之前，应先启动润滑系统和液压系统，确认其压力、温度和流量正常后方可启动。

⑦ 检查压延机辊距有无杂物，并保持合适辊距。

⑧ 检查传动部位有无杂物，安全防护装置是否牢固。

⑨ 检查各部位螺栓有无松动。

2. 机器运行中的维护保养

① 启动压延机主机时应从低速开始，逐渐提高至正常工作速度。

② 对压延机辊筒加热或冷却时，应在运转中逐渐升温或降温。

③ 加料前，必须将辊筒加热至工艺规定的温度，所加胶料也必须达到工艺规定的胶料。

④ 距换向时，需待调距电机停转后，方可反向启动。调小辊距（<1mm）时，辊距间一定要有胶料，以免碰辊。

⑤ 辊筒在轴交叉位置时，如需调距，应两端同步进行，以免辊筒偏斜受损。

⑥ 经常观察轴承油温、各仪器仪表的指示是否正常，设备有无异常声响、振动和气味。

⑦ 经常排放气动系统空气过滤器中的积水和杂物。

3. 停机后的维护保养

① 压延机工作结束后，将轴交叉装置调至"零"位，放大辊距，然后取下胶料，当辊温降至60℃以下时，方可停机。

② 全机组停机后，关闭各阀门和动力源，每周末班后将冷却系统中水放掉，清除机器表面滞留的油污及杂物等。

③ 做好机台周围清扫工作。

④ 做好交接班工作。

压延机主要零部件维护和保养方法见表7-9，以供操作人员和维修人员参考。

表7-9 压延机主要零部件维护和保养方法

部件名称	零件名称	检查项目	检查方式 运转时	检查方式 停机时	检查时间 日	检查时间 旬	检查时间 月	备注
全套设备	机架	紧固螺母是否松动		○			12	试车后检查一次；正常生产后，大修时检查
	机座	紧固地脚螺母是否松动		○				正常时交接班检查，必须时停车检查，每次大修时清洗后检查
滚筒及轴承部分	辊筒	工作面磨损轴颈部磨损，辊面生锈，裂纹	○	○	1		12	磨损严重时换轴承
	滑动轴承	磨损	○		1		12	大修时清洗检查

部件名称	零件名称	检查项目	检查方式 运转时	检查方式 停机时	检查时间 日	检查时间 旬	检查时间 月	备注
滚筒及轴承部分	滚动轴承	听转动声音	○	○	1		12	超过120℃时及时检修
	润滑油	油温	○		1			根据漏油现象酌情处理，更换油封
		油质		○			12	大修时清洗
	轴承端盖	漏油	○		1			正常情况下，可2～3年大修一次；油量和调距指示器应按时检查
	油封	漏油	○				6	
	轴承座	去污检查		○			12	大修时清洗
调距装置	蜗轮	磨损，破裂		○			3	正常情况下，可2～3年大修一次，油量和调距指示器应按时检查
	减速箱	漏油，齿面磨损		○			12	
	油位计	润滑油量	○			1		
	调距指示器	调整核实零点		○			3	
	端盖	漏油	○		1			
轴交叉装置	蜗轮	磨损，破裂		○			12	正常情况下，可2～3年大修一次，再拆卸，清洗，检查
	减速箱	磨损，漏油		○			12	
	丝杆球形面	球形面磨损		○			12	
	销	调整间隙		○			12	
	轴交叉指示器	调整核实零点		○			3	
	油缸	漏油	○		1			必要时换密封胶圈
	油位计	油量	○		1			油面在油标线以内
	端盖	漏油	○			1		必要时换密封头
挡料板装置	挡料板	磨损		○			12	弧面磨损，间隙过大时可换挡料板；丝杆直径弯曲应校直
	丝杆	弯曲，油污		○			12	
	减速箱	齿面磨损		○			12	
拉回装置	轴承	磨损		○			12	磨损间隙超过2.5mm时应更换
	油缸	漏油	○		1			油缸漏油换密封圈
	油封	漏油，油封磨损		○			6	换油封
	端盖	漏油	○		1			必要时换密封垫
	轴承座	去污检查		○			12	大修时清洗
液压装置	油泵	磨损	○	○			12	根据油泵工作声响及油温稳定情况酌情检查
	压力表	检验工作压力	○		1			
	油位计	油量	○			1		油液面在油标线以内
	油温计	油温	○		1			油温工作时不超过65℃
紧急停车装置	制动器	试验检查，工作可靠性	○	○				轮与带间隙应在0.3～0.6mm间
加热冷却系统	旋转接头	渗漏	○		1			酌情及时检修密封圈，密封垫
	法兰	渗漏	○		1			

部件名称	零件名称	检查项目	检查方式		检查时间			备注
			运转时	停机时	日	旬	月	
减速箱	轴承部位	温速	○		1			不超过65℃
	齿轮	声音	○	○	1			声音异常，应及时停车检查
		磨损		○			12	大修时检查齿面
	油位计	油量	○			1		油液面在油位计线内
	滤油器	油网		○		1		清洗过滤网
	温度计	润滑油温	○		1			不超过80℃
	油泵	声音，油压	○		1			必要时停机检查
	润滑部位	润滑油流量	○			1		辊筒3~5L/min，拉回1.5~2L/min
	滚珠轴承	磨损		○			12	大修时检查
联轴器	滑块	磨损		○			3	磨损严重时，工作不平稳，应及时检修
		润滑		○	1			
		工作平稳性	○		1			
弹性联轴器	对轮	弹性胶圈，同心度		○			3	弹性胶圈损坏更换，校正轴同心
切边装置	切刀	刃口磨损		○	1			切边不齐时及时修磨
	切刀轴承	磨损		○			12	大修时检查，磨损严重时更换
	链条	磨损		○			12	
	链轮	磨损		○			12	

四、压延机常见故障及处理方法

压延机常见故障及排除方法可以参考表7-10。

表7-10 压延机的常见故障及排除方法

不正常现象	原因	改进方法
表面毛糙，机械强度差	料温低，压延温度低，塑化不良	加强混炼，提高料温，升高辊筒温度
表面有冷疤或条状痕迹	混炼不佳，料温低，存料过多	调整辊距，减少存料，加强混炼，适当升高压延温度
有气泡	料温低，存料过多，压延速比小；或配方中低挥发物含量高	加强混炼，调整压延速比，减少存料，改进配方
厚薄不均匀	辊隙没有调准确，辊筒表面温度不均匀，轴交叉使用不得当	调整辊距，用外加热法弥补辊温不均匀，调整轴交叉
透明度差或有云雾状	压延温度低，塑化不良，速比过小，存料过多	提高压延温度，调整速比，减少存料
有白点	添加剂材料等分散不良	调整配方中增塑剂的品种和用量，加强混炼和塑化，改善冷却效果
薄膜发黏，手感不好	配方中增塑剂用量过多，塑化不良，冷却不足	调整配方中增塑剂品种和用量，加强混炼和塑化，改善冷却效果
卷取不好，起皱，推不平和荷叶边	厚薄不均匀，冷却不足，压延后拉伸太大，张力控制不当，时松时紧	调整和改善厚度误差，改善冷却效果。减小后拉伸调节能力

不正常现象	原　因	改进方法
含有机械杂质和焦料	原材料质量不好，杂质多；在生产时混入了杂质；设备产生的焦料或不清洁	加强原材料的检验和过筛，定时清理设备，注意生产环境卫生，最好使用初过滤
薄膜有色差	着色剂称量不准确（时多时少），着色剂耐热性差，混炼不均匀，压延温度不稳定	改进配方，使用耐热性好的着色剂，称量要准确，混炼要均匀，压延温度要求稳定
表面有喷霜现象	润滑剂质量不好或用量过多	适当调整或减少润滑剂的用量
白色粉状析出	配方中稳定剂或其他辅助材料混熔性差	调整配方中稳定剂或有关辅助材料的用量或品种
有冷斑状或孔洞	物料温度低，压延温度低，塑化不良，存料过多，旋转差	加强混炼，提高压延温度，调节辊隙存料
表面毛糙、不平整、易脆裂	压延温度过低，塑化不均匀，冷却速度太快	升高压延温度，调节冷却速度
横向厚度误差大（三高二低）	辊筒表面温度不均匀，轴交叉太大	用辅助加热的方法来弥补辊筒温度不均匀，调整轴交叉
晶点	加工温度偏低，塑炼时间不够，塑化不均匀	提高加工温度，调整辊隙，增加剪切作用，延长加工时间
表面起皱	辊隙存料太少	调整辊隙存料

📖 阅读材料

PVC 压延机新特点介绍

随着制品加工工艺的发展、品种的扩延及制品质量要求的提高，PVC 压延机生产线的研制进入了一个高速发展的时期。同时，由于在环保、节能、安全等方面的要求不断提高，PVC 压延机在品种、提高质量、节能降耗以及自动控制等方面又取得了很大进步，不断向着大型化、高精度、高效率及高度自动化的方向发展。

（1）大型化　由于制品的幅宽要求越来越宽，所以 PVC 压延机的规格也不断地增大，目前辊面宽度达四米、五米的大型 PVC 压延机已得到较普遍的使用。另外，为了获取宽幅制品，还采用了拉伸拉幅工艺与装备，可生产幅宽 4500mm 以上的薄膜。

（2）高速化　压延工艺的很大优势在于精密、连续、高效。这一工艺的工作线速度一般为 100m/min 左右，新型机台可达 200～250m/min，甚至已经超过了 300m/min。一台普通的塑料四辊压延机的年加工能力可达 5000～10000t。

（3）精密化　压延制品的质量精度要求越来越高，从而要求压延装备更加精密，实现这一目标的途径包括：

① 普遍采用拉回机构、反弯曲装置和轴交叉机构，与传统的中高度辊筒配合，确保了在线速度调整及高速运行中获得高精度的制品。

② 调距装置由变速交流电机、变频电机等驱动方式发展到伺服电机驱动或液压调距机构，使辊筒间隙的调整更加精准。

③ 采用圆周钻孔机构的辊筒与 PID 控制的加热系统相配合，使辊筒工作表面的温度控制在 ±1℃。

④ 采用镜面辊筒，特别是通过热研磨的镜面辊筒，可使辊筒在工作温度（如 180℃）状态下，其辊面的径跳达 0.001mm，粗糙度在 0.025 以下，保证了薄膜的纵向精度。为使制品的透明度更好，则采用工作表面镀硬铬的镜面辊筒。

⑤ 传动系统多采用多电机闭式齿轮传动形式。辊筒分别通过一台电机经对应的齿轮组进行传动。辊筒间的速比可以通过调节电机的转速来调节，速比可在 0.5～1 之间。

⑥ 对压延制品的厚度进行适时在线监测和对压延机与制品厚度有关的系统进行自动闭环反馈控制，使制品的厚度精度得到极大的改善，可以很大限度地节约原材料，降低废品率和生产成本，并减轻劳动强度和提高生产效率。

⑦ 在线配有精准的定中心和纠偏机构。

（4）高自动化　PVC 压延机生产线除上述在线监测和对压延机与制品厚度有关的系统进行自动闭环反馈控制外，还配有电、液、气组合的高自动化控制系统。

PVC 压延机生产线的传动控制系统是一个微张力的速度联动控制系统。这个系统须是可调速度、高精度稳速系统。速度调整范围通常要求 1：10，在速度、电流双闭环的直流调速系统中，采用光电编码器作为数字量速度反馈，精度为 0.01%，综合精度可达 0.01%。

（5）机构多样化　由于压延制品工艺或制品质量的要求，各种专用的或新型的塑料压延生产线应运而生。如：多辊压延机（各种辊筒排列形式的五辊、六辊、七辊压延机等）、异径辊压延机（为消除辊径误差的累加效应而将压延机的各辊筒直径设计为不等）、行星辊式压延机等。

资料来源：http://www.iianews.com/

思考题

1. 压延机由哪几个部分组成？
2. 压延机如何分类？
3. 压延机的辅机有哪几种？
4. 什么是辊筒挠度？简述如何对其补偿。
5. 压延机的安装分哪几个步骤？
6. 简述压延机的调试关键点。

通过本章的学习，要求掌握塑料液压成型机的基本结构和工作原理；了解塑料液压成型机的分类及主要性能参数；了解塑料液压成型机的操作与维护。

能针对不同典型制品，对塑料液压成型机进行工艺设定与故障排除；能对塑料液压成型机进行生产现场操作与维护。

通过小组协同工作模式，锻炼学生的社会能力；建立责任感、敬业精神，培养吃苦耐劳、一丝不苟的工作作风；体验团队合作的乐趣，学会欣赏别人，与人相处；培养对新技术的敏感能力、项目分解能力、管理能力等。

液压成型，也称模压成型，是主要依靠外压的作用，实现成型物料造型的一次成型技术，是高分子材料成型加工技术中历史最久，也是最重要的方法之一。一般带有加热平板的液压机在橡胶行业称为平板硫化机。液压成型机既可以压制热塑性塑料，也可以压制热固性塑料，由于压制法具有成型压力可调、设备简单、易于改变制品的品种等特点，因此它得到普遍的应用和发展。

第一节　概述

模压成型的主要设备是压机，压机是通过模具对塑料施加压力，在某些场合下压机还可开启模具或顶出制品。压机的种类很多，有机械式和液压式。目前常用的是液压机，且多数是油压机，图8-1为常见的四柱式液压机。

一、液压机的结构组成

图8-1　四柱式液压机

液压机是利用液体来传递压力压制塑料制品，液体在密闭的容器中传递压力时遵循帕斯卡定律。图8-2所示为典型的液压机结构。其由机身（包括上横梁、下横梁、立柱等）、工作油缸、活动横梁、顶出机构、液压传动装置和电气控制系统等组成。工作油缸安装在上横梁上，活动横梁与工作油缸的活塞杆连接成整体，可沿立柱上、下运动（框式液压机则以导轨为导向），并传递工作油缸内产生的压力，压制成型所需的压力即由此提供。

液压机的液压传递系统由动力机构、控制机构、执行机构、辅助机构和工作介质组成。

（1）动力机构　通常采用油泵作为动力机构，一般为容积式油泵。为了满足执行机构运动速度的要求，选用一个油泵或多个油泵。

（2）控制机构　其作用是控制和调节液体介质的压力、流量和流动方向，以满足液压系统的动作和性能要求。主要采用各种形式的阀，如方向控制阀、流量控制阀、压力控制阀、电液比例阀和电液伺服阀等。

（3）执行机构　通常是使用各种油缸或油马达。如能提供成型压力的主油缸、顶出制品的顶出缸以及其他辅助油缸等。多采用活塞式或柱塞式油缸。

（4）辅助机构　包括油箱、滤油口、管道、接头、油冷凝器、蓄能器、压力表等。

（5）工作介质　主要是液压用油，其作用是进行能量转换、传递及控制压力及速度等。

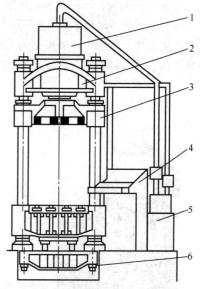

图 8-2　典型液压机的结构

1—油缸；2—机身；3—活动横梁；

4—电气装置；5—液压传动装置；6—顶出机构

二、液压机的分类

液压机的形式和其他塑料成型机械一样，总是由其需要实现的工艺内容来决定的。应用于塑料压制成型的液压机可分为以下几类：

1. 按液压机机身结构分

可分为三梁四柱式液压机和框架式液压机。

（1）三梁四柱式液压机　图 8-1 所示即为三梁四柱式液压机，其由上横梁、活动横梁、下横梁（工作台）及四根立柱构成一个封闭的机身。

（2）框架式液压机　图 8-3 所示为框架式液压机，其机身由槽钢将上、下横梁焊接成一个框架或用整体铸造而成，结构图见 8-4。

图 8-3　框式液压机

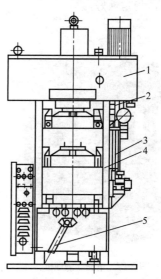

图 8-4　框架式液压机

1—油箱；2—控制阀；3—连杆；4—框架；5—顶出手柄

2. 按动作方式分

可分为上压式、下压式和混压式。

（1）上压式　如图8-5所示，压制油缸设在液压机的上部，活动横梁受油缸活塞（或柱塞）推动，从上往下加压，下横梁作为工作台固定不动，靠上压板的升降来完成模具的启闭和对塑料施加压力，具体结构见图8-6。这种压机操作方便。

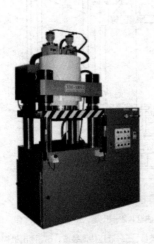

图 8-5　上压式液压机

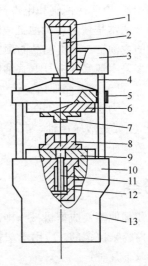

图 8-6　上压式液压机

1—主油缸；2—主油缸柱塞；3—上梁；4—支柱；5—活动板；6—上模板；7—阳模；

8—阴模；9—下模板；10—机台；11—顶出缸柱塞；12—顶出油缸；13—机座

（2）下压式　如图8-7所示，压制油缸设在液压机的下部，上横梁固定不动，而下横梁受油缸活塞（或柱塞）推动从下往上加压，具体结构见图8-8。此类压制机有上、下两根横梁，整机重心低，稳定性好。

图 8-7　下压式液压机

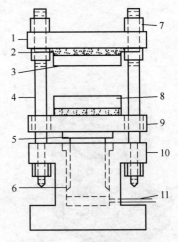

图 8-8　下压式液压机

1—固定垫板；2—绝热层；3—上模板；4—拉杆；5—柱塞；6—压筒；

7—行程调节套；8—下模板；9—活动垫板；10—机座；11—液压管线

（3）混压式　两个压制油缸可在同一方向、相对方向（一个向上，一个向下）、互成直角地作用。

3. 按控制方式分

可分为手控式、半自动式和自动式。

（1）手控式　完全采用手动方法控制操作。

（2）半自动式　除少数工序（如加料、取出制品）外，其他有关压力操作的程序（如加压、保压、泄压、顶出制品等）都用自动方式进行。

（3）自动式　压力操作的全部程序（包括加料、取出制品）都用自动方式进行。要实现此类控制，需要采用数控、电子计算机等控制系统才能实现。

三、工作原理

以热固性塑料为例，在压制时，把经过预热或未预热的一定质量的模塑材料加入敞开的模具内（模具进行加热），随后向工作油缸通入压力油，活塞（或柱塞）连同活动横梁以立柱为导向，向下（或向上）运动，进行闭模，最终把液压机产生的力传递给模具并作用在塑料上。塑料在模腔内受热、受压，渐渐熔融，软化为能流动的状态，借助液压机所施压力充满整个模腔并进行化学反应。为了排出塑料在缩合反应时产生的水分及其他挥发物，保证制品的质量，需要进行卸压排气。接着随即升压并加以保持，此时塑料中的树脂继续进行化学反应，经一定时间后，便成为不溶不熔的坚硬固体状态，完成固化定型，随即开模，从模具中取出制品。清理模具后，即可进行下一轮的生产。塑料压制机的压制过程如图 8-9 所示。

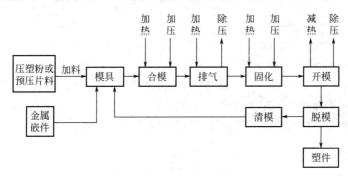

图 8-9　塑料压制机的工作过程

第二节　主要性能参数、部件及使用

一、主要性能参数

液压机的主要性能参数有压力参数、速度参数、尺寸参数等。由于在压制时所用的材料主要是热固性的塑料，因此，为能满足其压制成型工艺的要求，液压机的压力参数和速度参数的选择和确定是很重要的。现以图 8-10 所示的上压式液压机为例来说明液压机的压力参数和运行速度参数。

1. 压力参数

（1）公称压力　所谓公称压力，就是液压机铭牌或说明书中所述的压力，是液压机的最大计算压力值。

$$p_c = \frac{p_0 \pi D^2}{40} \qquad (8\text{-}1)$$

式中，p_c 为公称压力，kN；p_0 为油缸中油液的最大工作压力，MPa；D 为活塞直径，cm。

（2）最大使用压力 最大使用压力是指液压机实际施加于压模的压力。

$$p_s = p_c + W_1 - F_1 \qquad (8\text{-}2)$$

式中，p_s 为最大使用压力，kN；W_1 为动横梁和安装在其上的工艺装备的全部重量，kN；F_1 为执行机构移动时产生的摩擦力，kN。

（3）液压机效率

$$f = \frac{p_s}{p_c} \times 100\% \qquad (8\text{-}3)$$

式中，f 为液压机效率，一般来说 f 在 80%～90% 之间。

（4）最大回程力 最大回程力是液压机的油缸活塞回程时能提供的最大力。

$$p_w = \frac{p_0 \pi (D^2 - d^2) \times 9.8}{4 \times 10^2} \qquad (8\text{-}4)$$

式中，p_w 为最大回程力，kN；d 为活塞杆直径，cm。p_w 一般为 p_c（公称压力）的 20%～60%。在没有设置顶出油缸的液压机中，常用活动横梁的回程运动来顶出制品，因此，此时的回程力还应包括顶出制品的力。

（5）最大顶出力 最大顶出力是指液压机顶出机构能达到的最大力，当利用液压机回程力带动顶出机构时，有

$$p_t = p_w - W_2 - F_2 \qquad (8\text{-}5)$$

式中，p_t 为最大顶出力，kN；W_2 为顶出机构的全部重量，kN；F_2 为顶出机构移动时的摩擦力，kN。

（6）液压机的最大、最小成型压力 液压机所能产生的最大成型压力，是随制品受压投影面积的减小而增加的。理论上可为无穷大。实际上不允许成型压力过大，以免损坏模具和压机的工作台面。一般液压机的最大成型压力不允许超过 80MPa。

最小成型压力是考核液压机性能的一项指标，它亦是受液压机的台面大小和公称压力制约的。

$$p_{m(\min)} = \frac{p_c \times 10^2}{(l_1 - k)(l_2 - k) \times 9.8} \qquad (8\text{-}6)$$

式中，$p_{m(\min)}$ 为最小成型压力，MPa；l_1、l_2 为液压机台面的两个边长，m；k 为常数，一般取 0.1～0.3m。

2. 速度参数

现仍以图 8-10 所示的上压式液压机为例，说明其运行速度参数。

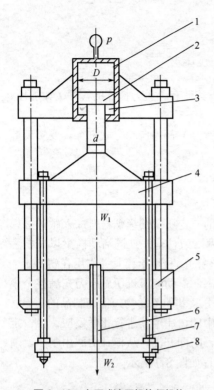

图 8-10　上压式液压机执行机构

1—油缸；2—活塞；3—密封圈；4—动横梁；

5—下横梁；6—顶杆；7—拉杆；8—顶出板

（1）动横梁下行运行速度

$$v_1 = \frac{4Q_1 \times 10^3}{6\pi D^2} \qquad (8\text{-}7)$$

式中，v_1 为下行时的运行速度，mm/s；Q_1 为进入油缸上部的油液流量，L/min；D 为活塞直径，cm。

（2）动横梁回程（上行）的运行速度

$$v_2 = \frac{4Q_2 \times 10^3}{6\pi(D^2 - d^2)} \qquad (8\text{-}8)$$

式中，v_2 为上行的运行速度，mm/s；Q_2 为进入油缸下部的油液流量，L/min；d 为活塞杆直径，cm。

（3）动横梁差压下行运行速度　液压机做差压下行时，将油缸下部的油液压入油缸上部，运行速度为：

$$v_3 = \frac{4Q_1 \times 10^3}{6\pi d^2} \qquad (8\text{-}9)$$

式中，v_3 为差压下行速度，mm/s。

（4）动横梁运行速度的调节　空负荷运行时要求液压机的速度要快，以提高生产效率；模具要闭合时，要求其运行速度慢，使模压料较好地流动；模压时，要求液压机不动作，以便在一定的时间内保持一定的成型压力（保压）。这些要求主要靠调控进入压制油缸油的流量来达到。通常要绘制图 8-11 所示的时间-活塞行程动作曲线，以及图 8-12 所示的行程-运行速度及相应压力的负荷曲线，作为设计和选定压机的依据。

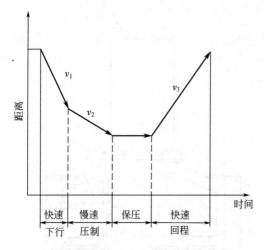

图 8-11　时间-活塞行程动作曲线

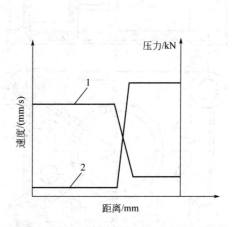

图 8-12　行程-运行速度及相应压力的负荷曲线
1—速度；2—压力

（5）升压时间　所谓升压时间，就是将液压机的压力在一定的时间内升高到所需值（设定值）时需要的时间。在热固性模塑料的模压过程中，当模压料处于黏度最低、流动性最好的状态时，如能在此时对其施加所需要的最高压力，这对保证物料完全充模，并使制品获得良好的致密性和表面质量，是非常有意义的。

升压时间虽然在一些液压机的性能参数中未列出，但它却是一项比较重要的技术指标，在选用和设计液压机时都必须十分重视。实际上要求液压机所需的升压时间很短，一般说来，如

500t 以下的塑料液压机，要求其升压时间在 10s 以内。

除了上述主要技术参数以外，液压机还有一些其他技术参数，如活动横梁与工作台（下横梁）之间的最大距离、工作台尺寸、活塞（柱塞）的最大行程等参数。

二、主要零部件

1. 机身结构

液压机机身主要由上横梁、下横梁（工作台）和立柱组成。考虑到液压机工作时机身要承受全部的工作载荷，同时还要兼作活动横梁的运动导向之用，因此，机身应该有足够的刚度、强度和制造精度。对于中小型液压机，其上横梁的结构形式主要有铸造和焊接两种，在成批生产中一般都采用高强度的铸铁件或用铸钢件。图 8-13 为一种四柱式液压机的上横梁结构。上横梁位于立柱的上部，用以安装工作油缸（对于上压式机型），承受工作油缸的反作用力。对于中小型液压机，其结构主要有铸造和焊接两种形式。

（1）上横梁及其与工作油缸的连接方式　上横梁与工作油缸的连接方式常见的有两种。一种是依靠圆螺母固定油缸，如图 8-14 所示；另一种依靠法兰盘固定工作油缸，如图 8-15 所示。

这两种方法都是采用连接零件来固定油缸的位置。当油缸加压时，油缸台肩传递反作用力于上横梁，连接零件不受反作用力的作用。只有当油缸回程工作时，回程力才作用于连接零件上，因此连接零件的强度只需满足回程力的要求即可。除此之外，还有一种上横梁与油缸铸成整体的形式，这种形式结构简单，但加工较复杂。

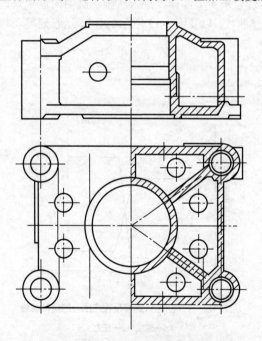

图 8-13　一种四柱式液压机上横梁的铸造结构

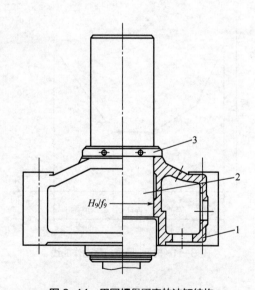

图 8-14　用圆螺母固定的油缸结构

1—上横梁；2—油缸；3—圆螺母

（2）工作台及其与顶出缸的连接方式　工作台（下横梁）的台面用于固定模具（下压模），也可安装顶出油缸。工作时，工作台承受机器本身的重量和全部载荷。工作台的结构形式与上横梁相同。

工作台与顶出油缸的连接方式：对于中小型液压机，因其顶出力不大，常采用的结构如

图 8-16 所示。它由工作台、顶出油缸、螺母等组成。顶出缸的结构多采用活塞式，优点是结构简单，安装方便；缺点是顶出力会集中在顶出活塞端面的很小面积内，顶出较大制件时，容易产生变形或破裂。

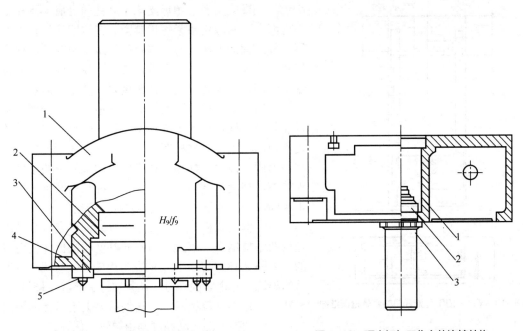

图 8-15　用法兰盘固定的油缸结构

1—上横梁；2—油缸；3—法兰盘；4—双头螺栓；5—螺母

图 8-16　顶出缸与工作台的连接结构

1—工作台；2—顶出油缸；3—螺母

（3）立柱　立柱是柱式液压机的重要支承件和受力件，同时又是活动横梁的导向基准，因此立柱应有足够的强度与刚度，且导向表面应有足够的精度、硬度和较低的表面粗糙度。

立柱与上横梁、工作台（下横梁）的连接方式是立柱结构的主要特征。常用结构形式有图 8-17 所示几种。

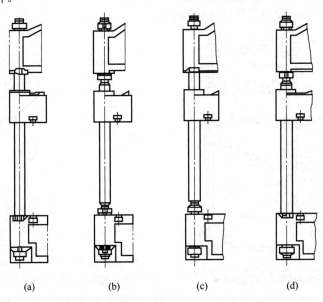

(a)　　　　(b)　　　　(c)　　　　(d)

图 8-17　立柱与工作台、横梁的连接方式

如图 8-17（a）所示，其上、下横梁都是用立柱的台肩支承，用锁紧螺母上下锁紧；如图 8-17（b）所示，上、下横梁都用调节螺母支承，用锁紧螺母上下锁紧；如图 8-17（c）所示，上横梁用立柱的台肩支承，调节螺母安装在工作台面上，两端用锁紧螺母锁紧；如图 8-17（d）

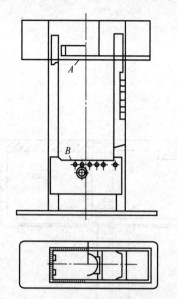

图 8-18　Y71-100 型液压机的整体框架结构

所示，上横梁用调节螺母支承，立柱的台肩支承在工作台面上，两端用锁紧螺母锁紧。在这四种结构中，第一种结构的上横梁与工作台的间距是由立柱的台肩尺寸来保证的，其结构简单，装配方便，但装配后机器不能调整，因此，仅在低精度要求的小型简易液压机中采用；第二种结构的组成零件最多，由于调节螺母能起到立柱台肩的支承作用，且可调整两梁之间的支承距离，因此对立柱有关轴向尺寸要求不严格，较容易紧固，但对立柱螺纹精度以及调节螺母的精度要求较高，精度的调整较麻烦；第三种和第四种结构基本相同，精度调整和加工也不复杂，应用较多。

（4）框架式机身结构　液压机的框架式机身结构是用两条槽钢作"墙板"与不同厚度的钢板焊接而成的，如图 8-18 所示。机身的左右内侧面装有两对可调节的导轨，它由紧固螺母、调紧螺钉、墙板（槽钢）、导轨、固定螺钉等组成，作活动横梁上下运行的导向之用，活动横梁的运动精度则由导轨来保证。

框架式结构的主要特点是容易获得较高的刚度，活动横梁大多采用 45°斜面导轨导向，导向精度较高。因此，在塑料液压机中得到广泛应用。

2. 活动横梁及其与活塞杆的连接方式

活动横梁的主要作用是：与工作油缸的活塞杆连接并传递压力；通过导向套沿立柱（框架式结构为导轨）的导向面做上下往复运动；安装与固定模具（上半模）等，因此，活动横梁需要有较好的强度、刚度及导向精度。图 8-19 所示为采用铸造结构的活动横梁，而图 8-20 所示则为框架式机身的活动横梁及其可调导轨的结构。

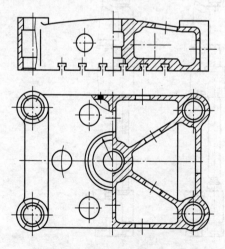

图 8-19　采用铸造结构的活动横梁

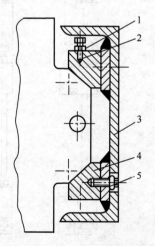

图 8-20　框架式机身的活动横梁及其可调节导轨的结构
1—紧固螺母；2—调紧螺母；3—机架；4—导轨；5—固定螺钉

活动横梁与活塞杆的连接结构按其性质可分为可动连接和固定连接两类。可动连接结构是以球面铰链将活塞与活动横梁连接起来（见图 8-21）。它由活塞、卡环（两半对开式）、螺栓、球面垫等组成。可动连接一般在多缸式液压机侧缸上采用，运动过程中活动横梁能绕球心做微小的转动，这样可避免油缸、立柱两者导向轴线不平行造成的影响。

单缸式液压机以及多缸式液压机，其主油缸的活塞与活动横梁都采用固定连接（见图 8-22）。固定连接时，要求活动横梁及主油缸安装基准等应有较高的加工精度，否则就可能在工作时产生不平稳、脉动等现象。固定连接结构是通过活塞端面及圆柱面与活动横梁配合连接，形成没有相对移动的整体，其结构形式较多。

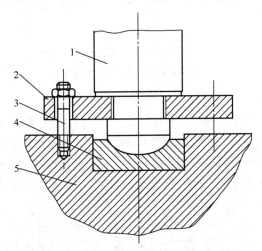

图 8-21　可动连接的结构形式

1—活塞杆；2—卡环（两半对开式）；3—螺钉；4—球面垫；5—活动横梁

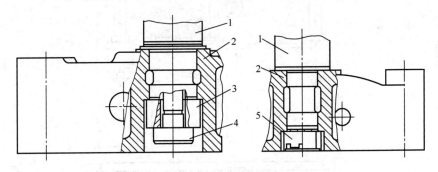

图 8-22　固定连接的结构形式

1—活塞杆；2—活动横梁；3—垫圈；4—螺钉；5—螺母

3. 液压机的工作油缸

图 8-23 中给出了几种工作缸的形式。图（a）为单缸柱塞式；（b）为单缸活塞式；（c）为多缸柱塞式。

根据目前生产中使用的情况，在 2500kN 以下的塑料液压机多采用单缸活塞式，而多缸式则多用于吨位及压制面积较大的场合。

在液压机上采用的有柱塞式和活塞式油缸。由于柱塞式油缸的缸孔不需要加工，因而制造简单，维修方便，在液压机上应用很广。而活塞式油缸可实现正反方向运动，实质上可起两个柱塞缸的作用，因此不需要另设回程缸，采用此油缸时，液压机结构紧凑、使用方便，在中小型液压机上应用最广。采用活塞式缸还可用来实现差压正向快速运动，以提高动梁的正向速度。

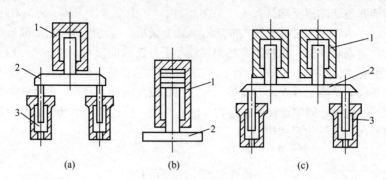

图 8-23　工作缸的形式

1—工作缸；2—动梁；3—回程缸

4. 液压机的顶出机构

在完成制品的压制过程中，需要将制品从模腔中顶出，顶出机构可分为手动、机械和液压顶出等形式。在小型机台上往往采用手动或机械顶出，在大型机台上多采用液压顶出。

图 8-24 所示为 YX-100 型液压机的机械顶出机构。此机械顶出机构由两根拉杆穿过动梁，当动梁行至设定距离（开模时）和拉杆调整螺母接触时，动梁通过拉杆拉动托架向上运动从而

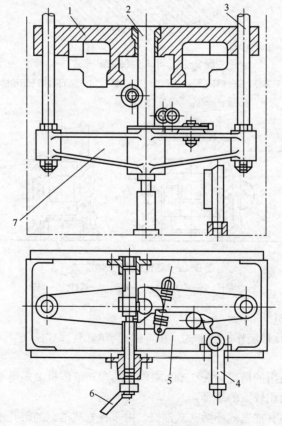

图 8-24　YX-100 型液压机的机械顶出机构

1—工作台；2—顶杆；3—拉杆；4—手柄1；5—离合闸板；6—手柄2；7—托架

带动顶杆进行顶出。顶出距离可由调节螺母进行调节。若无需顶出，只需操纵手柄，将离合闸板和顶杆脱离即可。如将齿轮移到和顶杆齿条相啮合的位置上，扳动手柄2，便可进行手动顶出。

液压顶出机构与机械顶出相比，具有顶出力、顶出速度和顶出行程均可调节，结构紧凑，顶出与回程均可随意调整等优点。

视频扫一扫
平板模压的操作

三、液压机使用注意事项

液压机主要是依靠液压传动来工作的，液压传动系统的一般使用和维护应注意以下几点。

① 油箱中的液压油应经常处于正常油面。配管和油缸的容量很大时，最好放入足够数量的油。在启动之后，由于油进入了管道和油缸，油面会下降，甚至使滤油器露出油面，因此必须再一次补油。在使用过程中，还会发生油泄漏，应该在油箱上设计液面计以便经常观察和补油。

② 液压油应经常保持清洁。检查油的清洁应经常和检查油面同时进行。

③ 油温应适当。油箱的油温不能超过60℃，一般液压机械在35~60℃范围内工作比较合适。从维护的角度看，也应避免油温过高。当油温过高和油温异常上升时，应进行检查。

④ 应完全排除回路里的空气。当液压回路中有空气进入后，因为气体具有可压缩性而且其体积和压力成反比，所以随着负荷（系统中压力）的变动，油液的体积也会发生变动，则油缸的运动也要受到影响，往往会出现所谓"爬行"现象。所以应特别注意，防止空气混入工作油中。另外，空气又是造成油液变质和发热的重要原因。

⑤ 初次启动油泵时应注意的事项。应向泵里灌满油；检查油泵的转动方向是否正确；油泵的出、入口连接是否正确；用手试转；检查吸油口有否漏入空气；油泵应在规定的转速范围内启动和运转。

⑥ 低温启动油泵时应注意的事项。在寒冷区域或寒冷季节要启动油泵时，应采用反复开、停机的方法，直到油温升高、各液压装置运转灵活时，才进入正式运转；为了快速升高油温，可采用加热器加热油箱以提高油温的方法，但这时油泵等装置还是冷的，仅仅油是热的，这很容易造成事故，应当注意。

📚 阅读材料

光伏组件产业——层压机现状

制约中国光伏产业快速发展的原因之一就是发电成本非常高，然而在利润的趋势下，企业制造的电池片是越做越薄，从而对光伏组件层压设备的要求也就越来越高。随着多家层压机企业纷纷崛起，在白热化的竞争中，封装技术也得到了快速提高。

层压封装是太阳电池组件制造过程中的一道重要工序，通俗地讲就是将连接成型的电池片、TPT背板和钢化玻璃通过层压机进行层压的过程，这个过程主要分为真空抽气和加热层压。目前，市场上被广泛应用的有单层层压机、多层层压机和混合层压机。所谓的混合层压机就是其中一层在进行真空抽气的同时，另一层可能正在进行加热层压。这样，在同样的单位时间内有效地提高了电池组件的封装效率，这也是促使企业家们追求超额剩余价值，从而对产品进行创新、改革的原动力。

新兴行业需要新兴技术。目前，国内的层压机制造水准相较于欧美、日本等发达国家来讲，还存在一定差距。但是，设备国产化的步伐一直没有停。很多厂家借助与中国企业的合作，将技术转让给中国企业，以便开拓中国市场。

目前市场上主流的层压机为油加热形式，而这种层压机在长时间的工作环境中会出现漏油等现象，导致机器不能全天候工作，甚至导致电池片碎片或位移等现象。传统的油加热层压机在启动阶段一般要耗 1.5h，才能让加热板上升到 140℃以上，而电加热层压机仅需半小时就可以让加热板上升至 140℃以上。油加热层压机的原理是利用高温油的温度给板加热，而电加热的层压机省去了油传递热量这个环节，直接用电给加热板进行加热。

设备是为工艺服务的，工艺是为产品服务的。由于光伏装备的尖端技术一直被国外垄断，所以要想在竞争中获胜，就要把客户体验和反馈建议放在第一位。有国内厂家开发全自动多层层压机，这种层压机装备了尖端的 PLC 配置，可实现多种模式自动控制，属于智能化机型，能够实现网络化配置，易实现自动化流水作业，同等空间跃升数倍产能，实现快速量产，既节省人力成本，又节约土地面积和基建成本及时间。

在市场竞争的压力下，组件厂家并不会满足层压机的现有功能，伴随着各种新型电池种类的出现，层压机应具备更多人性化的功能，以保证组件的质量及在国际市场上的竞争力。根据形势，有厂家在原有优势的基础上对层压机做了大幅度调整和创新，推出了新型全自动层压机：首先，将之前的双柱液压起升改为现在的四柱液压起升，这样起升更平稳，加热板更不易变形；其次，上箱带有高温布循环系统并配有自动清洗功能；再次，层压机 C 级不锈钢多辊结构并配有多档冷却装置；最后，平板电脑触摸显示屏及计算机操作系统，存储信息量大。升级改造的层压机使得设备外形更加细致，功能更加齐全，性能更加稳定，为争取更大的市场占有率增加了砝码。

目前制约我国新能源发展的最大瓶颈就是生产成本问题，光伏装备技术的日益成熟，也将为终端光伏发电成本下降做出贡献。有数据统计，从 2000 年至今，国外进口封装设备在中国的市场占有率从 100%降到目前的不到 0.5%。中国光伏装备实现了设备的研发数量第一、市场占有率第一、封装设备产量全球第一。

装备是产业发展的基础，也是一个产业成熟度的最重要标志，装备技术的高低直接决定产业的技术水平。装备强，则产业强，产业强，则国力强。有人用"卖铲人"来比喻光伏设备的制造端，而将组件生产端和电站运营者比喻为"掘金者"。不管是"卖铲人"，还是"掘金者"，只要做精每一个环节，就能助力中国光伏产业大跨步前进，除了封装层压，其他环节的设备也将全面走向国产化，彻底替代进口设备。

资料来源：https://guangfu.bjx.com.cn

思考题

1. 试述压制成型的特点及适用范围。
2. 模压成型所用液压机的主要性能参数及其意义是什么？
3. 液压机的主要零部件有哪些？

参考文献

[1] 北京化工学院，天津轻工业学院合编. 塑料成型机械 [M]. 北京：中国轻工业出版社，1982.

[2] 陈滨楠. 塑料成型设备 [M]. 北京：化学工业出版社，2007.

[3] 刘西文. 塑料成型设备 [M]. 北京：中国轻工业出版社，2010.

[4] 罗权焜，刘维锦. 高分子材料成型加工设备 [M]. 北京：化学工业出版社，2007.

[5] 刘廷华著. 聚合物成型机械 [M]. 北京：化学工业出版社，2005.

[6] 周达飞，唐颂超著. 高分子材料成型加工 [M]. 北京：中国轻工业出版社，2000.

[7] 张瑞志著. 高分子材料生产加工设备 [M]. 北京：中国纺织出版社，1999.

[8] 洪慎章. 压塑工艺及模具设计——塑料压制成型 [J]. 橡塑技术与装备（塑料），2019，45（20）：1-9.

[9] 于丽霞，张海河著. 塑料中空吹塑成型 [M]. 北京：化学工业出版社，2005.

[10] 刘瑞霞. 塑料挤出成型 [M]. 北京：化学工业出版社，2005.

[11] 秦宗慧，谢林生，祁红志. 塑料成型机械 [M]. 北京：化学工业出版社，2012.

[12] 杨中文，刘浩. 塑料混配设备操作与疑难处理 [M]. 北京：化学工业出版社，2018.

[13] 刘西文，刘浩. 挤塑成型设备操作与疑难处理 [M]. 北京：化学工业出版社，2016.

[14] 陈世煌. 塑料成型机械 [M]. 北京：化学工业出版社，2006.

[15] 杨小燕. 高分子材料成型加工技术 [M]. 北京：化学工业出版社，2010.

[16] 胡玉洁，贾宏葛. 材料加工原理及工艺学聚合物材料分册 [M]. 哈尔滨：哈尔滨工业大学出版社，2017.

[17] 巫静安. 压延成型与制品应用 [M]. 北京：化学工业出版社，2001.

[18] 李继新，李学峰. 高分子材料成型设备 [M]. 北京：北京师范大学出版社，2019.

[19] 张丽珍，周殿明. 塑料工程师手册 [M]. 北京：中国石化出版社，2017.

[20] 魏金富编. 橡塑加工设备现场应用手册 [M]. 北京：化学工业出版社，2010.

[21] 刘西文，杨中文. 压延成型设备操作与疑难处理实例解答 [M]. 北京：化学工业出版社，2020.

[22] 耿孝正. 双螺杆挤出机及其应用 [M]. 北京：中国轻工业出版社，2003.

[23] 郭奕崇，李庆春，闫宝瑞. 同向双螺杆挤出特点及螺杆组合原则 [J]. 化工进展，2001（12）：4-7.

[24] 海尔智家股份有限公司. 注塑模具模流分析及工艺调试职业技能等级标准，2021.

[25] GB/T 12783—2000.

[26] JB/T 7669—2004.

[27] GB/T 13577—2006.

[28] GB/T 9707—2010.

[29] JB/T 8061—2011.

[30] JB/T 8538—2011.